Marina Brutscher

Wilder Ruf

Für meine Kinder, meine Hunde und alle wilden Seelen da draußen,
die den Ruf in sich tragen.
Für DICH.

In Erinnerung an Coco, Oma Kiki, Max und Christina

Marina Brutscher

Wilder Ruf

Wie mich Huskys lehrten, meiner inneren Stimme zu vertrauen

KNESEBECK

Inhalt

In diesem Buch werden für **Pluralformen** sowie für beispielhafte Einzelnennungen weibliche oder männliche Bezeichnungen verwendet; gemeint sind dabei stets alle Geschlechter – weiblich, männlich, divers.

Am Ende des Buches findest du zum besseren Verständnis eine **Übersicht der gebräuchlichsten Begriffe** aus der Schlittenhundewelt.

Dieses Buch behandelt unter anderem die Themen Verlust, Trauer sowie Aspekte des Tierschutzes. Diese Inhalte können emotional belastend sein. Bitte zögere nicht, dir **bei Bedarf Unterstützung** zu holen – etwa im Gespräch mit dir nahestehenden Menschen oder bei entsprechenden Beratungsangeboten. Die Nummern der TelefonSeelsorge lauten: 0800 1110111, 0800 1110222 und 116 123.

Vorwort

von Lars Amend

Marina spricht mir aus dem Herzen. Ihr persönlicher Lebensweg ist ein wunderschönes Beispiel dafür, wie ein gutes Leben im Einklang mit sich, seinen Werten und der Natur gelingen kann. Beim Lesen ihrer Geschichte habe ich abwechselnd gelacht, geschmunzelt, innegehalten, genickt und nachgedacht. Doch immer habe ich etwas gelernt. Nicht nur über Huskys, nicht nur über uns Menschen als großes Rudel, sondern vor allem über mich selbst.

Wer bin ich?
Wer will ich sein?
Wo will ich hin?

Wir leben in interessanten Zeiten. Gewaltige Aufgaben warten auf uns. Wohin man auch blickt, überall stehen schon die nächsten Kriege, die nächsten Krisen, die nächsten Katastrophen bereit. Die Welt, wie wir sie kennen, ist aus den Fugen geraten. Unsicherheit, Frust, Angst und Überforderung machen sich breit, und zwar querbeet durch alle Gesellschaftsschichten. Was also tun? ChatGPT fragen? Eher nicht. Mein Vorschlag: Einmal tief durchatmen, auf Pause drücken, sein Handy in der Hosentasche lassen, die Welt für einen Augenblick vergessen und ein langes Wochenende mit Marina und ihren Huskys oben in den Bergen verbringen. Aus eigener Erfahrung kann ich sagen: Diese Auszeit ist besser als jede Medizin, jedes Coaching, jede Therapie.

Marina ist mit ihrem Lebensentwurf ein echtes Vorbild. Denn sie macht genau das, was ihr Herz ihr sagt. Sie lebt ihren Traum und zwar exakt nach ihren eigenen Vorstellungen. Wer kann das schon von sich behaupten? Allein dafür bekommt sie meinen Applaus. Es mag altmodisch klingen, aber für mich hört sich der nächste Satz nach dem perfekten Leben an: Marina ist jeden Tag in Bewegung, an der frischen Luft, verbindet ihre Seele mit der Natur und verbringt dabei Zeit mit ihren besten Freunden, ihrer Familie, ihren Hunden. Was möchte man denn vom Leben mehr erwarten?

Jane Goodall, die berühmteste Primatenforscherin der Welt, wurde einmal nach ihrem Lieblingstier gefragt und ihre Antwort war unmissverständlich: »Hunde«. Von ihnen habe sie schon als Kind alles gelernt, was man als Mensch über seinen Verstand, seine Persönlichkeit und seine Gefühle wissen müsse. Diese unglaubliche Treue und bedingungslose Liebe seien etwas sehr Besonderes. Sie könne sich eine Welt ohne Hunde nicht vorstellen. Während ich diese Zeilen schreibe, sehe ich Marina in meinen Gedanken vor mir, wie sie zustimmend nickt und dabei ihre Husky-Welpen streichelt. Diese zauberhaften Worte hätten nämlich auch von ihr stammen können.

In ihrem Buch teilt Marina jetzt jene Weisheiten, die sie das Leben mit ihren Hunden gelehrt hat, und es fühlt sich beim Lesen an, als würde man mit ihr gemeinsam auf eine Abenteuerreise gehen, am knisternden Lagerfeuer sitzen, die schneebedeckten Berge im Rücken, einen dampfenden Kaffee trinken und Stockbrot essen, völlig im Jetzt versunken. Ein Gefühl von Leichtigkeit, Freiheit, Lebendigkeit und innerem Frieden. So viele Menschen haben in dieser lauten und digitalen Welt den Kontakt zu sich selbst verloren. Dieses Buch kann die verschlossene Tür wieder öffnen, hinter der sich jene Antworten befinden, nach denen so viele Menschen sehnsüchtig suchen. Keine Angst, Marina und ihre Huskys gehen diesen Weg mit dir, nehmen dich dabei an die Hand und führen dich zu dem Menschen zurück, der du wirklich bist.

Im Januar 2026,
Lars Amend

Prolog

Den Morgenwind im Gesicht

Die Dunkelheit liegt noch schwer über der Welt, als mein Tageslichtwecker sanft glimmt. 04:40 Uhr. Eine unkonventionelle Aufstehzeit – vielleicht, weil die Rebellin in mir sich weigert, zu normalen Zeiten wie halben oder vollen Stunden aufzustehen. Oder weil ich dachte, dass der Druck größer ist, wenn der Wecker eigentlich schon zehn Minuten zu spät klingelt. Theoretisch plante ich einen sanften Übergang in den Tag – praktisch eine Illusion. Ich hatte gehofft, dass das langsame Erhellen des Raumes mir helfen würde, sofort aufzustehen, statt wieder und wieder die Snooze-Taste zu drücken. Ein netter Gedanke. Ein gescheiterter Versuch.

Meine Hand tastet sich träge zum Knopf in der Mitte der Uhr. Einen endlosen Moment lang plärrt das künstliche Vogelgezwitscher weiter – dann endlich verstummt es. Erleichterung durchströmt mich. Ich drehe mich auf die andere Seite und vergrabe mein Gesicht tief in mein Kissen. Die flauschige Biberbettwäsche fühlt sich noch viel zu weich und warm an, um sie freiwillig zu verlassen. Kaum sind ein paar Minuten vergangen – oder kommt es mir nur so vor? –, da beginnt das vertraute Kopfkino.

Panik-Paula und *Easy-Emma*. Meine inneren Stimmen, meine ständigen Begleiterinnen am Morgen. *Easy-Emma* flüstert schläfrig: »Alles easy, du schaffst das locker in der Hälfte der Zeit heute.« *Panik-Paula* hingegen ist unerbittlich: »Wenn du JETZT nicht aufstehst, sind wieder eine Milliarde Menschen auf dem Trail und du kannst nicht effizient trainieren.« Ein endloses Battle. Und ich?

Ich bin nur die stumme Zuhörerin, die sich wünscht, es gäbe eine Stummschalttaste für diese beiden.

Doch ich kenne den Ausgang dieses inneren Kampfes längst. Widerwillig schiebe ich die Bettdecke zurück. Der kalte Luftzug trifft mich wie ein Schlag. Meine Augen – das eine halb offen, das andere noch fest geschlossen, als würden sie sich abwechseln, wer länger schlafen darf – suchen meine Kleidung.

Zum Glück liegt alles bereit – nicht fein säuberlich gefaltet, sondern als wilder Haufen übereinander, aber immerhin: Es ist da. Also keine Gnade für mein verschlafenes Ich. Vielleicht denkst du jetzt, ich sei eine perfekt strukturierte Person – das wäre ich gern. Doch die Wahrheit ist: Ohne dieses System wäre ich völlig lost. Ich habe es nicht aus Perfektionismus gelernt, sondern aus purem Selbstschutz gegen die Trägheit.

Mein damaliger Freund, ein Musher, brachte mir diesen Trick bei. Wer in den eisigen Wintern auf engem Raum in einem Camper hoch oben auf den entlegenen Almen Österreichs lebt, lernt schnell, dass alles seinen festen Platz braucht. In der tiefen Einsamkeit der Berge, umgeben von nichts als Schnee, Stille und unserem Rudel, war Organisation überlebenswichtig. Keine Straßenlaternen, oft kein Strom – nur das fahle Mondlicht, das den Schnee zum Glitzern brachte, das leise Knistern der Kälte in der Nacht und das Heulen der Huskys, das mit dem Wind über die Gipfel zog. Der Winter war tief, der Schnee meterhoch, und das Leben verlangte von uns, uns anzupassen – genau wie die Huskys, die in dieser rauen Welt vollkommen in ihrem Element waren.

Auch jetzt, Jahre später, spüre ich, wie sehr mich diese Struktur trägt. Kein Chaos am Morgen, kein hektisches Suchen nach Stirnlampe oder Handschuhen – nur die Gewissheit, dass alles da ist, wo es sein soll.

Und genau jetzt, in diesem Moment, während ich mich aus dem Bett kämpfe und die ersten Schritte in den neuen Tag setze, spüre ich sie wieder – diese tiefe Vertrautheit mit der Dunkelheit vor dem Morgengrauen, mit der Kälte, die mich umarmt, mit der Erwartung, die in der Luft liegt.

Als ich nach draußen trete, umfängt mich die Stille der Berge. Der Schnee knirscht unter meinen Stiefeln. Das Hecheln meiner Hunde, das sich mit dem ersten Hauch von Tageslicht vermischt. Ich ziehe meine Jacke enger, während der Morgenwind mir eiskalt ins Gesicht schlägt. Und plötzlich bin ich hellwach.

Denn genau in diesem Moment beginnt der Tag – und mit ihm alles, was möglich ist.

Kapitel 1

Was ich von meinen Huskys über Instinkt und Mut gelernt habe

Warum spontane Entscheidungen oft die ehrlichsten sind

Ich war neun Jahre alt, als ich sie zum ersten Mal sah. Fünf große, wuschelige Gestalten, die sich geschmeidig über den Boden bewegten. Ihr dichtes grau-weißes Fell schimmerte in der Herbstsonne und ihre Blicke – tiefgründig, wachsam, fast durchdringend – zogen mich in ihren Bann. Sie wirkten wie Wölfe, wild und doch anmutig, mit einer Präsenz, die mich den Atem anhalten ließ.

Ich stand am Zaun, die Hände um das kühle Metall geklammert, unfähig, den Blick von ihnen abzuwenden. Ein paar der Huskys spielten miteinander, tobten über den mit Laub bedeckten Boden, sprangen übereinander und rangen spielerisch um die Vorherrschaft. Andere lagen träge auf ihren Holzhütten, die Augen halb geschlossen, während die schwache Herbstsonne ihre Pelze wärmte. Manchmal kamen sie zum Zaun, wedelten freudig mit dem Schwanz und schnupperten mit ihren kühlen, feuchten Nasen an meinen Händen. Ein sanftes Kribbeln lief über meine Haut – als würden sie prüfen, wer ich war und ob ich zu ihnen gehörte. Die Luft roch nach feuchtem Laub, nach Erde und einem Hauch von Holzfeuer, das irgendwo in der Ferne brannte. Der Wind raschelte durch die Bäume und ließ goldene Blätter wie tanzende Flammen zu Boden sinken. Unter meinen Füßen knackten kleine Kastanien, die sich mit dem Laub vermischten. Bei jeder Bewegung hörte ich das sanfte Knistern der Blätter – als würde der Herbst seine eigene Melodie spielen.

In diesem Moment, während ich sie beobachtete, spürte ich etwas in mir erwachen. Eine Sehnsucht, die ich nicht in Worte fassen konnte. Es war, als hätten diese Hunde etwas in mir erkannt, als wüssten sie etwas über mich, das ich selbst noch nicht verstand. Ich wusste nur eines: Ich wollte ihnen nahe sein. Ihre Welt kennenlernen. Ein Teil davon werden. Jahre später erkannte ich, dass genau diese Momente die ehrlichsten unseres Lebens sind. Sie geschehen nicht, weil wir sie rational abwägen oder Argumente dafür oder dagegen sammeln – sie passieren einfach. Es sind Augenblicke, in denen unser Kopf still ist und nur das Herz spricht. Es sind diese leisen, aber unaufhaltsamen Rufe, die in uns anklingen und uns in eine Richtung ziehen, lange bevor wir den Grund dafür verstehen.

Rückblickend denke ich oft daran zurück, wie viele solcher Rufe uns im Leben begegnen – und wie oft wir sie ignorieren. Doch wenn ein Gedanke immer wieder zu uns zurückkehrt, wenn er nicht nachlässt, dann ist er kein Zufall. Er ist eine Einladung. So war es mit den Huskys. Und so war es mit all den Wegen, die ich später gehen sollte.

Instinkt vs. Rationalität – welchen Unterschied es macht, der inneren Stimme zu vertrauen

Kennst du dieses Gefühl? Etwas fühlt sich einfach richtig an. Ein Kribbeln, eine Gänsehaut, eine plötzliche Klarheit. Dein erster Impuls spricht – leise, aber bestimmt. Doch bevor du handeln kannst, schaltet sich der Verstand ein. Er beginnt, zu analysieren, abzuwägen, zu zweifeln. Und plötzlich ist da nicht mehr nur die innere Stimme, sondern auch die Angst.

Nicht die echte Angst, die uns vor Gefahren schützt. Sondern jene, die uns zurückhält, weil sie die sichere Komfortzone bevorzugt. Sie flüstert: »Was, wenn es nicht klappt? Was, wenn du scheiterst?«

Doch die Wahrheit ist: Unsicherheit gehört dazu. Der Unterschied liegt nicht darin, keine Angst zu haben – sondern ihr nicht die Führung zu überlassen. Wir können endlos grübeln. Oder wir vertrauen dem Ruf in uns und gehen los.

Nichts in meinem Leben wäre heute so, wenn ich nicht dieser inneren Stimme gefolgt wäre. Sondern dem, was logisch erschien. Dem, was man »vernünftig« nennt. Heute bin ich aktive Schlittenhundesportlerin und trete mit meinem Team bei Rennen in ganz Europa an. Ich lebe im Allgäu, habe zwei Kinder, ein Rudel Huskys und ein Pferd. Ich bin glücklich verheiratet mit einem Mann, der in vielen Bereichen mein Gegenpol ist, und selbstständig in einem Beruf, den ich mir mit meinen Hunden erschaffen habe. Ich bin mit meiner Tochter ihr erstes Schlittenhunderennen gefahren, da war sie fünf. Ich arbeite mit Tieren, schreibe dieses Buch, begleite Menschen, kreiere Erlebnisse, die es so vorher nicht gab. Und wenn ich ehrlich bin: Keine einzige Entscheidung, die mich hierhergeführt hat, war rational – doch jede hat für mich Sinn ergeben.

Niemand würde sagen: »Im achten Monat schwanger? Perfekter Zeitpunkt, um noch einen weiteren Rennhund aufzunehmen.« Wer würde dir raten: »Wenn du jemanden an deiner Seite haben kannst, der dieselbe Leidenschaft teilt, heirate jemanden, der das komplette Gegenteil von dir ist.« Aber genau diese Entscheidungen haben mir das Leben meiner Träume ermöglicht. Nicht die klugen. Nicht die geplanten. Sondern die, bei denen ich gespürt habe: Das fühlt sich nach meinem Weg an – auch wenn niemand sonst ihn versteht.

Eine Freundin sagte einmal zu mir: »Ich bewundere an dir, dass du die Dinge einfach tust – ohne dich davon bremsen zu lassen, was andere darüber denken.« Das klingt, als wäre es mir egal, wie ich wahrgenommen werde. Ist es nicht. Ich bin ein Mensch – und es gehört aus evolutionärer Sicht zu uns, dass uns Gemeinschaft wichtig ist und wir nicht ausgegrenzt werden wollen. In früheren Jahrhunderten hätten wir ohne den Schutz unserer Gruppe nicht überleben können.

Ich lege großen Wert auf die Meinung von Menschen, denen ich vertraue. Menschen, von denen ich weiß, dass sie mir nichts neiden, mein Bestes wollen oder bereits dort stehen, wohin ich möchte. Entscheidend ist für mich also nicht, ob jemand eine andere Meinung hat, sondern was diese Meinung mit mir macht. Oft ist nicht das Urteil anderer das Problem – sondern dass ich beginne zu glauben, es könnte wahr sein. In solchen Momenten frage ich mich: Wie schlimm wäre es, es nicht versucht zu haben? Wenn dieser Gedanke schwerer wiegt als die Angst zu scheitern, tue ich es – auch wenn andere mich für verrückt halten. Das Bild meines Sterbebetts hilft mir dabei. Ich wünsche mir, einmal in Frieden gehen zu können und auf ein Leben zurückzublicken, das meinem Herzen entsprochen hat. Ich glaube, in diesem Moment ist man ganz bei sich. Auch wenn man begleitet wird – den letzten Weg geht man allein. Und am Ende ist man nur sich selbst Rechenschaft schuldig.

Ich bin ehrlich: Ich habe große Angst vor diesem Moment. Vielleicht treffe ich deshalb Entscheidungen oft so radikal. Weil ich es in genau dieser letzten Sekunde nur noch mit mir ausmachen kann. Eines meiner Credos ist daher: nicht das zu wählen, was logisch erscheint, sondern dem zu folgen, was sich für mich selbst richtig anfühlt.

Die Stimme, die mehr weiß, als wir greifen können

Den Großteil dessen, was um uns herum geschieht, nehmen wir nicht bewusst wahr. Unser Gehirn filtert ununterbrochen Reize, um uns vor Überforderung zu schützen. Viele Informationen gelangen daher gar nicht in unser Bewusstsein – und doch werden sie verarbeitet und abgespeichert.

Vielleicht hast du dich schon mal gefragt, warum dich manche Menschen sofort in ihren Bann ziehen, während andere ein seltsames Unbehagen in dir auslösen. Dein Unterbewusstsein hat längst entschieden, noch bevor du es in Worte fassen kannst. Es ist ein

Echo der Wildnis in uns. Ein uralter Instinkt, der uns warnt oder anzieht – lange bevor wir verstehen, warum. Man sieht einem Menschen an, wie er durchs Leben geht. Studien zeigen, dass sich über Jahre hinweg unsere Emotionen, Erfahrungen und sogar Entscheidungen in unserem Gesicht abbilden. Unsere Augen scannen in Sekunden Gesichtsausdruck, Denkfalten, Lachlinien, Hautnuancen, Augenringe und vor allem dieses Leuchten in den Augen. Oder eben das Fehlen davon. Und das passiert automatisch. Du merkst es oft gar nicht – aber dein Inneres weiß längst, ob sich jemand für dich stimmig anfühlt oder nicht.

Auch Hunde tragen unter ihrem Fell eine mimische Muskulatur, die der unseren ähnelt – und genau deshalb gelingt es auch ihnen, unsere Gesichter zu lesen, Gefühle zu entdecken und auf winzige Ausdrucksveränderungen zu reagieren. Wenn Menschen zu uns kommen, um das Husky-Rudel kennenzulernen, beobachte ich immer wieder dasselbe: Die Hunde schenken oft genau denjenigen besonders viel Nähe und Aufmerksamkeit, die sich anfangs unsicher fühlen – Menschen, die in der Vergangenheit schlechte Erfahrungen mit Hunden gemacht oder die Angst ihrer Eltern übernommen haben. Sie spüren das, und statt auf Abstand zu gehen, suchen sie erst recht die Nähe. Kuscheln sich an – fast so, als wollten sie sagen: »Bei uns musst du keine Angst haben.«

Bevor ich unsere Gäste zu den Huskys lasse, gibt es eine ausführliche Einführung. Ich erkläre, wie die Körpersprache zwischen Mensch und Husky funktioniert, wie man einen positiven Erstkontakt zu den Hunden herstellt, was sie mögen und was nicht, wie sie unsere Reaktionen lesen und woran man erkennt, ob ein Husky einem offen begegnet. Ein Teil dieses Einstiegs ist immer persönlich: Jeder Teilnehmer stellt sich mit Vornamen vor, erzählt kurz von bisherigen Erfahrungen mit Hunden – positiven wie negativen –, warum er hier ist und was die Faszination an dieser Rasse für ihn ausmacht. Über die Jahre habe ich durch diese Arbeit ein feines Gespür entwickelt. Oft erkenne ich allein an Körperhaltung und Blick, wie sich jemand fühlt. Aber es hat trotzdem eine besondere Bedeutung, wenn die Menschen ihre Geschichte selbst erzählen.

Ich arbeite seit 2012 mit meinen Huskys und habe in dieser Zeit unzählige Begegnungen zwischen Mensch und Hund erlebt. Eines kann ich mit Sicherheit sagen: Keine gleicht der anderen. Manchmal ist es, als würden sich zwei Seelen treffen. In diesen Momenten spürt man förmlich, wie Zeit und Raum für einen Augenblick verschwimmen. Menschen, die so mit den Hunden in Verbindung gehen, haben oft ein bleibendes Erlebnis. Viele träumen noch Jahre später von »ihrem« Husky, kommen mehrmals im Jahr zu Besuch, schreiben Briefe und schicken Leckerlis. Als mir in Schweden einmal ein Hund entlaufen war, boten einige an, spontan 2000 Kilometer zu fahren, um bei der Suche zu helfen.

Diese Verbindung hat nichts mit Besitz zu tun. Es geht nicht darum, dass der Hund ihnen gehört. Sie fühlen sich ihm einfach nah – und spüren, dass da etwas zwischen ihnen ist, echt und unverfälscht. Einige reisen auch jedes Frühjahr für unseren »Husky-Frühjahrsputz« an, streichen die Hütten, verteilen frische Hackschnitzel im Auslauf, füllen Buddellöcher auf, streichen sogar unsere Hauswände und helfen beim Ausbürsten der dicken Winterwolle.

Wenn ich am Anfang zu unseren Besuchern sage: »Ihr werdet hier ins Rudel aufgenommen«, ist das keine Floskel. Gerade für diejenigen, die zu Beginn große Angst hatten, bedeutet diese Freundschaft noch einmal etwas ganz anderes. Das Rudel gibt ihnen Selbstvertrauen – diese Verbindung stärkt sie oft sogar im Alltag.

Der Mut, dem Ungewissen zu folgen

Aber wie kam es eigentlich dazu, dass meine Huskys heute meine Kollegen sind? Zuvor hatte ich einen ganz normalen Job – teilweise mit einer 40-Stunden-Woche. Ich war frühmorgens mit meinen damals erst zwei Hunden draußen, mittags, wenn ich kurz nach Hause kam, und abends wieder. Die Wochenenden gehörten uns. Und trotzdem fühlte sich das alles unbefriedigend an. Nicht, weil ich nicht gern gearbeitet hätte. Im Gegenteil – ich habe jeden Job, den ich in meinem Leben hatte, wirklich gern gemacht. Aber jedes Mal, wenn ich zur Arbeit ging und vorher in die Augen meiner Hunde sah, dachte ich: »Es dauert viel zu lange, bis wir uns wiedersehen.« Ich sorgte zwar dafür, dass sie nicht allein waren und rauskonnten – und doch fühlte es sich für mich falsch an.

Im Jahr 2012 lernte ich auf einem Schlittenhunderennen in Slowenien meinen damaligen Freund kennen. Wir verliebten uns, und nach ein paar Monaten zog ich zu ihm nach Österreich. Dort kam ich zum ersten Mal mit einem Leben in Kontakt, das sich für mich vollkommen richtig anfühlte. Wir lebten und arbeiteten mit den Tieren. Mein Partner bot bereits Husky-Camps, Schlittenhunde-Workshops und Abenteuertage mit Huskys an. Er hatte damals über 20 Hunde. Wir versorgten sie gemeinsam, führten Camps und Erlebnisse mit Firmengruppen und Privatpersonen durch, oft zusammen mit anderen Mushern aus Österreich und Deutschland.

Im Sommer und Winter lebten wir auf unterschiedlichen Almen. Die Gegend dort – auf zwischen 1200 und 1700 Höhenmetern – bot eine atemberaubende Kulisse. Schneeschuhwanderungen, Schlittenfahrten, Sommerferiencamps – alles schien möglich. In dieser Zeit fühlte ich mich so lebendig und den Tieren so nah wie nie zuvor. Und doch hat nicht jede Aktivität mich glücklich gemacht. Workshops mit Firmen zum Beispiel, weil ich oft sah, wie Menschen die Hüttengaudi mit dem damit verbundenen Alkoholkonsum als Priorität setzten, und ihnen das Feingefühl für die Tiere fehlte. Aber insgesamt habe ich diese Zeit geliebt.

Nach unserer Trennung zog ich mit meinen zwei eigenen Huskys zurück nach Deutschland. Und damit war der Traum erst einmal vorbei. Ich konnte mir damals nicht vorstellen, mit nur zwei Hunden Husky-Erlebnisse aufzubauen. Heute weiß ich: Theoretisch hätte schon ein einziger Hund gereicht. Also ging ich zurück in einen »sicheren« Job. Ich arbeitete als Eventplanerin in einem kleinen Schlosshotel in der Nähe von Schwangau. Meine Hunde durfte ich sogar mit zur Arbeit nehmen. Es war ein Job, der mir Freude bereitete und der mir im Winter die Möglichkeit gab, die meisten Wochenenden mit meinen Hunden auf Rennen zu fahren. Der Hotelbesitzer, ein sehr wohlhabender Mann und Hundefreund, stellte mir sogar einen Wohnwagen dafür zur Verfügung.

Ich hatte gerade mal ein Jahr im Schloss gearbeitet, als mein Vater mich fragte, ob ich mit ihm zusammen in seiner frisch erworbenen Immobilie einen Käseladen eröffnen wollte. Mein erster Gedanke war: »Käse?« In Österreich hatten wir auf der Alm zwar immer Käse verkauft – aber das war mehr eine charmante Ergänzung zu den Husky-Camps, weil es regional passte und wir direkt an der Quelle saßen. Aber ein eigener Käseladen? Mit meinem Vater? Ich war skeptisch, ob das funktionieren würde. Trotzdem sagte ich zu. Nicht wegen des Käses. Sondern weil ich darin eine Chance sah, eine echte Verbindung zu meinem Vater aufzubauen. Meine Eltern hatten sich getrennt, als ich ein Kleinkind war, und über die Jahre hatten wir uns fast vollständig voneinander entfernt. Dieses Angebot fühlte sich wie der Versuch an, die Beziehung wieder aufzubauen.

Also kündigte ich meinen eigentlich gut bezahlten Job im Schlosshotel – und renovierte mit meinem Vater einen alten Hof in der Nähe von Oberstaufen am Alpsee. Ein Volltreffer, was die Lage anging: direkt an der Bundesstraße, mitten in einem stark frequentierten Urlaubsgebiet. Ein halbes Jahr Arbeit und Renovierung steckten wir hinein. Und ich 20 000 Euro. Wobei den Großteil natürlich mein Vater einbrachte – sowohl finanziell als auch handwerklich.

Peter, mein heutiger Ehemann, mit dem ich damals schon befreundet war und der selbst erfolgreich in der Gastronomie selbstständig war, stand uns mit Rat und Tat zur Seite. Er war zu diesem Zeitpunkt frisch geschieden, und ich kam gerade erst aus einer langjährigen Beziehung. Wir verbrachten damals zwar schon viel Zeit miteinander, waren aber einfach nur Freunde. Er war, glaube ich, froh über die Ablenkung, und ich war froh, jemanden an der Seite zu haben, der uns mit seinem Know-how unterstützen konnte. Eine Partnerschaft konnte ich mir mit ihm zu diesem Zeitpunkt jedoch gar nicht vorstellen.

Natürlich brauchte ich in der Zeit des Umbaus auch Geld. Meinen Hoteljob hatte ich gekündigt, also fragte ich Peter, ob ich bei ihm im Restaurant aushelfen konnte – ein paar Abende die Woche. Neben meinem Gründerzuschuss konnte ich das Geld wirklich gut brauchen.

Wir verstanden uns gut, arbeiteten viel zusammen, verbrachten unzählige Stunden miteinander. Eine Beziehung kam für mich aber nach wie vor unter keinen Umständen infrage. Ich stellte mir jemanden an meiner Seite vor, der mit mir draußen Zeit verbringt – im Schnee, in den Bergen, am liebsten irgendwo in der Kälte und in Bewegung. Und das klang so gar nicht nach Peter.

Ich weiß nicht, wie er es angestellt hat, aber irgendetwas an ihm hat mich schließlich angezogen. Er tat immer so, als wäre alles ganz locker und als wäre er gar nicht an einer Beziehung mit mir interessiert. Vielleicht wollte ich genau deshalb wissen, ob er sich tatsächlich meinem Charme widersetzen konnte. Ich liebe nun mal Herausforderungen. Am Schluss war ich es, die ihm nicht widerstehen konnte, und wir verliebten uns.

Nach gerade einmal sechs Wochen Beziehung war klar, dass wir Eltern werden würden. Meine Schwangerschaft fiel genau in die Phase, in der mein Vater begann, von einer Gastronomie-Erweiterung zu sprechen. Für ihn war das der nächste logische Schritt. Für mich nicht. Mir reichte der Käseladen, so wie er lief. Eine große Gastronomie hätte höhere Fixkosten, mehr Mitarbeiter, mehr Verantwortung, mehr Druck bedeutet. Ich wollte nicht wachsen, ich wollte Ruhe – Zeit für mein Kind, für die Hunde, für das, was für mich wirklich zählte. Also kündigte ich meinem Vater als Pächterin – nur wenige Monate nach der Eröffnung – und zog aus.

Zurück in Bad Hindelang, wo wir leben und wo auch mein Mann sein Restaurant »Schlosskeller« betreibt, mieteten wir einen kleinen Laden an einer Ecke des Dorfes. Schlechtere Lage, kaum Laufkundschaft, aber ich wollte es versuchen. Im achten Schwangerschaftsmonat eröffneten wir.

Nach der Geburt war unser Alltag durchgetaktet: Ich stand morgens im Laden, Peter kam um zehn Uhr mit der Kleinen zum Stillen und bereitete den Mittagstisch vor. Meine Mutter und mein Stiefvater kümmerten sich um die Huskys, die sah ich in dieser Zeit nur wenig. Nach Feierabend brachte ich die Kleine zu meiner Mutter, zog die Stirnlampe auf und ging mit den Hunden raus auf den Trail. Fiel im Restaurant jemand aus, sprang ich ein. Nebenbei Catering im Kurhaus bei Großveranstaltungen und donnerstags Wochenmarkt. Ich zahlte meinen Kredit für das Inventar des Käseladens ab, Peter seine neue Restaurantküche. Ein Baby, ein kleines Rudel mit mittlerweile fünf Huskys und ein Pferd – alles musste laufen. Ich wusste, dass ich so nicht viele Jahre weitermachen wollte: hatte ich doch immer davon geträumt, Zeit für meine Kinder zu haben.

Der Laden brachte leider keinen Gewinn. Als ein anderes, größeres Geschäft an der Bundesstraße frei wurde, entschieden wir, es ein letztes Mal zu versuchen. Der neue Laden lief besser, die Zahlen stimmten – aber ich spürte, dass es nichts mit meinem Herzen zu tun hatte. Es war nur eine Notlösung. Mir war klar, dass ich etwas ändern musste.

Ich wollte Zeit mit meinen Hunden verbringen, mit ihnen arbeiten, echte Erlebnisse schaffen. Ich fragte ein paar Locations im Ort an, aber keiner wollte unbedingt ein Rudel Huskys auf seinem Grundstück haben und Leute, die kamen, um mit ihnen etwas zu erleben. Ich bekam ein paar Absagen und dachte, wenn ich keine Location fände, könnte ich ja erst einmal zu Hause starten oder mich direkt mit den Gästen für die geführten Touren auf dem Trail treffen. Ich druckte ein paar Flyer, entwarf ein Logo und baute selbst eine kleine Website. Dank eines redaktionellen Beitrags in der *Allgäuerin*, einem regionalen Magazin, und professioneller Aufnahmen des Naturfotografen Armin Hofmann ließen die ersten Anfragen nicht lange auf sich warten.

Im Laden setzte ich mehr Aushilfen ein, um für die Husky-Touren frei zu sein. Und irgendwann sagte ich zu Peter: »Warum mache ich das eigentlich? Ich wollte nie einen Käseladen. Ich wollte eine Beziehung zu meinem Vater. Das hat nicht funktioniert. Jetzt will ich nur beweisen, dass ich es auch ohne ihn schaffe – aber für wen? Ich habe nichts davon.« Er sah mich an und sagte: »Dann lass es.« Eine Mitarbeiterin übernahm den Laden – und wir verkauften ihn noch im selben Jahr an sie. Ich weiß noch genau, wie es sich anfühlte, die Tür zum letzten Mal abzuschließen. Ich war frei. Zum ersten Mal seit Langem.

Und so wurde *Huskynature*, mein eigenes Unternehmen für Husky-Erlebnisse, geboren. Ich wusste nicht, ob es sich wirklich rechnen würde, aber ich steckte all mein Herzblut hinein. Und obwohl ich kein Geld für Werbung hatte, sprach es sich schnell herum. Anfangs versuchte ich noch, alles zu jeder Uhrzeit möglich zu machen – egal, ob zehn Personen oder nur eine gebucht hatten. Wenn man es rein wirtschaftlich betrachtete, zahlte ich am Anfang dabei eher drauf. Der Erfolg stellte sich jedoch bereits im zweiten Jahr ein und ich schrieb erste schwarze Zahlen. Aber das Schönste daran war: Ich war mit meinen Hunden zusammen und hatte mit Menschen zu tun, die die Faszination für Siberian Huskys teilten. Wir durften in all den Jahren so viele Augen zum Leuchten bringen – und das ist ein wunderschönes Geschenk, das meine Arbeit mit sich bringt.

Hätte es auch schiefgehen können? Natürlich, aber es gibt diesen Moment, in dem wir uns entscheiden müssen. Lauschen wir dem Verstand, der uns Sicherheit verspricht, aber oft nur in bekannten Bahnen lenkt? Oder vertrauen wir dem inneren Ruf – dem leisen, aber klaren Ja, das in uns schwingt? Manchmal braucht es den Mut zu springen. Ins Ungewisse. Dorthin, wo das Leben beginnt, das den eigenen Sehnsüchten entspricht. Und das Vertrauen, sich auf sich selbst verlassen zu können. Ich sage mir immer: Wenn ich den Sprung nicht wage, lebe ich bereits in meinem Worst-Case-Szenario. Denn wenn es nicht klappt, kann ich immer zu dem zurückkehren, was ich vorher getan habe. Aber wenn ich es erst gar nicht versuche, dann habe ich mich bereits gegen meine eigene Chance entschieden – und das wäre das eigentliche Scheitern.

Sei du der Trailbreaker – wenn Angst nicht der Feind ist und du trotzdem losgehst

Es wird immer Gründe geben, die dagegensprechen. Immer Stimmen – innere und äußere –, die sagen, dass du vorsichtiger sein solltest. Dass du noch warten oder dich erst sicherer fühlen musst, bevor du den nächsten Schritt machst. Aber die Wahrheit ist: Du wirst niemals zu hundert Prozent bereit sein. Es gibt keinen perfekten Zeitpunkt. Keine absolute Sicherheit.

Oft versuchten Menschen in meinem Umfeld mich von meinem Herzenswunsch abzubringen: ein eigenes Husky-Rudel zu führen, mit ihm zu arbeiten und den Schlittenhundesport zu leben. Wie oft habe ich gehört, ich würde meine Zeit und mein Geld zum Fenster hinauswerfen. Dass die Hunde mir die Haare vom Kopf fressen. Dass ich in der heutigen Zeit lieber einen soliden Job annehmen sollte, anstatt mit meinen Hunden durch die Natur zu tingeln: »Damit wirst du kein Geld verdienen.« »Das ist doch nur ein verrücktes Hobby.« »Sei doch realistisch!« Und weißt du was? Heute beneiden mich oft genau diese Menschen um mein freies, selbstbestimmtes und abenteuerliches Leben. Sie fragen mich, wie ich es geschafft habe. Sie sehen, dass ich nicht nur mehr Zeit und Freiheit habe, sondern auch mehr finanziellen Erfolg, als ich es je in einem soliden Job gehabt habe. Aber es ist nicht der Erfolg, der mich antreibt. Es ist die Erfüllung. Ich lebe das, was mich wirklich erfüllt. Und mit unseren Husky-Erlebnissen schaffe ich einen einzigartigen Mehrwert für alle, die diese Leidenschaft teilen – egal, ob Groß oder Klein.

Es ist ein typisches Muster: Menschen projizieren ihre eigenen Grenzen auf dich. Aber nur weil sie glauben, dass etwas unmöglich ist, heißt das nicht, dass es so ist. Ich liebe das Beispiel der Schwimmerin Florence Chadwick. 1952 versuchte sie als erste Frau die über 30 Kilometer von Catalina Island zum Festland zu durchschwimmen. Beim ersten Mal brach sie nach 16 Stunden, nur wenige Hundert Meter vor dem Ziel, ab, weil dichter Nebel aufzog und sie das Ufer nicht sehen konnte. Aber nur wenige Monate später startete sie erneut, mit einem klaren Ziel vor Augen – und schaffte es. Sie bewies, dass Grenzen nicht im Körper liegen, sondern im Bild, das man vom Ziel hat. Geh weiter, auch wenn du das Ufer noch nicht siehst – es könnte sein, dass es nur wenige Meter von dir entfernt liegt. Sei du der Trailbreaker! Find deinen eigenen Weg, wenn noch keiner da ist, und zeig der Welt, was möglich ist! Die ersten Schritte fühlen sich vielleicht wackelig an, aber mit jedem einzelnen gewinnst du Sicherheit – nicht, weil die äußeren Umstände sich sofort ändern, sondern weil du mit jeder Erfahrung stärker wirst.

Denn jeder einzelne Schritt ist schon Teil des Zieles. So ist es auch im Schlittenhundesport. Viele denken, das Ziel seien das Rennen, der Pokal und der Sieg. Aber die Wahrheit liegt in den Monaten davor – in den frühen Morgen, wenn die Dunkelheit noch über dem Land liegt und die Welt still ist. Wenn der Wind pfeift, der Schlitten vibriert und unter unseren Füßen der Schnee glitzert wie tausend kleine Sterne. Wenn sich die Sonne langsam hinter den Gipfeln hervorwagt und den Himmel in ein flammendes Orange und Rosa taucht. Manchmal begegnet uns in dieser Dämmerung ein Schneehase, der über den Trail huscht – das erste Lebewesen des Tages, bevor irgendjemand sonst wach ist. Kein Mensch, kein Lärm, nur mein Rudel und ich. Diese Einsamkeit, dieses Einssein mit den Hunden, der Natur, und mir selbst– das ist für mich die Vollkommenheit.

Eine gute Platzierung, ein Sieg – das sind nur Sekunden, in denen du kurz innehältst, um zu begreifen, dass du schon die ganze Zeit dort warst, wo du hinwolltest. Das Spannende am Folgen deines Rufes ist nicht das Ziel selbst. Es ist alles, was dazwischenliegt. Der Moment, in dem du den ersten Schritt machst – noch unsicher, aber entschlossen. Die ersten kleinen Erfolge, die dich beflügeln. Die ersten Rückschläge, die dich prüfen. Die Herausforderungen, die dich zwingen, über dich hinauszuwachsen. Das Ziel ist nur der Horizont, der dich in Bewegung bringt. Aber das, was wirklich zählt, sind die Tage, an denen du dich aufraffst, obwohl es einfacher wäre, liegen zu bleiben. Die Begegnungen, die du nie gehabt hättest, wärst du zu Hause geblieben. Die Stärke, die du in dir entdeckst, weil du dich getraut hast loszugehen.

Wenn wir mit dem Schlitten unterwegs sind, weiß ich, dass es nicht die Ziellinie ist, die zählt. Es ist der Moment, wenn die Hunde ihren Rhythmus finden, wenn sich das Team in Wellen bewegt, wenn wir eine Einheit bilden. Es ist so eine Verschwendung, zu warten, bis alles perfekt und das Ziel erreicht ist – weil das, was dich wirklich verändert, nicht am Ende passiert, sondern unterwegs. Das Leben findet nicht *nach* dem Mut statt. Es beginnt *mitten darin.*

Oft hält uns die Angst vorm Losgehen zurück. Aber weißt du, Angst ist kein Feind. Sie will uns beschützen. Lange habe ich gegen sie gekämpft, wollte sie verdrängen, ignorieren – bis ich verstanden habe, dass sie ein Teil von mir ist. Genau wie Mut, Entschlossenheit oder Abenteuerlust. Und dann habe ich mir eine Frage gestellt: Was wäre, wenn ich meine Angst nicht als Hindernis betrachte, sondern als Teil meines Teams? So habe ich begonnen, mein eigenes Bild dafür zu entwickeln. Inspiriert von Konzepten wie dem »Inneren Team« von Schulz von Thun, habe ich eine für mich greifbarere Metapher geschaffen – eine, die sich für mich stimmig anfühlt und die ich täglich in meinem Leben anwende: das innere Rudel.

Das Rudel in mir – eine Reflexion für den Alltag

Stell dir vor, es ist ein klarer, frostiger Morgen in den Allgäuer Alpen. Die Berge tragen ihr Winterkleid, der Wind rauscht durch die Baumwipfel. Vor mir steht mein Schlitten, bereit für die erste Tour. Meine Huskys sind eingespannt, voller Energie, die Augen leuchten. Jeder hat seine eigene Persönlichkeit, seine eigene Aufgabe – und doch laufen sie als Einheit.

Im Schlittenhundesport geht es nicht nur um Geschwindigkeit. Es geht um Vertrauen, um das Erkennen von Stärken und Schwächen. Um Führung. Ich muss wissen: Will ich das Tempo anziehen? Will ich bremsen? Will ich meinen Hunden vertrauen und mich zurückhalten? Nur so finde ich den richtigen Moment, in dem jedes Teammitglied – und somit auch ich – die beste Leistung erbringen kann. Und genauso ist es mit uns selbst. Auch in uns gibt es ein ganzes Rudel an Stimmen, Impulsen und Emotionen. Manche treiben uns an, manche bremsen uns aus, manche geben uns Stabilität. Die Kunst besteht darin, sie zu erkennen – und zu verstehen, welcher Teil von uns in welchem Moment die Führung übernehmen sollte.

Der Leader – die Stimme der Klarheit
Ganz vorne, an der Spitze des Gespanns, läuft der Leithund. Unerschütterlich und voller Entschlossenheit führt er das Rudel durch unwegsames Gelände und stürmische Winde. Er kennt den Weg, selbst wenn der Schnee ihn verdeckt. Er ist ruhig, konzentriert, unbeirrbar.

Das ist der Teil in mir, der weiß, wohin es geht. Der auch in schwierigen Zeiten sagt: »Wir machen das. Wir schaffen das.« Er bleibt auf Kurs, auch wenn die Sicht schlecht ist. Wenn ich mich verloren fühle, erinnere ich mich an ihn. Er ist meine innere Klarheit.

Der Pacemaker – die Energie, die vorantreibt
Neben dem Leader läuft der Pacemaker. Er ist schnell, voller Energie, immer eine Pfote voraus.

Dieser Teil von mir zögert nicht, sondern rennt einfach los. Er aktiviert alle Ressourcen und fragt nicht, ob etwas geht, sondern wie schnell es sich umsetzen lässt. Er bringt mich voran – aber ich muss aufpassen, dass er nicht blindlings losrennt, ohne den Leader zu hören.

Der Team-Dog – die ruhige Kraft
In der Mitte des Teams laufen die Team-Dogs. Sie drängen sich nicht nach vorne oder ziehen auf die Seite. Ein Team-Dog bringt Stabilität und unterstützt das Team mit Kraft und Konzentration. Er weiß, dass es genügt, seine Aufgabe zu erfüllen und sich auf den gemeinsamen Erfolg zu fokussieren.

Das ist meine innere Gelassenheit. Die Stimme, die sagt: »Bleib ruhig. Du musst nicht immer die Schnellste sein.« Sie erinnert mich daran, dass Beständigkeit oft wichtiger ist als Tempo.

Der Wheeler – der, der die schwerste Last zieht
Die kräftigsten und ausdauerndsten Huskys nehmen die erste Position ein – im Wheel, direkt vor dem Schlitten. Der Wheeler ist derjenige, der mit unerschütterlicher Ausdauer und unbändiger Stärke den Schlitten aus der Startposition zieht und die schwerste Last trägt. Ohne ihn bewegt sich nichts.

Er ist der Teil von mir, der keine Scheu hat, die Arbeit zu übernehmen, der niemals zurückschreckt und den Schlitten, der hier sinnbildlich für eine Herausforderung steht, mit aller Kraft durch den tiefen, nassen und schweren Schnee hindurchzieht, weil er weiß, dass Ausdauer und Beharrlichkeit der Schlüssel zum Erfolg sind. Dieser Teil von mir hält durch, auch wenn andere zweifeln, der Weg endlos scheint und der Berg sich immer höher auftürmt. Der Wheeler ist wie ein Allradantrieb, der niemals aufgibt und volle Kraft in jeden einzelnen Schritt legt, der uns unserem Ziel näher bringt.

Der ängstliche Husky – die Stimme der Vorsicht
Und dann gibt es da noch diesen einen Hund. Den, der sich nervös umsieht, der beim ersten Knacken im Wald zusammenzuckt. Wenn der Weg unklar wird oder der Schnee besonders stürmisch ist, verlangsamt der ängstliche Hund das Tempo und lässt das Team ins Stocken geraten. Das ist meine Angst.

Aber ich habe gelernt: Sie gehört dazu. Denn die Angst ist nicht immer der Feind. Sie hilft dem Rudel, sicher zu bleiben, und macht auf potenzielle Gefahren aufmerksam. Es ist wichtig, ihr den nötigen Raum zu geben, ohne dass sie das Rudel lähmt.

Die Angst ist der Teil in mir, der mich warnt, wenn ich mich unüberlegt in etwas hineinstürzen will. Der mich aufmerksam macht, wenn ich vielleicht einen Moment innehalten sollte. Und genau deshalb lasse ich sie mitlaufen. Aber – und das ist der entscheidende Punkt – sie läuft nicht im Lead. Ich höre ihr zu. Ich frage sie:

»Wovor willst du mich schützen? Was könnte schlimmstenfalls passieren? Und was, wenn ich es trotzdem tue?« Oft hat sie gute Argumente. Manchmal zeigt sie mir Dinge, die ich übersehen habe. Aber *ich* entscheide, ob ich auf sie höre – oder ob ich trotzdem gehe. Denn wenn ich meine Angst an die Spitze lasse, bleibt das ganze Rudel stehen. Ich habe gelernt, meine Emotionen nicht als Gegner zu sehen. Sondern als Team. Jeder Teil von mir hat seinen Platz. Aber nicht jeder darf führen.

Wenn ich mich verloren fühle, stelle ich mir mein inneres Rudel vor. Ich sehe die Hunde vor mir, spüre ihre Energie. Und dann frage ich mich: Wer läuft gerade im Lead? Wenn es meine Angst ist – dann hole ich meinen Leader nach vorne. Meine Klarheit. Meine Vision. Denn genau wie bei meinen echten Huskys gilt: Ich entscheide, wer führt. Und damit bestimme ich auch, wohin die Reise geht. So bleibt die Angst eine sinnvolle Stimme im Team, ohne mich auszubremsen. Diese Idee hilft mir, im Alltag meine Gedanken und Gefühle zu ordnen, sie zu akzeptieren und bewusst zu lenken. Dein inneres Rudel ist auch immer bei dir – du musst nur lernen, es richtig zu führen.

Kapitel 2

Was ich von meinen Huskys über Freiheit gelernt habe

Was bedeutet Freiheit wirklich?

Nachdem ich die Huskys als Kind zum ersten Mal gesehen hatte, führte mich irgendetwas immer wieder zu ihnen zurück. Nach der Schule nahm ich nie den direkten Weg nach Hause. Ich bog auf den schmalen Pfad am Bach ab, folgte dem Rauschen des Wassers an fünf Häusern vorbei, bis zu dem Grundstück am Rand des Weges – dorthin, wo unser Nachbar mit den Huskys lebte. Der kleine Umweg wurde zu meinem geheimen Ritual, nur um einen flüchtigen Blick auf das Rudel zu erhaschen.

Ich fühlte eine unausweichliche Resonanz, ein tiefes inneres Wissen, das mich erfasst hatte. Vielleicht war es ein Ur-Instinkt – etwas Uraltes, das in mir schlummerte, mich lenkte und genau hierhergeführt hatte. Zu einem Moment, der alles veränderte.

Es war nicht so, dass ich zum ersten Mal Kontakt mit Hunden hatte – im Gegenteil, ich bin mit ihnen aufgewachsen. Meine Oma hatte über Jahrzehnte hinweg Bernhardiner, diese imposanten, sanftmütigen Riesen mit ihrer beeindruckenden Erscheinung. Einige kennen sie sicher aus dem Film *Ein Hund namens Beethoven*, doch ihre Geschichte reicht viel weiter zurück.

Bernhardiner haben ihren Ursprung in den Schweizer Alpen und wurden einst als Rettungshunde am Großen St. Bernhard-Pass eingesetzt, einer gefährlichen Route zwischen Italien und der

Schweiz. Dort sollten sie Lawinenopfer aufspüren, ihnen Wärme spenden und – so die Legende – zur Stärkung Schnaps in einem kleinen Holzfässchen am Hals bringen. Obwohl diese Geschichte eher ins Reich der Mythen gehört, bleibt das Bild tief im kollektiven Gedächtnis verankert. Mit ihrem massiven Körperbau und einem Gewichtsunterschied von gut 50 Kilogramm übertreffen Bernhardiner Huskys bei Weitem. Ihr breiter Kopf, die sanften braunen Augen und die tiefen Lefzen verleihen ihnen einen Ausdruck von Weisheit und Ruhe – bis sie sich schütteln. Dann fliegt der Sabber in alle Richtungen, und wer in der Nähe steht, bekommt unweigerlich etwas davon ab. Doch trotz ihrer Größe sind sie liebevolle, geduldige Familienhunde, deren Herz so groß scheint wie sie selbst.

Eines der wertvollsten Erinnerungsstücke meiner Kindheit ist ein altes Foto, das noch immer einen Platz im Haus meiner Oma hat. Darauf liege ich als Baby, eingebettet in eine handgeschnitzte Holzwiege, und direkt daneben wacht Clero, ihr Bernhardiner. Riesig im Vergleich zu mir, aber voller Behutsamkeit. Er steht da, aufmerksam, seine Pfoten fest auf dem Boden, als wolle er mir versichern: »Ich passe auf dich auf.«

Meine enge Beziehung zu Hunden war daher seit meiner Kindheit tief in mir verwurzelt – geprägt von Vertrauen und Liebe. Doch als ich zum ersten Mal einem Rudel Huskys gegenüberstand, war es, als würde eine andere Welt ihre Tore für mich öffnen.

Es war nicht nur ihre beeindruckende Präsenz oder ihre geschmeidigen Bewegungen, die so sehr an ihren Stammesvater, den Wolf, erinnerten, oder ihr wacher Geist – es war ein Gefühl, das mich mitten ins Herz traf. Eine Anziehung, anders als alles, was ich bisher kannte. Wild, frei, fast magisch. Ihre Augen schienen direkt in meine Seele zu blicken, als würden sie ein uraltes Wissen in sich tragen, mit dem sie mich wortlos verstanden.

Dieses Gefühl hat mich nie mehr verlassen. Selbst nach mehr als zwei Jahrzehnten spüre ich es jedes Mal aufs Neue, wenn mein

Blick auf sie fällt. Die Faszination ist ungebrochen, die Bewunderung gewachsen – genährt von unzähligen gemeinsamen Momenten, von stillen Begegnungen im Morgengrauen, von Abenteuern, die uns an unsere Grenzen brachten, und von Herausforderungen, die wir nur als Einheit meistern konnten. Jeder Tag mit ihnen hat mich gelehrt, die Welt mit anderen Augen zu sehen – klarer, wacher, unmittelbarer. Sie sind mehr als nur Begleiter. Sie sind mein Rudel. Mein Herz schlägt in ihrem Rhythmus, ich vertraue ihrem Instinkt und richte mein Leben nach ihnen aus.

Vielleicht kennst du das: Wenn dir etwas immer wieder auf verschiedenen Wegen begegnet, als hätte das Leben längst entschieden, dass es zu dir gehört. So war es mit mir und den Huskys.

Zwei Jahre waren vergangen – zwei Jahre voller Zaunbegegnungen, Blicken, die sich durch das Drahtgeflecht trafen, ein stummes Verstehen zwischen mir und dem Rudel in meiner Nachbarschaft. Ich hatte mich nie getraut, die Besitzer zu fragen, ob ich einmal zu ihnen ins Gehege durfte. Zu groß war die Angst vor einem Nein gewesen. Doch dann kam dieser Tag. Maria, eine Freundin aus dem Dorf und meiner Klasse, fragte mich, ob ich Lust hätte, mit Huskys spazieren zu gehen. Mein Herz setzte für einen Moment aus. Sofort dachte ich an »mein« Rudel, das nur wenige Häuser weiter lebte. Doch dann die Überraschung: In unserem kleinen Ortsteil Bad Oberdorf, der zu Bad Hindelang gehörte – einem gerade mal 5000-Seelen-Dorf –, gab es noch ein zweites Husky-Rudel.

Maria war ein Jahr älter als ich und ging seit der dritten Klasse auf meine Schule. Wir hatten damals eine besondere Verbindung – eine Freundschaft, die nicht nur auf gemeinsamen Erlebnissen, sondern auf einer tiefen Faszination für Tiere basierte. Ihre Eltern hatten in Bad Oberdorf die »Obere Mühle« gekauft und mit viel Liebe in ein gemütliches Gasthaus verwandelt. In der Oberen Mühle lag immer ein unverwechselbarer Duft in der Luft – eine Mischung aus würzigem, reifendem Käse, frischer Milch und dem leicht herben Aroma von Holz, das von den alten Balken des Hauses ausging. Schon beim Betreten stieg einem dieser intensive Geruch in die Nase, vermischt mit der kühlen Frische des Bergwassers, das durch die alte Mühle floss und die Atmosphäre des Hauses mit einer besonderen Lebendigkeit erfüllte.

Maria selbst war wild und frei, genau wie ich. Sie besaß ein Pferd, und oft verbrachten wir unsere Nachmittage damit, durch die Wälder zu reiten, über Felder zu galoppieren und uns Geschichten über all die Abenteuer auszumalen, die wir eines Tages erleben würden. Wir verstanden uns ohne viele Worte, denn wir teilten denselben inneren Ruf – den Ruf der Natur, der Tiere und der Freiheit. Und nun standen wir hier, kurz davor, unsere ersten Schritte mit echten Huskys zu machen. Maria kannte eine Frau, die etwas weiter unten im Dorf lebte – sie besaß vier Huskys und ließ uns mit ihnen spazieren gehen. Ich konnte mein Glück kaum fassen.

Ausgestattet mit Bauchgurten und Leinen zogen wir los. Die powervollen Huskys sprühten vor Energie. Ich spürte sie unter meinen Händen, durch das Geschirr, durch die Leinen – diesen unbändigen Drang, sich zu bewegen. Nach vorne. Immer weiter.

Es gibt einen Begriff dafür: »Desire to go.« Dieser angeborene Wille, nicht stehen zu bleiben. Nicht gemütlich zu schlendern. Nicht zu verweilen.

Siberian Huskys sind geborene Läufer. Jahrhundertelang wurden sie gezüchtet, um in den eisigen Weiten des Nordens Schlitten zu ziehen und Familien mit lebenswichtigen Gütern zu versorgen. Ihr Körper ist gemacht für Ausdauer, ihr Geist darauf ausgerichtet, in Bewegung zu sein. Jetzt könnte man denken, dass es unangenehm ist, wenn ein Hund die ganze Zeit an der Leine zieht, ungeduldig, voller Vorwärtsdrang. Doch für mich war es das Gegenteil. Ich spürte eine Verbindung.

Heute, Jahre später, macht es mich oft traurig, wenn ich Menschen begegne, die sich einen Husky anschaffen – fasziniert von seiner Schönheit, von seiner Energie – und ihn dann dazu zwingen, nur brav bei Fuß zu laufen. Einen Hund, dessen Seele danach schreit, zu rennen. Einen Hund, dessen Vorfahren ganze Dörfer mit Nahrung und Feuerholz versorgten. Dessen größte Freude es ist, seine Kraft einzusetzen, seinen Instinkten zu folgen, in seinem natürlichen Rhythmus zu leben. Doch stattdessen wird er ausgebremst. Gezwungen zum langsamen Nebenhertrotten. Und so sieht man sie oft: Huskys, deren Körper eigentlich stark wären, doch deren Augen müde wirken. Weil sie laufen wollen – aber nicht dürfen.

Aber wir waren anders. Wir waren Kinder der Berge. Wild, frei und voller Energie – genau wie diese Hunde. Wir rannten mit ihnen über Wiesen und Wege, tauchten mit ihnen in die kühlen Wälder ein und erfrischten uns in den klaren Bergbächen. Wir waren wie sie. Unbändig, getrieben von der gleichen unerschütterlichen Kraft, mit dem tiefen Wunsch in unserer Seele, für immer so frei und wild sein zu können. Die Welt nicht nur zu sehen, sondern sie auf unsere ganz eigene Weise zu entdecken, mit jedem Schritt, den wir liefen, mit jedem Atemzug, den wir nahmen.

Viele glauben, Freiheit sei das Fehlen von Regeln, ein Leben ohne Verpflichtungen, sich ziellos treiben zu lassen. Doch wer Huskys in ihrem Element erlebt, erkennt: Wahre Freiheit bedeutet nicht Chaos, sondern Richtung. Sie entsteht nicht durch das Fehlen von Grenzen, sondern durch die Möglichkeit, die eigene Natur zu leben. Ein Husky ist nicht frei, nur weil er ohne Leine läuft. Er braucht Bewegung, einen klaren Weg und das Gefühl, dass er seiner Bestimmung folgt. Genauso ist es mit uns Menschen. Freiheit bedeutet nicht, planlos umherzudriften, sondern dem zu folgen, was uns antreibt. Es geht nicht darum, alles dem Zufall zu überlassen, sondern bewusst zu entscheiden, welchen Weg wir gehen.

Als Schlittenhundeführerin kann ich mir kein zielloses Umherirren leisten. Wenn mein Gespann mit einer Geschwindigkeit von über 30 Kilometern pro Stunde den Abhang hinunterstürmt, müssen meine Hunde wissen: Ich habe den Überblick. Ich kenne den

Weg. Ich entscheide, wann wir Geschwindigkeit aufnehmen und wann wir bremsen. Nur dann vertrauen sie mir – und nur dann können sie ihr volles Potenzial entfalten, ohne sich aus Unsicherheit selbst auszubremsen.

Freiheit ist kein Zustand, sondern ein Gefühl. Sie entsteht in dem Moment, in dem wir aufhören, gegen das zu kämpfen, was uns ruft. Ich habe sie nie stärker gespürt als in der klirrenden Morgenkälte, mit dem Hecheln meiner Huskys in den Ohren und dem endlosen Weiß vor mir. Freiheit ist nicht »machen, was man will«. Sie ist die bewusste Entscheidung, seinen Weg zu gestalten. Sie bedeutet nicht, dass alles leicht ist. Aber sie bedeutet, die eigene Natur zu leben – und das ist es, was uns wirklich frei macht.

Journal-Fragen auf dem Weg zur Freiheit

Bevor ich meinen eigenen Weg wirklich gehen konnte, musste ich zuerst wissen, was ich überhaupt wollte. Lange habe ich mich gefragt, was richtig oder falsch war, was sicher erschien und was zu riskant wäre. Aber genau dadurch drehte ich mich immer wieder im Kreis – so lange, bis ich anfing, mir die Dinge aufzuschreiben. Plötzlich wurden meine Gedanken klarer, langsamer. Durch das Schreiben konnte ich meine Gefühle besser greifen und Gedanken wirklich zu Ende denken, statt mich ständig in einem Gedankenkarussell zu verlieren. Das half mir dabei, mich ehrlich mit mir selbst auseinanderzusetzen.

Hier sind einige der Journal-Fragen, die mir geholfen haben, meinen ganz eigenen Weg zur Freiheit zu finden:

1. Was bedeutet Freiheit für mich persönlich?
Was verstehe ich eigentlich unter Freiheit? Unabhängigkeit, Selbstbestimmung oder etwas ganz anderes?
In welchen Momenten meines Lebens habe ich mich wirklich frei gefühlt – körperlich, emotional, innerlich?

Wo war ich damals? Mit wem? Und was habe ich konkret getan?
Was war in diesen Momenten anders als sonst – in meinem Denken, meinem Fühlen, meinem Handeln?
Was hatte ich nicht: keine Erwartungen, keinen Druck, keine Angst, keine Kontrolle?
Wo spüre ich diese Freiheit bereits in meinem Leben (zum Beispiel in den Bereichen Familie und Beziehungen, Finanzen, Beruf und Karriere, Gesundheit, Freizeit, Kreativität oder Abenteuer)?

2. Wie sieht ein Leben aus, das mich wirklich erfüllt?
Was tue ich, wenn ich völlig in einem Moment aufgehe und Zeit und Raum vergesse?
Welche Orte oder Aktivitäten lösen in mir das Gefühl aus, wirklich lebendig zu sein?
Wie würde mein perfekter Tag aussehen, wenn ich mich nicht um Geld, Sicherheit oder Erwartungen anderer kümmern müsste?

3. Was hält mich davon ab, meinen eigenen Weg zu gehen?
Welche Ängste kommen hoch, wenn ich über Veränderungen nachdenke?
Sind diese Ängste real – oder halten sie mich nur klein?
Wo setze ich mir Grenzen, die vielleicht gar nicht so unveränderbar sind?
Welche Erwartungen habe ich an mich selbst – und welche davon stammen vielleicht gar nicht wirklich von mir, sondern aus alten Zuschreibungen, familiären Narrativen oder früh übernommenen Glaubenssätzen?

4. Welche Entscheidungen habe ich früher aus Angst getroffen, und welche aus einem tiefen inneren Ja?
Gab es Situationen, in denen ich eigentlich genau wusste, was ich wollte, mich aber nicht getraut habe?

Wann habe ich trotz Unsicherheit auf mein Gefühl gehört und es nicht bereut?
Welche Muster erkenne ich in meinen früheren Entscheidungen?

5. Was kann ich heute konkret tun, um meiner Freiheit ein Stück näher zu kommen?
Welche kleine Sache könnte ich heute verändern, um meinem Wunschleben näher zu kommen?
Was oder wen kann oder möchte ich loslassen, um mich freier zu fühlen?
Was fühlt sich machbar an – für welchen ersten Schritt habe ich aktuell Kraft?
Wer könnte mich dabei unterstützen?

Die Heimat als Ausgangspunkt für neue Abenteuer

Schon seltsam – an vieles aus meiner Kindheit kann ich mich kaum noch erinnern. Ganze Tage, vielleicht sogar Jahre, scheinen in einem Nebel aus Vergessenheit zu liegen. Doch alles, was mit Huskys und generell mit Tieren zu tun hatte, ist in meinem Gedächtnis eingebrannt, als wäre es gestern gewesen. Ich erinnere mich nicht nur an die Bilder, sondern an jedes Detail, an jedes Gefühl. An den Duft von frischem Gras und feuchtem Waldboden, der in der Luft lag. An das Kribbeln unter meiner Haut, wenn meine Füße über moosige Pfade flogen. An den Moment, in dem mein Körper sich dieser freigesetzten Kraft hingab, die sich wie automatisch einstellte, sobald ich die pure Lauffreude der Hunde spürte.

Ich verbrachte meine gesamte Kindheit in diesem kleinen, beschaulichen Dorf, das eingebettet in die malerische Bergwelt der Allgäuer Alpen liegt. Hier sind die Gipfel zum Greifen nah, und es braucht nur wenige Schritte, um mitten in ihrer majestätischen Stille zu stehen. Das Besondere an diesem Ort ist für mich, dass er sich bis heute seinen ursprünglichen Charakter bewahrt hat. Die Wege führen durch unberührte Natur, durch Wälder und Wiesen, in denen die Einsamkeit kein Mangel, sondern ein Geschenk ist. Eine gute Entscheidung war es, dass Bad Hindelang auf einen sanften, nachhaltigen Tourismus gesetzt hat – auf ein Miteinander, das nicht zerstört, sondern bewahrt. Ein Ort, an dem Natur und Mensch noch in Harmonie existieren dürfen.

Es ist ein großes Privileg, hier geboren zu sein und leben zu dürfen, dessen bin ich mir jeden Tag bewusst. Wenn die Morgensonne über die Berggipfel wandert und ihre ersten goldenen Strahlen sich in dem seidigen Fell meiner Huskys verlieren, spüre ich diese tiefe Dankbarkeit noch stärker. Natürlich habe ich, fasziniert von Winter, Kälte und Schnee, oft darüber nachgedacht, nach Skandinavien oder Kanada auszuwandern. Diese rauen, weiten Landschaften üben eine starke Anziehung auf mich aus, wecken in mir eine Sehnsucht nach dem Unbekannten. Und doch ist es meine Heimat, die mich hält. Ich spüre es in jeder Faser meines Seins – genau hier, zwischen diesen Bergen, ist der Ort, an dem ich leben möchte.

Das war nicht immer so. Meine tiefe Verbundenheit mit meiner Heimat wuchs nicht nur aus der Schönheit dieser Berge, sondern auch aus den Herausforderungen, die ich hier erlebt habe. Denn für die Akzeptanz meines Rudels in einem eher dicht besiedelten Dorf habe ich einiges tun dürfen.

Das Allgäu lebt unter anderem von der Viehzucht, und Traditionen werden hier hochgehalten. Hunde, vor allem große, ursprüngliche Rassen wie Huskys, die mit ihrer Energie und ihrem lauten Heulen an wilde Tiere erinnern, passten für viele nicht in dieses Bild. Ich habe viel Zeit und Geduld investiert, um Vorurteile abzubauen und den Menschen zu zeigen, dass meine Huskys keine Bedrohung, sondern eine Bereicherung sind. Dass sie nicht nur Sport- und Arbeitshunde sind, sondern Seelengefährten, mit denen ich in einer tiefen Verbindung lebe. Anfangs begegnete mir oft Skepsis – die Sorge, dass ein Rudel nordischer Hunde nicht in eine Umgebung passt, in der Kühe auf den Weiden grasen und alte Bauernhöfe das Bild der Landschaft prägen. Von meinen Nachbarn aus Kindertagen wusste ich, dass sie immer wieder mit Anzeigen wegen Lärmbelästigung zu tun hatten – und im Dorf bei einigen nicht besonders beliebt waren.

Doch mit der Zeit änderte sich das. Ich durfte lernen, wie wichtig es ist, nicht gegen bestehende Strukturen anzukämpfen, sondern Wege zu erschaffen, um in ihnen Platz zu finden. Ich wollte zeigen, dass Huskys zwar eine andere Geschichte und Aufgabe haben als die Hütehunde dieser Region, aber dass auch sie in diesen Bergen zu Hause sein können. Ich ließ die Menschen erleben, was für eine besondere Energie von ihnen ausgeht – wie sie sich mit Schnee und Kälte so mühelos verbinden, wie sie arbeiten, laufen, ziehen, ihre Kraft in Bewegung umwandeln, ohne dass ihre Freude je nachlässt.

Ich galt als verlässlich. Meine Hunde nahm ich grundsätzlich an die Leine, sobald uns jemand entgegenkam – selbst diejenigen, die normalerweise frei laufen durften, weil sie zuverlässig abrufbar waren. Ich wusste, dass manche Menschen einfach Angst vor ihnen hatten, allein wegen ihres wolfsähnlichen Aussehens.

Wenn wir unterwegs waren, ließ ich niemals einen Hundehaufen liegen und achtete konsequent darauf, dass weder unsere Natur noch die darin lebenden Tiere gestört wurden. Es war mir auch wichtig, dass meine Hunde nicht in die Felder der Bauern liefen – aus Respekt vor ihrer Arbeit. Sie sollten weder das Gras niedertrampeln noch dort ihr Geschäft machen, wo später das Futter für die Tiere wuchs. Für meine Trainings wählte ich bewusst Zeiten, in denen kaum jemand unterwegs war, unter anderem die frühen Morgenstunden. Nicht, weil ich etwas verbergen wollte, sondern aus Rücksicht. Ich klärte vorher mit der Gemeinde, welche Wege ich wann benutzen durfte, und sprach mit dem zuständigen Jäger meine Trainingszeiten und Strecken ab. Ich wusste: Akzeptanz entsteht nicht durch Worte, sondern durch das eigene Verhalten.

Später ging ich eine Kooperation mit der Gemeinde Bad Hindelang ein und bot unsere Husky-Erlebnisse an bestimmten Tagen exklusiv für Gäste der Bad Hindelanger PLUS-Karte an. So erzählten sie nach ihrer Rückkehr ihren Vermietern von den Begegnungen – und Stück für Stück wuchs das Vertrauen in uns.

Heute gehören meine Huskys genauso zu diesem Dorf wie die Kühe auf den Weiden und die Alpbauern, die ihr Vieh über die Bergpfade führen. Mit unseren Husky-Erlebnissen und Feriencamps für Kinder erweitern wir nicht nur das Angebot der Region, sondern schaffen ein Alleinstellungsmerkmal aus imposanter Bergwelt, Abenteuer und der einzigartigen Magie der Huskys. Meine Heimat ist meine Basis – der Fels, auf dem alles ruht, der Ausgangspunkt für alles, was ich tue. Und gleichzeitig ist sie mein größtes Abenteuer, das mich jeden Tag aufs Neue herausfordert, mich wachsen lässt und mich immer weiter vorantreibt. Denn Stillstand war noch nie mein Weg – wahre Freiheit lebt für mich in der Bewegung.

Akeemos Ruf – wie alles begann

Es war das Jahr 2005. Ich war 21 Jahre alt und gerade von meinem Auslandshalbjahr auf Mallorca zurückgekehrt. Nach meiner Ausbildung zur Tourismusfachkraft hatte ich einen unbändigen Drang verspürt, das Behütete der vertrauten Berge hinter mir zu lassen – hinaus in die Weite, ans Meer. Ich wollte wissen, wie es sich anfühlt, nicht mehr von Gipfeln umgeben zu sein, sondern vom endlosen Horizont, von salziger Luft und dem stetigen Rauschen der Wellen. Ein Leben fernab der Berge, das völlige Gegenteil meiner Heimat – genau das wollte ich erleben.

Ich hatte das Glück, im Norden Mallorcas zu landen – dort, wo die Natur noch unberührter ist und das Wasser in den unglaublichsten Türkistönen leuchtet. Der Norden der Insel gilt als die Karibik des Mittelmeers, mit traumhaften Buchten, versteckten Stränden und einer Ruhe, die kaum etwas mit dem trubeligen Süden gemein hat. Mein neues Zuhause lag in Cala Mesquida, einem kleinen Paradies an einem der schönsten Strände der Insel. Feinster, heller Sand, der sich weit in die Dünen erstreckte, eingerahmt von Felsen und duftenden Pinienwäldern. Das Meer schimmerte in allen erdenklichen Blautönen, und wenn der Wind über die Bucht fegte, tanzten weiße Gischtkronen auf den Wellen. Es war ein Ort, der sich fast unwirklich anfühlte – so unberührt, so weit weg von dem Massentourismus, den man von Mallorca erwartete.

Und das Beste? Mein Apartment lag direkt am Strand. Jeden Morgen wachte ich mit dem Geräusch der Wellen auf, konnte die salzige Brise durch das offene Fenster spüren und sah hinaus auf das azurblaue Wasser, das sich bis zum Horizont erstreckte. Es war genau das, was ich mir erträumt hatte – zumindest dachte ich das. Denn ich sollte bald erkennen, dass es einen großen Unterschied macht, ob man an einem Ort Urlaub macht oder dort lebt und arbeitet. Mein Körper fühlte sich bei Temperaturen über 24 Grad schwer und träge an, jeder Schritt wurde zur Überwindung und der Gedanke an Bewegung zur Qual.

Nach knapp sechs Monaten stand für mich fest: Das Meer und ich – das war einmal. Und doch war es eine Erfahrung, die ich nicht missen möchte. Ich kann jedem nur empfehlen, das Vertraute einmal zu verlassen, um seinen eigenen Horizont – im sprichwörtlichen und im übertragenen Sinne – zu erweitern. Manchmal muss man erst erfahren, was nicht zu einem passt, um mit Klarheit und Zufriedenheit zu erkennen, wohin der eigene Weg wirklich führt.

Oft denke ich, mit uns Menschen ist es gar nicht so anders als mit den Huskys. Auch sie verlassen sich auf ihren Instinkt, darauf, wo der Weg sie hinführt. Sie rennen mit einer unbändigen Energie los – und doch wissen sie genau, wann sie falsch abgebogen sind. Sie spüren, wann der Untergrund nicht stimmt, wann die Richtung nicht passt. Und dann finden sie ihren Weg zurück. Ich musste erst ins Warme, um zu verstehen, dass meine Seele für die Kälte gemacht ist.

Zurück im Allgäu arbeitete ich vorübergehend an einer Wasserskianlage und betrieb dort gemeinsam mit einer Freundin die Bikini-Bar. Zu den Klängen von Hip-Hop und Reggae organisierten wir ausgelassene Lift-Partys – kleine Open-Air-Events direkt an der Anlage. Dort, wo Wasserskifahrer und Wakeboarder normalerweise an den Start gehen und vom Lift über den See gezogen werden, verwandelten wir die Plattform in eine Bühne. Wir engagierten Livebands und DJs und versorgten die Gäste mit eisgekühlten Getränken und herzhaften Snacks.

Im Winter jobbte ich als Ski- und Snowboardlehrerin und arbeitete nachts in einer Bar. Eine solide Festanstellung, Normen und ein geregelter Alltag? Das passte damals nicht in mein Leben. Ich liebte die Abwechslung, das Gefühl der Freiheit, das dieses Jobsystem mit sich brachte. Zudem waren alle meine Tätigkeiten mit Bewegung verbunden – genau das, wonach ich suchte. Lange Partynächte und Hangover Days gehörten ebenso zu meinem Alltag wie viel frische Luft und die Herausforderung, dennoch einen verlässlichen Job zu machen.

Generell war ich schon immer ein Mensch, der gerne arbeitet. Auch das verbindet mich mit meinen Hunden. Ich kann unglaublich hart und ausdauernd an einer Sache bleiben – aber nur unter der Voraussetzung, dass mir die Aufgabe gefällt. Ich bin der festen Überzeugung, dass wir alle mit einem bestimmten »Gift« – einer Gabe oder einem Talent – geboren werden. Und wenn wir die Möglichkeit haben, unsere Talente in unseren Aufgaben einzusetzen, dann schaffen wir den größten Mehrwert. Für uns selbst, für andere und für unsere Umgebung.

Es ist nicht schlimm, nicht sofort in seinem Traumjob zu arbeiten oder seine Berufung zu leben. Solange die Aufgabe deinem Wesen entspricht, du dich in ihr authentisch fühlst, bist du genau da, wo du sein sollst.

Bestimmt ist dir das auch schon aufgefallen: Manche Menschen gehen vollkommen in einer Aufgabe auf. Sie geben ihr Bestes, sind aufmerksam, freundlich und zugewandt. Man spürt sofort, dass ihnen ihre Arbeit – und die Menschen dahinter – wirklich am Herzen liegt. Sei es die Verkäuferin beim Bäcker, die nicht nur alle Inhaltsstoffe kennt, sondern auch das Lieblingsgebäck ihrer Stammkunden. Oder der Kellner, der schon beim Betreten des Restaurants weiß, welcher dein Lieblingstisch ist, und unauffällig prüft, ob er frei ist. Man spürt den Unterschied sofort: ob jemand seine Tätigkeit – selbst einen Nebenjob – liebt oder sie nur ausführt. Das hat viel mit dem eigenen Wertesystem zu tun. Wenn ich eine Aufgabe zusage, dann will ich sie so gut wie möglich machen.

Ich lebte damals ein ungezwungenes, freies Outdoor- und Partyleben – und ich hatte fast alles, was ich mir wünschte. Doch dann kam der Moment, in dem ich realisierte: Ich kann selbst entscheiden. Jetzt, genau jetzt, liegt es in meiner Hand, wo ich wohne, was ich arbeite und wie ich meine Zeit verbringe.

Und da war er wieder: dieser starke innere Ruf. Dieses Soul Calling, das nicht aus der Ferne kam, sondern direkt aus meinem Innersten. Lange hatte ich dieses Gefühl unter einem Berg aus Argumenten begraben – keine Zeit, zu wenig Geld, die Ausbildung, der Job. Doch nun konnte ich es nicht mehr überhören. Mein Fokus richtete sich erneut auf nur eines: die Huskys. Die Zweifel, ob ich es schaffen würde, waren zwar immer noch da, aber ich wollte ihnen diesmal nicht so einfach nachgeben. Ich überlegte, recherchierte und schmiedete Pläne, wie ich es angehen sollte.

Auf eBay wurde ich schließlich fündig: ein Husky-Welpe. Schwarzweißes Fell, mit zwei verschiedenfarbigen Augen. Nähe Augsburg. 450 Euro. Einen Teil des Geldes musste ich mir damals sogar noch von meinem besten Freund Wolfgang leihen – und der mochte Hunde zu dieser Zeit nicht einmal besonders.

Sein Name war Akeemo. Mein erster eigener Husky.

Mit dem Wissen, das ich heute habe, würde ich jedem abraten, es mir auf diese Weise gleichzutun. Ich kaufte einen Husky ohne Papiere und ohne eine Ahnung davon zu haben, worauf es bei einer seriösen Zucht wirklich ankommt. Natürlich war mir bewusst, dass Huskys viel Bewegung brauchen, dass sie ausdauernde Läufer sind und sich bei niedrigen Temperaturen wohler fühlen als in sommerlicher Hitze. Doch von der Rassezucht, von Gesundheitstests, von den genetischen Linien oder den Unterschieden zwischen Show- und Arbeitslinien verstand ich damals nichts. Ich hatte dieses starke Gefühl, fast schon wie ein inneres Wissen, dass ein Husky einfach zu mir gehörte – und Akeemo zu kaufen, bot sich an. Und als ich ihn das erste Mal sah, wie er mich mit seinen tiefen, durchdringenden Augen ansah, war jeder Zweifel hinfällig. In diesem Moment wusste ich: Ich würde alles tun, was in meiner Macht stand, um ihm ein möglichst artgerechtes und glückliches Leben zu ermöglichen. Es war keine Entscheidung, es war ein Versprechen. Und ich hielt es, ohne zu ahnen, dass dieser kleine Welpe nicht nur mein erster eigener Husky werden würde, sondern der Anfang eines völlig neuen Lebens.

Eines Lebens, das mir mehr abverlangen, mich mehr lehren und mir mehr schenken würde, als ich es mir damals hätte vorstellen können. Denn mit Akeemo an meiner Seite begann nicht nur ein neues Kapitel – es war der Start in eine Welt voller Herausforderungen, unbändiger Energie und wertvoller Lektionen, die mein Denken für immer verändern sollten. Lektionen, die nicht nur aus Schnee und Weite bestanden, sondern aus Disziplin, Vertrauen und der Kraft, für uns einen gemeinsamen Weg zu finden. Doch darauf war ich damals noch nicht vorbereitet.

Meine Sommer verbrachte ich nun weniger mit Wakeboarden, dafür aber mehr mit ihm in den kühlen Bergbächen und Gumpen unserer Wälder. Aus High Heels wurden Laufschuhe, mein Kleiderschrank stellte sich auf funktionale Outdoorkleidung um, und das Rennrad wich einem Mountainbike mit Zugvorrichtung. Ich stieg vom Snowboard und vom Alpinski auf Skatingski um, als ich merkte, dass ihm die Zugarbeit viel mehr inneren Ausgleich gab. Meine Saisonkarten für den Ski- und Wakeboardlift tauschte ich gegen eine komplette Skijöring-Ausrüstung für uns beide, und in den ersten Monaten floss jeder Cent in eine professionelle Langlaufausbildung. Aus meinem kleinen Twingo wurde ein Camper, der genug Platz für Hund, Bike, Skatingausrüstung und auch für uns zum Schlafen bot.

Zum Teil veränderten sich auch meine Freundschaften. Ich verbrachte nun mehr Zeit mit Menschen, die – so wie wir – gerne draußen durch die Natur streiften und sich anstatt in einem Café mit uns am See auf einen Kaffee aus der Thermoskanne oder zu einer Laufrunde mit Hund trafen.

Aber mit der Liebe wächst auch die Sorge. Als Akeemo mit sieben Jahren das erste Mal einen epileptischen Anfall hatte und seitdem mit Tabletten eingestellt werden musste, veränderte sich mit der Zeit auch sein Wesen, und er zog sich immer weiter zurück. Ich musste lernen, dass lieben auch heißt, sich selbst zurückzunehmen, Unveränderliches zu akzeptieren und ihm den neuen Rückzugsraum zu geben, den er nun brauchte.

Ich sage unseren Gästen immer: »Ein Husky hat die Kraft, deine Welt von Grund auf zu verändern – deine äußere ebenso wie deine innere Welt.«

Aber wie kam es zu dem Rudel – und mit ihm zu dem Leben, das ich heute führe?

Wenn heute Gäste zu uns kommen, fragen sie oft: »Wie bist du eigentlich zu all deinen Hunden gekommen?« Ich habe das Gefühl, die meisten stellen sich das so vor, als hätte ich eines Tages ein ganzes Rudel Huskys auf einmal gekauft. Das war natürlich nicht so. Das Rudel ist nach und nach gewachsen.

Zu Akeemo kam Kinua, eine Husky-Malamute-Hündin, die meine Mutter und ich von meinem damaligen Chef übernommen hatten. Unglücklicherweise verloren wir sie nach ein paar Jahren durch einen Unfall. Beim Müllrausbringen schlängelte sie sich unbemerkt zwischen den Beinen meiner Mutter hindurch, lief vor unserem Haus auf die Bundesstraße und wurde von einem Auto erfasst. Es ging alles sehr schnell.

Als ich 2012 zu meinem damaligen Freund nach Österreich gezogen bin, kam Keijo zu mir. Er stammt von einem der erfolgreichsten tschechischen Züchter der Rennsprintszene Europas. Keijo war der Sohn seiner besten Leithündin und wurde später mein eigener Leithund und Deckrüde. Ich liebe alle meine Hunde, aber wenn es einen gibt, der für mich ganz besonders ist, dann er. Gefühlt kennt er jeden meiner Gedanken, und heute, wo er schon im Seniorenalter ist und nichts mehr hört, kommunizieren wir weiter wie immer – als sei es das Normalste der Welt, dass er meine Gedanken, Mimik und Körperhaltung zu hundert Prozent richtig interpretiert.

Und weil ich unbedingt noch einmal so eine Granate wie ihn wollte, kam etwa anderthalb Jahre später Hänsel dazu – heute immer noch einer meiner verlässlichsten Leithunde.

Keijo und Hänsel stammen beide aus einer reinen Arbeitslinie, gezüchtet für Sprint – komplett anders als meine ersten Hunde, die eher Richtung Showdog gingen. Der Unterschied zwischen Showdog und Arbeitslinie besteht darin, dass bei der Arbeitslinie die Tiere miteinander verpaart werden, die am meisten Freude am Zughundesport haben und dort außerordentlich gut bei Rennen abschneiden. Sie sind sehr robust, haben eine ausgeprägte Muskulatur und können ihre Kraft voll auf den Trail bringen. Einfach erklärt, Showdogs werden nach Aussehen miteinander verpaart – der

Hund mit den blauesten Augen mit dem Hund, der das buschigste Fell hat. Natürlich unterliegt alles den ordnungsgemäßen Zuchtbuchvorschriften der Verbände.

Vom gleichen Züchter holte ich mir, damals im dritten Monat schwanger, noch Runa, die gerade einmal zwölf Wochen alt war. Spontan durfte ich auch ihren Onkel Max mitnehmen – einen rotbraunen Rüden, den ich schon länger im Blick hatte. Auf einem früheren Rennen hatte ich einmal zu dem Züchter gesagt: »Wenn du den irgendwann hergibst, sag mir Bescheid.« Max, mit wunderschön leuchtenden bernsteinfarbenen Augen, hatte sich am Stakeout eines Rennens sofort an meine Beine gekuschelt. Als ich Runa abholte, sagte der Züchter nur: »Wenn du willst, kannst du Max gleich mitnehmen.« Habe ich gemacht und war überglücklich.

Max war damals zwei Jahre alt und lief beim Züchter im Sechserteam, zeigte aber auf längeren Distanzen eine individuelle Neigung zum Überhitzen – sein Körper reagierte einfach sensibler auf anhaltende Belastung als der vieler anderer Hunde. Bei mir im kleineren Team, mit Strecken von maximal acht bis neun Kilometern, kam er dagegen bestens zurecht und lief zuverlässig, kraftvoll und mit Freude.

Kurz vor meiner ersten Geburt – ich war im achten Monat schwanger – waren wir noch auf einem Rennen in Oberbayern. Ich konnte nicht mehr starten, also fuhr mein Stiefvater Coco. Damit er mit vier Hunden starten konnte, lieh er sich zusätzlich Johnny aus. Manchmal verkaufen Züchter am Ende der Saison Hunde, die nicht mehr in ihr Team passen, und so war es bei Johnny auch. Die Summe war noch nicht einmal ausgesprochen, da war ich schon auf dem Weg zum Geldautomaten, um den Kaufbetrag abzuheben und meinen Mann anzurufen: »Wenn's okay ist, bring ich noch einen Rennhund mit nach Hause.« Mein Mann dachte sich zwar: »Äh, okay – wir bekommen bald ein Baby, aber wenn du meinst – bring mit.« Er konnte mir noch nie gut einen Wunsch abschlagen.

Keijo und Hänsel waren trotz der Neuzugänge immer noch meine besten Leithunde. Das fand auch mein Stiefvater und wünschte sich sehnlichst einen Nachkommen von Keijo. Dieser Wunsch ging in Erfüllung, als eine befreundete Musherkollegin, die Keijo schon oft auf Rennen gesehen und seine Arbeitsfreude und Ausdauer bewundert hatte, mich fragte, ob wir ihn mit ihrer Hündin verpaaren wollten. Aus diesem Wurf zog im Herbst 2018 Rocky bei uns ein: ein wunderschöner Rüde mit einem braunen Auge und einem, in dem sich Braun und Blau mischten wie Erde und Eis. Von all meinen Hunden hat er das weichste, kuschligste Fell. Und im Training bringt er dieselbe begeisterte Energie mit wie sein Vater.

Ein paar erfolgreiche Jahre im Schlittenhundesport gingen ins Land, und wir wussten: Wenn wir weiterhin wettbewerbsfähig bleiben wollten, durften wir uns mit dem Nachwuchs nicht allzu viel Zeit lassen, da sonst der Altersunterschied zwischen den Hunden und die damit verbundene Leistungsfähigkeit sehr weit auseinandergehen würden. Und weil auch andere Musher längst mitbekommen hatten, was für eine Granate Keijo war, kam mitten im Corona-Lockdown plötzlich eine Anfrage für ihn als Zuchtrüden. Die Organisation dieser Verpaarung im Dezember 2020 war – sagen wir mal – eine kleine, liebevoll geplante Ausweitung der Ausgangssperre. Aber sie hatte sich gelohnt. Denn im Februar 2021 kam aus dem Wurf ein Rüde namens Silent Night zu uns. Der Name war zwar passend zur Weihnachtszeit, in der er gezeugt wurde, aber ansonsten war vor allem in seiner Pubertät genau das Gegenteil Programm. Besonders während der Autofahrten zeigte er, was für ein lautes Organ er besaß. Die Sirene eines Rettungswagens hätte ich schlicht nicht gehört, so laut jaulte er.

Als ich im Februar 2022 von der Weltmeisterschaft in Schweden und einer langen Rückreise von über 2000 Kilometern erschöpft zurückkam, sagte ich zu meinem Mann: »Ich fahr das nächste halbe Jahr erst einmal nirgends mehr hin.« Dieser Vorsatz hielt genau

14 Tage, und dann befand ich mich auch schon auf der Fahrt in die knapp 1000 Kilometer entfernten Abruzzen – eine Hochebene östlich von Rom –, um Hänsel zu unseren Freunden aus dem italienischen Kader zum Decken zu bringen.

Hänsel ist mit seinen langen Beinen und dem schon fast windhundähnlichen Körperbau eine richtige Rakete, und was ihn neben seinen zwei verschiedenfarbigen Augen besonders auszeichnet, ist seine schnelle Regenerationszeit. Die Verpaarung war ein Erfolg, und weil ich die ganze Strecke nach Italien gefahren war – normalerweise kommt der Züchter mit der Hündin zum Rüden –, durfte ich mir zwei anstatt eines Hundes auswählen. So kamen im August 2022 noch Enzo und Valle zu uns.

Im Jahr 2024 beschloss ich, dass dies die letzten neuen Hunde für uns sein sollten und ich mit denen, die ich jetzt hatte, noch ca. zehn Jahre Schlittenhundesport betreiben wollte – und die Aktivitäten dann langsam auslaufen lassen würde. Dann hätte ich ein Alter von um die 50 und ich war mir nicht sicher, ob ich dann wirklich immer noch Lust haben würde, morgens um 04:40 Uhr aufzustehen und raus auf den Trail zu gehen. Vielleicht wäre es dann an der Zeit, mit meinem Mann die südlichen Länder zu bereisen und mit dem Surfen anzufangen. Peter gefiel diese Aussicht sehr, denn obwohl er unsere Huskys genauso lieb hat und gerne Zeit mit ihnen verbringt, kritisiert er schon auch hin und wieder, wie angebunden wir sind und was wir eben auch alles nicht machen können, wie einen mehrwöchigen Urlaub im Süden am Meer.

Aber natürlich kam alles anders: Eine Eigenschaft, die mich selbst und mein Umfeld schon oft wahnsinnig gemacht hat, ist meine Sprunghaftigkeit. In einem Moment stehe ich vollkommen und kompromisslos hinter einer Sache, argumentiere schlagkräftig und voller Begeisterung dafür, als wäre sie in Stein gemeißelt und nichts in der Welt könnte daran rütteln – und im nächsten Moment kann ich schon nicht mehr nachvollziehen, wie ich überhaupt auf diese Idee gekommen bin. So war es auch, als Daggie und Ralf, befreundete Musher, mich auf der Weltmeisterschaft 2025 in Sportgastein fragten, ob Keijo noch einmal für einen Wurf zur Verfügung stehen würde. Seine Nachkommen hatten gerade gezeigt, wozu sie fähig waren.

Erst dachte ich: »Hm … ich wollte eigentlich auslaufen lassen.« Aber die Vorstellung, dass Keijo und ihre Hündin Lotte Jungen hätten und ich keines von ihnen behalten würde, war für mich undenkbar.

Wenn ich mir außerdem unsere Musherszene anschaue, sind viele erfolgreiche Athleten weit über 50 Jahre alt und topfit. Ich glaube auch, dass diese Faszination für die Huskys nie abreißen wird. Und auch wenn ich in vielen Dingen sehr wechselhaft bin – die Huskys sind die Konstante in meinem Leben, und das seit über zwei Jahrzehnten. Und so habe ich beschlossen, in knapp zehn Jahren eine sportliche Ü50-Jährige zu sein, die noch viele, viele Morgen um 04:40 Uhr auf ihrem Schlitten steht und mit einem lauten »O. k.« in die Dunkelheit aufbricht. Ich sagte für den neuen Wurf zu, und im Dezember 2025 machten die zwei jungen Rüden Jasper und Bowie unser Rudel komplett.

Sehnsucht Ursprung – was es wirklich bedeutet, wild zu sein

Wild zu sein, bedeutet für mich nicht, Regeln zu brechen oder Chaos zu stiften. Für mich ist Wildheit ein tiefes, ehrliches Ja zum Leben. Es ist mein eigener Ausdruck von Authentizität, von Freiheit und vor allem von Mut – dem Mut, meinen ganz eigenen Weg zu gehen. Es bedeutet, das Leben mit all seinen Höhen und Tiefen intensiv zu spüren und andere einzuladen, ebenso lebendig und wahrhaftig zu sein. Doch ich erlebe immer wieder, wie schwierig es geworden ist, diese Wildheit in unserem hektischen Alltag zu bewahren. In einer

Welt, die von Technik und ständiger Erreichbarkeit geprägt ist, fühle ich deutlich, wie wir uns immer weiter von unserem ursprünglichen Wesen entfernen. Früher waren wir tief mit der Erde unter unseren Füßen verbunden. Wir wussten intuitiv, wann es Zeit war, innezuhalten. Die Jahreszeiten waren nicht nur bloße Daten im Kalender, sondern prägten den gesamten Lebensrhythmus. Wir orientierten uns an den Sternen, konnten die Gezeiten bestimmen und ließen uns von Mondphasen und Sternbildern leiten. Wir atmeten im Einklang mit den Wäldern, lauschten den Geschichten des Windes und konnten ganz selbstverständlich die Sprache der Natur sprechen – ohne darüber nachzudenken. In unserer heutigen Welt ist es so leicht, die Verbindung zur Natur und zum eigenen Ursprung zu verlieren. Doch jedes Mal, wenn ich in die leuchtenden Augen meiner Siberian Huskys schaue, werde ich genau daran erinnert. In ihrer wilden, ursprünglichen Kraft erkenne ich unmittelbar, was es bedeutet, im Einklang mit den Rhythmen der Erde zu leben – aufmerksam, authentisch und voller ungebrochener Lebensfreude.

Meine Huskys sprechen noch die Sprache der Natur. Sie nehmen feinste Veränderungen intuitiv wahr, spüren lange vor mir, wenn sich das Wetter verändert, lauschen den geheimnisvollen Klängen des Waldes und folgen einer inneren Weisheit, die wir Menschen oft vergessen haben. Ihre tiefe Naturverbundenheit erinnert mich jeden Tag aufs Neue daran, wie es sich anfühlt, wild, ursprünglich und im Einklang mit der Seele der Erde zu leben. Diese ursprüngliche Verbindung, die in uns allen tief verankert ist, wird niemals ganz verschwinden. Sie wartet nur darauf, wiederentdeckt zu werden. Heute sind wir oft so weit davon entfernt, unserer eigenen Bestimmung zu folgen. Schon in der Schule liegt der Fokus überwiegend auf dem, was wir nicht können. Dadurch verlieren wir früh den Zugang zu dem, was uns eigentlich liegt – zu dem, was wir vielleicht ein kleines bisschen besser können als andere und was uns Freude macht. Den wenigsten wird gezeigt, wie sie genau diese Stärken so einsetzen können, dass daraus etwas Wertvolles entsteht – für sich selbst und für andere.

Wir lernen, auf das Außen zu hören statt auf unser Innerstes. Wir ordnen uns Erwartungen unter, passen uns an, um dazuzugehören und nicht anzuecken. Wir halten uns zurück, sind lieber unauffällig, als Gefahr zu laufen, negativ aufzufallen. Begegnen wir dann Menschen, die sich erlauben, ihrem inneren Wesen zu folgen, spüren wir nicht selten Neid oder Frustration. Sie triggern uns – nicht, weil sie etwas falsch machen, sondern weil sie das leben, wozu wir selbst den Mut nicht aufbringen. Statt uns ehrlich einzugestehen, dass wir ein Leben führen, das uns nicht entspricht, ist es oft leichter, diejenigen zu verurteilen, die es bereits anders machen. Auch wenn wir es vielleicht nicht wahrhaben wollen: Unser Innerstes weiß genau, in welche Richtung es eigentlich gehen soll und zieht uns immer stärker dorthin, bis wir es nicht mehr ignorieren können. Ich glaube fest daran, dass jeder Mensch irgendwann diesen inneren Ruf hört. Und dass auf lange Sicht die Seele zerbricht, wenn wir nicht so leben, wie es uns wirklich entspricht.

Genau deshalb ist die Sehnsucht nach dem Ursprung heute so stark wie nie. Ich kenne dieses Gefühl nur zu gut. Es überkommt mich immer wieder – wenn ich barfuß durch den Wald laufe, wenn ich die Natur rieche oder hoch oben auf einem Gipfel stehe und weit über das Land schaue. In solchen Momenten fühle ich mich nicht verloren, sondern verbunden mit etwas viel Größerem. Dann spüre ich, dass ich Teil einer lebendigen Welt bin und dass tief in mir ein Wissen liegt, das mich an meine Wurzeln erinnert. Dieses Gefühl gibt mir Halt, Sicherheit und Vertrauen. Es inspiriert mich, jeden Tag authentischer zu leben und meinen ganz eigenen Weg zu gehen. Für mich wurde es Realität, als ich beschlossen habe, mein Leben mit einem Rudel Huskys zu teilen und mit ihnen zu arbeiten. Ich habe bewusst meine sensible Antenne und mein Feingefühl für diese Tiere genutzt, um ihre Sprache und ihre Lehren in Worte zu übersetzen, die die Menschen verstehen.

Ich bin meinen Weg gegangen – trotz des Gegenwinds, den ich besonders in den ersten Jahren deutlich gespürt habe. Für mich stand fest: Ich mache mich lieber bei manchen unbeliebt, als mich selbst und das, was ich tue, nicht zu lieben. Ich sagte einmal zu einem Freund: »Ich mag die Menschen, aber ich liebe mich immer mehr. Deshalb werde ich immer so entscheiden, dass es sich für mich richtig anfühlt – auch wenn es nicht allen gefällt.« Und dennoch, mir treu zu bleiben, bedeutet nicht, egoistisch zu sein. Ich achte sehr wohl darauf, niemandem zu schaden. Aber ich habe verstanden, dass es meine Aufgabe ist, meinen Weg zu gehen – und dass ich andere damit viel mehr dazu ermutige, sich selbst die Erlaubnis zu geben, ihrem eigenen Weg zu folgen. »Be wild, give your best and inspire the rest!« – das ist für mich die Essenz dieses Gefühls. Es ist das, was ich jeden Tag lebe und weitergeben möchte. Denn genau darin liegt unsere Kraft: in der wilden, ursprünglichen Verbindung zu uns selbst und zu dem, was uns umgibt.

Kapitel 3

Was ich von meinen Huskys über Familie und Zusammenhalt gelernt habe

Die besondere Welt der Wölfe und Huskys – der Ruf der Instinkte

Wölfe sind Meister des Überlebens. Sie legen oft 40, 50, manchmal sogar bis zu 70 Kilometer am Tag zurück, wenn sie ihr Revier wechseln, Beute aufspüren oder saisonal wandern. Sie tun das in einem gleichmäßigen, energiesparenden Rhythmus, der es ihnen ermöglicht, solche unglaublichen Distanzen zu überwinden. Ihr Körper, ihr Fell, ihre Pfoten, ihr Sozialverhalten – alles ist auf dieses Leben in Bewegung, auf Teamarbeit und Ausdauer ausgerichtet.

Der Siberian Husky steht dem in nichts nach. Auch wenn er züchterisch genauso weit von der Blutlinie des Wolfes entfernt ist wie ein Dalmatiner, haben Menschen bei seiner Zucht seit jeher darauf geachtet, genau diese herausragenden Eigenschaften der Wölfe zu bewahren: das enorme Laufvermögen, die Robustheit, den dichten Pelz, der sogar in den Ohren Schutz bietet, die Fähigkeit, Nahrung effizient zu verwerten, und vor allem das soziale Miteinander im Rudel.

So vereint der Husky heute beides: die Superkräfte der Wölfe und die Zugänglichkeit eines Familienhundes. Er ist anmutig wie ein Wolf – stolz, unabhängig und voller Instinkt – und zugleich zutraulich, verschmust und menschenbezogen wie ein Golden Retriever. Er liebt die Freiheit der Natur, das Draußensein, das gemeinsame Erleben. Er ist ein echter Teamplayer: Er will mit seinen Menschen unterwegs sein, Aufgaben haben, Sinn spüren und gemeinsam Ziele erreichen. Doch genau diese Eigenschaften machen ihn nicht zu einem Hund für die breite Masse. Bekommt ein Husky keine Aufgabe, keine Richtung und keinen Rahmen, verliert er sich in seiner eigenen Energie. Dann weiß er nicht, wohin mit seinem Tatendrang – und das führt fast zwangsläufig zu Problemen.

Aber wenn man ihn einbezieht, wenn er mitgehen, mitwirken und Teil des Lebens sein darf, dann blüht er auf. Dann zeigt er, was wirklich in ihm steckt: Ausdauer, Loyalität, Kraft – und diese unerschütterliche Freude, gemeinsam unterwegs zu sein. Genau das ist es, was Huskys für mich so einzigartig macht. Sie sind Brückenwesen: mit den Wölfen verbunden und doch bei uns Menschen zu Hause. Sie erinnern mich daran, dass auch wir die Wildheit in uns nicht verloren haben. Dass wir – wie sie – zwischen zwei Welten stehen: der zivilisierten, die uns Sicherheit gibt, und der wilden, die uns lebendig macht.

Es gibt Momente, in denen mich meine Huskys mit einem Blick treffen, der mir den Atem raubt. Es ist kein gewöhnlicher Hundeblick – es ist ein Leuchten in den Augen, uralt, tief, voller Geheimnis. Ein Funkeln, das nicht nur ihnen gehört. In solchen Augenblicken sehe ich den Wolf in ihnen. Das Erbe ihrer Ahnen, das durch ihre Pupillen hindurchschimmert, als hätte es die Jahrtausende überdauert. Und jedes Mal, wenn dieser Blick mich trifft, spüre ich: Die Wildheit ist nicht verloren. Sie lebt. In ihnen – und in mir.

Wir alle tragen Wölfe im Herzen. Manchmal hören wir sie, wenn wir eine Entscheidung aus dem Bauch heraus treffen, lange bevor unser Verstand sie erklären kann. Manchmal flüstern sie uns zu, wenn wir spüren, dass etwas nicht stimmt, obwohl es keine logischen Beweise dafür gibt. Dieser Teil in uns weiß, wie Überleben geht. Er kennt den Rhythmus der Natur, warnt uns vor Gefahren, zieht uns zu dem, was uns wirklich nährt.

Meine Huskys zweifeln nie an diesem inneren Wissen. Wenn sie Witterung aufnehmen, eine Spur lesen oder den Wetterumschwung spüren, handeln sie sofort. Kein Grübeln, keine Pro- und Contra-Listen, keine Selbstsabotage. Sie vertrauen. Ihrem Instinkt. Ihrem inneren Ruf.

Auch in uns flüstert dieser Ruf. Doch wir übertönen ihn – mit Funktionieren, mit Anpassen, mit dem ewigen Wunsch, zu gefallen. Dabei verlieren wir die Verbindung zu dem, was uns eigentlich ausmacht. Der Ruf verstummt nicht, aber er wird leiser. Und manchmal dauert es ein halbes Leben, bis wir wieder lernen hinzuhören. Immer dann, wenn ich den Mut habe, meinem eigenen inneren Wolf zu folgen, finde ich zurück in meine Kraft.

Der Ruf meiner Instinkte erinnert mich daran, dass es nicht falsch ist, wild zu sein. Dass meine Intuition kein Fehler im System ist, sondern mein bester Kompass. Meine Huskys vertrauen ihrem Instinkt – und wenn ich mutig genug bin, vertraue ich meinem.

Ein Erlebnis, das ich nie vergessen werde

Einmal, in einer klirrend kalten Winternacht, habe ich diesen Ruf deutlicher gespürt als je zuvor. Ich war mit meinem Stiefvater Coco unterwegs, der damals schon schwer an einem Hirntumor erkrankt war. Zwei Gespanne. Mein Team führte, seins folgte. Der Schnee knirschte unter den Kufen, der Atem der Hunde hing wie Wolken in der dunklen Luft. Es war eine Nacht, in der der Himmel so schwarz war, dass die Sterne wie spitze Kristalle funkelten. Die Hunde liefen konzentriert, rhythmisch, der Trail zog sich wie ein silbernes Band durch die Dunkelheit. Plötzlich verlangsamte Keijo, mein Leithund, sein Tempo. Er hob den Kopf, die Ohren angespannt nach vorn gerichtet. Ich wollte weiterfahren, dachte, er hätte vielleicht nur einen Schneehasen gewittert. Doch Keijo blieb stehen. Für ihn, meinen unermüdlichen »Desire-to-go«-Hund, war das völlig untypisch.

Ein ungutes Gefühl schoss mir in die Magengrube. Ich drehte mich um – doch hinter uns war nur Dunkelheit. Kein Licht, kein Laut. Coco hätte direkt hinter mir sein müssen. Ich griff nach meiner Stirnlampe, der Lichtkegel schnitt durch die Nacht, aber er traf auf nichts als tanzende Schneekristalle. Mein Herz schlug wie wild. Wo war er? Was war geschehen?

»Turn!«, rief ich – das Kommando zum Wenden. Sofort schwenkte mein Team, als hätten sie nur auf dieses Wort gewartet. Ich spürte das Ziehen in der Mainline, den plötzlichen Ruck, als ob sie selbst wussten, dass etwas nicht stimmte. Adrenalin schoss mir heiß durch den Körper, ließ meine Finger kribbeln, während der Frost die Luft um uns noch kälter wirken ließ.

Ich wusste um das Risiko. Der Tumor – ein Glioblastom, einer der grausamsten, bis dato unheilbaren Tumore – brachte immer wieder motorische Ausfälle, epileptische Anfälle, Sprachstörungen mit sich. Und trotzdem bestand Coco darauf, noch mit den Hunden rauszugehen. Der Schlitten, das Knirschen des Schnees, das Hecheln seines Teams – das war sein Frieden, seine letzte Freiheit. Meine Mutter hatte immer Angst, wenn wir rausfuhren, aber sie wusste auch: Es war das Einzige, was ihm noch Lebensfreude schenkte.

Wir rasten zurück, die Hunde wie Pfeile im Schnee. Da, endlich – ein dunkler Umriss. Sein Team. Stehend, wartend. Doch Coco hing schief auf dem Schlitten, die rechte Körperhälfte kraftlos, die Augen leer. Meine Stirnlampe tauchte sein Gesicht in kaltes Licht – und ich wusste sofort: Es war ernst. »Coco, alles okay?«, fragte ich. Keine Antwort. Er konnte nicht sprechen, das kannte ich schon von vorherigen Anfällen. Aber wie hatte er den Schlitten angehalten? Ich schaute auf sein Team, keine Leine verknotet, die Schneeanker noch in ihren Vorrichtungen und auch die Krallenbremse war oben. Es war unfassbar, aber die Hunde hatten von allein gestoppt. Sie standen einfach da. Ruhig. Abwartend. Kein Ziehen, kein Jaulen, kein Drängen. Sie hatten gespürt, was los war.

In solchen Momenten zeigt sich die wahre Magie eines Rudels. Ein kollektives Bewusstsein, ein uralter Instinkt, der weit über unsere Logik hinausgeht. Ich hatte es schon immer geahnt – und jetzt sah ich es. Sie wussten, was zu tun war.

Ich tastete hektisch in seinen Jackentaschen nach den Notfall-Medikamenten. »Verdammt«, schoss aus mir heraus. Nichts. Keine Schachtel, kein rettendes Klappern von Tabletten. Mein Herz rutschte mir in die Hose. Die Medikamente – sie waren nicht bei ihm. Ein eiskalter Gedanke durchzog mich: »Sie müssen im Auto sein.« Fünf Kilometer entfernt. Fünf Kilometer über Schnee, Eis und Dunkelheit, mit einem Mann, der sich kaum mehr auf den Beinen halten konnte. Nun konnte uns nur das Rudel retten und ich spürte, sie wussten, dass es jetzt auf sie ankam. Ich sah zu ihnen. Sie standen reglos, aufmerksam, als hätten sie längst verstanden, dass nun alles von ihnen abhängen würde.

Wir mussten alle mit einem Schlitten zurück. Eine andere Möglichkeit gab es nicht. Ich nahm die gesamte Gespannleine von Cocos Schlitten, löste sie und hängte sie direkt neben meine. Ein improvisiertes Fächergespann, wie man es sonst fährt, um auf gefrorenen Seen das Gewicht breit zu verteilen. Ob es funktionieren würde? Keine Ahnung. Aber es gab keinen Plan B. Wir waren mitten in der tief verschneiten Bergwelt unterwegs. Fernab der Zivilisation. Die Hunde standen dicht und ungeordnet nebeneinander, doch sie fanden ihre Positionen, fast so, als hätten sie es schon immer so gemacht. Kein Knurren, kein Zögern. Keinerlei Widerstand, nicht einmal von meinen sensiblen Tieren, die sonst jede kleine Veränderung mit Gemecker quittierten. Sie standen wie Soldaten, bereit.

Ich nahm Cocos Arm und hängte ihn über meine Schulter. Meine Hand lag fest an seiner Hüfte, während ich ihm zuflüsterte: »Schau, wir müssen nur auf den anderen Schlitten.« Den hatte ich schon dicht neben seinen gestellt.

Bis heute weiß ich nicht, wie wir es geschafft haben, aber schließlich standen wir beide auf den Kufen meines Schlittens – ein kleiner, leichter und weniger stabiler Rennschlitten mit einem winzigen Schlittensack davor, der gerade so für einen Hund oder ein Kind gereicht hätte. Uns blieb keine andere Möglichkeit, als uns beide hinten auf die Kufen zu stellen. Ich spürte, wie eine Seite seines Körpers völlig ohne Spannung war, und lehnte diese Seite gegen meinen Arm, den ich fest durch den Griff an der Handlebar schob, um ihn zu stabilisieren. Coco war ein Mann von fast 1,90 Meter Größe, und doch hielt ich ihn in diesem Moment wie ein Kind. Meine Beine drückte ich gegen seine Oberschenkel, damit sie nicht in der Mitte zusammensackten.

»Wir müssen nur ein paar Kilometer zurück«, sagte ich, mehr zu mir selbst als zu ihm. »Das schaffen wir. Auf geht's!«

Mit dem Lösen der Bremse und einem lauten »O.k.« nahm das Team Fahrt auf. Da ich meinen Körper völlig zum Stabilisieren brauchte, konnte ich bergauf nicht mithelfen, nicht anschieben, wie sie es sonst von mir gewohnt waren. »Es tut mir leid«, rief ich den Hunden zu, »ihr müsst uns jetzt alleine zurückbringen. Ich kann euch nicht helfen.« Ein Ruck ging durch das gesamte Rudel, als hätten sie meine Worte und die Situation genau verstanden. Mit unerschütterlichem Vorwärtstrieb zogen sie uns den Berg hinauf. Ich konnte mich auf sie verlassen. »Das werde ich euch nie vergessen.«

In den engen Kurven kämpfte ich damit, seinen Körper zu stabilisieren, und hoffte nur, dass wir es bis zum Auto schaffen würden, ohne zu kippen. Mein Unterarm brannte und zitterte unter dem Gewicht seines kraftlosen Körpers, und in meinem Kopf wiederholte sich nur ein Satz: »Aufgeben ist keine Option.« Wenn meine Hunde schon alles gaben, dann musste ich das auch. Ich spannte meinen ganzen Körper an, jeden Muskel bis an die Belastungsgrenze. Der kalte Nachtwind blies uns ins Gesicht, während wir, an den Schlitten geklammert, hinter den Hunden über den weißen, eisigen

Trail gezogen wurden. Die Kufen schnitten durch das Weiß, rissen uns herum, Schnee stob auf. Der Sternenhimmel spannte sich über uns, unendlich und kalt, und doch war in mir nur dieses eine Gefühl: Vertrauen. In meine Hunde. In ihr Wissen. In ihre Kraft.

Ich weiß nicht mehr, wie lange es dauerte – aber ich weiß, wie erleichtert ich war, als ich in der Ferne den Umriss unseres Busses erkannte. »Kurz noch durchhalten«, sagte ich leise, »wir haben es gleich geschafft.« Wie auf Knopfdruck hielt das ganze Rudel auf Höhe des Autos neben dem Trail an. Ich setzte Coco behutsam neben den Schlitten in den Schnee. Die Hunde drehten sich sofort um und umkreisten ihn, als wollten sie ihn bewachen, solange ich zum Auto auf dem Parkplatz rannte. Ich riss die Tür des Wagens auf, griff ins Seitenfach – die Schachtel. Da waren sie! Erleichterung durchströmte abermals meinen ganzen Körper. Ich hetzte zurück, gab ihm die Tabletten. Minuten vergingen, bis sie wirkten. Minuten, in denen wir alle um ihn herumsaßen: die Hunde, Coco und ich, unter einem klaren, frostigen Sternenhimmel – furchtbar und schön zugleich.

In diesem Moment durchzuckte mich ein tiefer Gedanke. Wir können nicht alles kontrollieren, was uns geschieht. Manche Dinge entziehen sich völlig unserem Einfluss – und doch bleibt uns eines: zusammenzuhalten bis zum Schluss.

Ich hörte das Hecheln der Hunde, wie es die Stille der Nacht durchbrach. Ihr warmer Atem stieg in weißen Wolken auf, legte sich wie eine schützende Decke über uns. Ich spürte das weiche, dichte Fell an meiner Wange, rau und kuschlig zugleich, voller Wärme inmitten der eisigen Kälte. Eine Träne löste sich, lief über meine frostige Haut und brannte fast wie Feuer in der Kälte.

»Maus … ist alles okay?«, fragte Coco mit schwacher Stimme. So hatte er mich schon immer genannt. Und in diesem Augenblick, da seine Stimme zurückkehrte, war ich überglücklich. Die Medikamente wirkten. Er konnte wieder sprechen. Ein tiefer Seufzer entwich mir, aus Erleichterung und Erschöpfung. »Ja … alles okay. Lass uns nach Hause fahren.«

Diese Erfahrung hat mir gezeigt, wie überlebenswichtig es ist, dem Instinkt meiner Hunde zu vertrauen. Dass ihre Wahrnehmung manchmal klarer sein kann als jede menschliche Logik. Und dass wir als Team, als Rudel, wirklich alles schaffen können – selbst dann, wenn extreme Situationen uns prüfen und das Unmögliche fordern.

Was wir von Wölfen über Familie lernen können

Meine Familie ist das Wichtigste für mich – und gleichzeitig das, was mich am meisten stresst. Und ja, durch meine Weiterbildung im Bereich Stressmanagement weiß ich: Etwas kann dich nur so sehr stressen, wenn es dir wirklich am Herzen liegt. Wenn es Bedeutung hat. Wenn die Wichtigkeit sehr hoch ist. Aber trotzdem frage ich mich: Warum fühlt sich das Elternsein oft so hart an? Warum nach Überforderung? Warum nach Einengung? Warum nach Schuld? Warum wie ein ständiges Zurücknehmen des eigenen Wesens? Es ist, als würde man lieben und gleichzeitig sich selbst verlieren. Als wäre man Zentrum und Rand zugleich. Voll da – aber nie ganz bei sich.

Vielleicht, weil wir es nie anders gelernt haben. Weil Mutterschaft in unserer Gesellschaft noch immer gleichgesetzt wird mit: sich aufopfern, sich zurücknehmen, sich im Zweifel selbst vergessen. Weil das Bild der »guten Mutter« noch immer untrennbar mit Hingabe, aber nicht mit Freiheit verbunden ist. Aber was, wenn in dir eine Wildheit wohnt, die auch Mutter sein will? Was, wenn du morgens aufstehst und spürst: Ich liebe meine Kinder – und ich liebe auch mein Leben. Meine Träume. Meine Vision. Mein eigenes inneres Feuer. Was, wenn der Versuch, alles unter einen Hut zu bringen, sich anfühlt, als würde es dich zerreißen?

Ist es ein Wunder, dass sich das Familienleben manchmal anstrengend anfühlt? Denn wir leben es oft allein. Isoliert. Ohne echtes Rudel. Ohne Entlastung. Ohne das Wissen: Ich werde auch gehalten. Die Struktur, in der viele Mütter heute leben, ist nicht für das gemacht, was sie leisten. Unsere Kinder brauchen viel. Sie brauchen Nähe, Regulation, emotionale Begleitung, Sicherheit. Das ist zutiefst menschlich und richtig. Aber wenn all das auf nur zwei Menschen lastet – oder oft sogar auf nur einer Person –, wird es schwer, dauerhaft in Verbindung zu bleiben. Dann kann sich Familie wie ein ständiger Verzicht anfühlen. Auf Schlaf. Auf Freiheit. Auf Stille. Auf sich selbst.

Wölfe sind hochsoziale Tiere mit klaren Strukturen. Ihre Art, »Familie« zu leben, ist anders als unser modernes Idealbild: In der Natur würde niemand auf die Idee kommen, dass ein einzelnes Tier das ganze Rudel durchtragen soll. Kein Wolf würde rund um die Uhr jagen, wärmen, schlichten, leiten, regulieren, spielen und nebenbei noch die Höhle sauber halten. Weil das nicht funktionieren würde. Weil es den einen kaputt machen und den Rest schwächen würde. Bei uns Menschen ist das aber oft der Standard geworden. Eine Person (meist die Mutter) macht alles. Trägt die Verantwortung. Organisiert. Regelt. Hält alle Fäden zusammen. Und fragt sich irgendwann: »Warum fühlt sich dieses Familienleben nicht wie Liebe an, sondern wie Dauerstress?«

Wölfe leben das anders. Sie haben eine Struktur, die auf Verbindung *und* auf Abgrenzung beruht. Die Leitwölfin ist nicht die, die sich opfert, sondern die, die Klarheit gibt. Die weiß, wann sie führt – und wann sie sich zurückzieht. Die nicht alles selbst macht, sondern das Rudel aktiviert. Die Verantwortung teilt. Und dadurch das Überleben sichert.

Auch Wölfinnen, die gerade geworfen haben, ziehen sich zurück. Und das Rudel weiß: Jetzt müssen sie Raum halten. Schutz geben. Für sie da sein. Weil Erholung kein Luxus ist, sondern Voraussetzung fürs Weitermachen. Und die Welpen? Die spielen. Viel. Aber nicht pausenlos mit Mama. Sondern miteinander, mit anderen, mit der

Welt. Sie lernen sich selbst kennen. Und sie lernen: Du darfst deinen Platz einnehmen. Aber du musst nicht die ganze Zeit an jemandem kleben. Wölfe leben in Rhythmen. Aktiv sein. Ruhen. Jagen. Liegen. Grenzen setzen. Spielen. Kein Dauerbespaßungs-Modus. Kein »Ich darf mich nicht hinsetzen, sonst denken alle, ich bin faul«.

Wir Menschen haben so viele Instinkte verloren. Aber wenn wir in echte Tierfamilien schauen, dann spüren wir: Familie geht auch anders. Mehr im Einklang, im Wechselspiel und mehr in Verbindung. Aber auch mehr in Abgrenzung. Familie darf sich nicht wie Selbstaufgabe anfühlen. Familie darf tragen. Aber nicht erdrücken. Und vielleicht ist es das, was unsere Kinder am meisten lernen dürfen: dass man für andere da sein kann – ohne sich selbst zu verlieren.

Es ist verlockend, sich das Familienleben bei Wölfen anzusehen und zu denken: »Wow, das machen die echt schlauer als wir.« Und ja – in vielerlei Hinsicht können wir einiges von ihnen lernen: Teamarbeit. Klare Rollen. Rhythmen zwischen Anspannung und Ruhe. Abgrenzung. Struktur. Verbindung. Aber es gibt auch einen Unterschied, den wir nicht romantisieren sollten: Menschenbabys sind auf eine Weise schutzbedürftig wie kaum ein anderes Lebewesen. Sie kommen überlebensunfähig zur Welt. Sie brauchen jahrelang die Nähe, den Körperkontakt, das emotionale Co-Regulieren ihrer Bezugspersonen. Ihre Entwicklung ist langsam und fein, und das macht Elternschaft so intensiv, so fordernd und manchmal eben auch überfordernd. Ein Wolfswelpe läuft mit wenigen Wochen mit dem Rudel mit. Ein Menschenkind braucht Jahre.

Deshalb fühlt sich Familie für uns oft wie Verzicht und Daueranspannung an. Nicht, weil wir etwas falsch machen – sondern weil das System, in dem wir leben, diese Ursprünglichkeit nicht mehr auffängt. Wir sind in Strukturen eingebettet, die von uns verlangen, dass wir funktionieren, arbeiten, leisten, gleichzeitig präsent sind, emotional begleiten, Haus und Herd am Laufen halten und dabei noch lächeln und gut aussehen.

Ich erinnere mich noch genau an das Jahr 2022, als ich mit meinem Team zur Schlittenhunde-Weltmeisterschaft nach Östersund in Schweden fuhr. Meine Tochter war damals fünf Jahre alt – und mein Instagram-Postfach füllte sich mit Nachrichten. Fast ausschließlich von Frauen. Die Frage war immer dieselbe: »Wer passt denn in der Zeit auf dein Kind auf?« Und sie klang selten nach ehrlichem Interesse – eher nach einem stillen Vorwurf. Meine Antwort war kurz und knapp: »Ihr Vater!« Interessanterweise hat noch nie jemand meinen Mann gefragt, wenn er auf Geschäftsreise war oder mit Freunden verreist ist, wer in dieser Zeit bitte auf sein Kind aufpasst. Ich finde das so bezeichnend für unsere Welt: dieser subtile verurteilende Blick, dieses typische »Judging«, das gerade unter Frauen so oft spürbar ist. Natürlich weiß ich, dass ich damit für sie eine Projektionsfläche bin – für ihre eigenen Grenzen, Sehnsüchte und Überzeugungen. Solche Kommentare haben oft mehr mit ihnen selbst zu tun als mit mir. Sie zeigen, was sie sich selbst nicht erlauben oder was sie glauben, sein zu müssen. Und trotzdem – manchmal triggert es mich. Dann weiß ich: Da liegt auch noch ein Thema in mir. Wo erlaube ich mir selbst noch nicht, eine wirklich gleichberechtigte Partnerin und ein gleichberechtigter Elternteil zu sein? Welche alten Glaubenssätze halte ich immer noch fest?

In einem Podcast von Laura Malina Seiler – eine deutsche Autorin und Coach für Persönlichkeitsentwicklung und Spiritualität – habe ich einmal eine sehr passende Erklärung dazu gehört: Glaubenssätze sind nur subjektive Bewertungen der Vergangenheit. Irgendwann waren sie vielleicht nützlich, vielleicht haben sie uns geschützt. Doch heute dürfen wir sie hinterfragen: Stimmen sie noch? Dienen sie mir noch? Und wenn nicht – dann ist es Zeit, sie loszulassen.

Was wir uns von den Wölfen abschauen können? Vielleicht nicht die konkrete Rollenverteilung. Aber den Geist dahinter: dass niemand alles allein tragen muss. Dass Raum für Erholung dazugehört. Dass auch Eltern Rudel brauchen. Dass wir nicht dauerhaft gegen unsere Natur leben sollten. Und das tiefe Wissen: Ich bin nicht allein mit allem.

Mittlerweile habe ich zwei Töchter. Zwei Mädchen, die vielleicht eines Tages selbst Mamas sein werden. Was will ich ihnen mitgeben? Bestimmt nicht, dass sie sich und ihre eigene Natur im Kreißsaal an den Haken hängen müssen. Sondern dass Mutterschaft kein Aufgeben, sondern ein Aufblühen ist. Dass sie sich nicht kleinmachen müssen, um den Werten der Gesellschaft zu entsprechen, und dass sie nicht nur für andere da zu sein haben. Dass Fürsorge und Freiheit sich nicht ausschließen. Ich wünsche mir, dass sie eines Tages sagen: »Ich bin eine Wilde« – und damit nicht Chaos assoziieren, sondern dieses Wilde mit einem selbstbestimmten Lebensstil verbinden. Mit der Unabhängigkeit, die ich sie gelehrt habe. Und mit ihrem Mut, Dinge umzusetzen und für ihre Werte einzustehen. Und dass Wildsein für sie auch gleichbedeutend ist mit Warmherzigkeit, mit einem Leben, in dem es nie zu viele liebevolle Worte, Gesten, Umarmungen oder bedingungslosen Rückhalt gibt. Denn genau das will ich weitergeben: keine Perfektion, sondern Präsenz. Keine Maske, sondern Mut. Keine Enge, sondern ein Leben mit weitem Herzen – und einem Leuchten und einer Lebendigkeit in den Augen, die du nur hast, wenn du nach deiner eigenen Wahrheit lebst, deine Leidenschaften annimmst, deinem inneren Ruf folgst und deiner Intuition vertraust.

Tiere sind nicht die besseren Eltern – aber sie sind verbundener mit ihren Instinkten. Sie wissen: »Ich kann nur geben, wenn ich auch Raum zum Auftanken habe.« Und genau das dürfen wir uns auch erlauben, weil es das Natürlichste ist.

Mit dem Bild des Wolfsrudels mit ihren Jungen vor meinem inneren Auge erinnere ich mich: Du darfst wild sein. Du darfst frei denken. Du darfst dir dein Leben so bauen, wie es dir entspricht. Nicht gegen deine Kinder – sondern mit ihnen. Nicht trotz der Familie – sondern mitten in ihr.

Als ich eines Abends fix und fertig auf dem Küchenboden saß und die Kinder endlich schliefen, fühlte ich eine Schwere auf mir lasten, wie sie hin und wieder mit dem Muttersein einhergeht. Doch dann legte einer meiner Huskys seinen weichen Kopf in meinen Schoß. Da fiel zum ersten Mal an diesem Tag der Druck ein kleines Stück ab. Durch ihn spürte ich: Ich bin noch da. Noch wild. Noch ich. Und genau in diesem Gefühl zu bleiben, ist mein Geschenk an meine Kinder.

Familienclan

Jetzt lebe ich – im Vergleich zu vielen anderen – ja eigentlich schon in einem echten Menschenrudel. Bis zum Tod meiner Oma haben wir gemeinsam mit ihr und meiner Mutter Tür an Tür gewohnt. Wir waren ein Clan. Ein Familienclan mit einem festen Zusammenhalt. Und auch wenn es mal gekracht hat, haben wir am Ende immer gewusst: Familie ist die Lebensgrundlage von allem. Auch meine Oma war sich dessen bewusst. Sie war wie eine echte Alphawölfin. Schon damals, als sie zusammen mit meinem Opa – der viel zu früh an Krebs gestorben ist – ihr Haus neben ihr Elternhaus gebaut hat. Oben die Wohnung, unten die Arztpraxis. Ganz bewusst neben ihre Eltern. Weil sie verstanden hatte: Wenn Familien nah beieinander wohnen, können sie sich gegenseitig stützen. Kraft geben. Gemeinsam wachsen.

Heute leben wir mit unseren Kindern im damaligen Elternhaus meiner Oma, im Haus direkt neben ihrem eigenen. Meine Mutter wohnt in dem Teil, den meine Oma Ende der 60er-Jahre gemeinsam mit ihrem Mann gebaut hat. Als ich etwa 15 Jahre alt war und wir zu ihr zogen, baute sie ihr ursprüngliches Fernsehzimmer um. Sie ließ eine kleine Schlafkoje integrieren und im Keller ein zusätzliches Badezimmer einrichten, damit jeder von uns seinen eigenen Bereich haben konnte. Später zog meine Mutter in den oberen Teil des Hauses, meine Oma blieb im Erdgeschoss – beide mit eigenem

Eingang, und doch waren wir nur einen Flur und ein paar Schritte über den Innenhof voneinander entfernt. Sie hatte das Haus so gestaltet, dass jede Generation Raum für sich hatte und wir uns trotzdem nah waren. Und in der Mitte: die Huskys. Als Herz unseres kleinen Universums. Hier ist immer jemand da. Immer brennt irgendwo ein Licht. Immer gibt es ein Gespräch, ein Lachen, eine Tasse Tee. Niemand ist allein. Dieses Menschenrudel hat mir gezeigt, welche Kraft darin liegt, miteinander zu leben – und wie sehr wir genau das in unserer Gesellschaft verlernt haben.

Vielleicht ist es das, wonach sich so viele sehnen: ein echtes Familienrudel. Kein perfektes. Aber eines, in dem man keine Maske tragen muss, um dazuzugehören. In unserer Familie war diese Verbindung immer spürbar – besonders im Umgang mit den Hunden. Meine Oma war schon als Kind eine leidenschaftliche Hundefreundin, ihre Bernhardiner liebte sie über alles. Wenn bei uns ein weiterer Hund einzog, musste sie manchmal lachen und meinte, es bräuchte vielleicht nicht ganz so viele. Doch sie verstand immer den sportlichen Gedanken dahinter und unseren Antrieb. Sie war stolz auf uns. Jeden Zeitungsartikel über unsere Rennen schnitt sie aus, legte ihn in eine Mappe und erzählte später beim Stammtisch oder beim Schafkopfspielen mit leuchtenden Augen ihren Freunden davon.

Auch meine Mutter ist eine große Tierfreundin und unsere wichtigste Unterstützerin. Sie war es, die damals die Hündin Kinua zu uns holte und auch die Malamute-Hündin Cheyenne aufnahm – nachdem ihre vorherige Besitzerin sich aufgrund eines Unfalls nicht mehr um sie kümmern konnte.

Bis heute hilft sie mir bedingungslos bei allem, was mit den Hunden und der Familie zu tun hat: bei den Rennen, in der Aufzucht der Welpen, beim Training und sogar bei der Anschaffung unseres großen Hundebusses, den sie finanziell maßgeblich ermöglicht hat. Ohne sie hätte ich vieles nicht so leben und umsetzen können. Egal, wie groß ein Traum oder eine Herausforderung war – sie hat mir immer Mut zugesprochen und gesagt: »Wir schaffen das!« Ich habe mich dank ihr noch nie wirklich vor der Zukunft gefürchtet, weil ich weiß, sie ist da und egal, was kommt, ich bin damit nicht alleine.

Mein Mann Peter liebt den Schlittenhundesport zwar nicht so sehr wie ich, dafür aber die Hunde umso mehr. Für ihn sind sie seine Buddies. Er rauft gerne spielerisch mit ihnen und sorgt jeden Tag dafür, dass es ihnen an nichts fehlt – bereitet ihnen frisches Futter im großen Stil zu, besorgt Fleisch, Knochen und das passende Gemüse. Auch wenn er einige meiner Pläne manchmal für ziemlich verrückt hält, ist er immer der Erste, der sagt: »Mach! Ein neuer Hund – okay. Ein neuer Renntermin – schon im Kalender eingetragen. Mehrere Wochen Trainingslager in Schweden? Fahr!«

Auch meine Tante hält mir stets den Rücken frei. Sie kümmert sich immer um unser Pferd, und wenn ich auf Rennen oder Trainingslager bin, übernimmt sie oft für mehrere Wochen die Komplettversorgung.

Hätte nur eine Person aus dem engsten Familienkreis etwas gegen die Hunde gehabt, könnten wir dieses Leben im Mehrgenerationenhaus nie so friedlich und harmonisch führen. Jeder von uns hat seine ganz eigene, tiefe Verbindung zu den Huskys.

Die Einzigen, die nicht uneingeschränkt begeistert sind, sind mein Bruder und seine Frau – was allerdings weniger mit den Hunden selbst zu tun hat als mehr mit ihrer Tierhaarallergie. Sie reagieren leider auf einige unserer Hunde und können daher nur mit Medikamenten längere Zeit bei uns sein. Aber: Sie respektieren unser Leben. Und auch wenn bei ihnen die Faszination für die Tiere nicht so ausgeprägt ist, so haben sie uns schon auf vielen Schlittenhunderennen unterstützt und angefeuert.

Unsere beiden Töchter sind von Anfang an mit den Huskys aufgewachsen – fast wie mit Geschwistern. Zwischen den beiden liegen sieben Jahre Altersunterschied. Als unsere ältere Tochter noch klein war, kam gefühlt jedes Jahr ein neuer Welpe dazu, der mit ihr groß wurde. Sie hat einen bemerkenswert intuitiven Umgang mit den Hunden und ein Standing, das für ihr Alter außergewöhnlich ist. Sie und unsere jüngste Tochter kennen die Töne des Rudels – das Heulen, das Aufgeregtsein vor dem Start – schon seit der Zeit im Mutterleib. Beide waren bereits als Babys mehrere Winterwochenenden mit dem Camper auf Trainingslagern und Schlittenhunderennen dabei. Für sie ist es kein außergewöhnliches Leben, sondern das Normalste der Welt, Teil eines Rudels zu sein.

Aber wie in jedem Rudel gibt es natürlich auch bei uns Spannungen, Streit, Tränen und Türen, die geknallt werden. Mein Bruder erzählte mir einmal von einem Anwalt für Erbrecht, über den er einen Artikel gelesen hatte. Darin sagte der Anwalt, dass es in jeder Familie Geschichten gibt, mit denen man von außen nicht rechnen würde – und dass keine der Familien, die er betreuen durfte, jemals perfekt war. Denn egal, wie stark der Zusammenhalt ist und wie sehr man sich liebt – jede Familie hat ihre eigenen Geschichten und Kämpfe. Doch genau diese Unvollkommenheit macht uns doch auch menschlich. Sie zeigt, dass man sich lieben darf, auch wenn man nicht immer einer Meinung ist. Dass jede Zeit ihre eigenen Menschen und Eigenheiten hervorbringt. Dass man streiten kann – und trotzdem verbunden bleibt.

Ich hatte großes Glück, dass ich eine Familie an meiner Seite hatte, die nichts für unmöglich hielt. Sie standen hinter mir, egal, wie verrückt mein nächstes Projekt oder Abenteuer war. Nicht, dass sie es immer gut fanden, aber in dem Moment, in dem ich sagte: »Ich mach das!«, waren sie bedingungslos da. Alle!

Und doch wünschte ich, ich hätte vieles früher verstanden. Ich hätte mich das ein oder andere Mal meiner Familie gegenüber gerne respektvoller verhalten. Oft wollte ich mit dem Kopf durch die Wand, meine Interessen durchsetzen. Ich hätte gerne früher gewusst, wie man Konflikte führt, ohne zu verletzen. Ich hätte gerne früher gewusst, dass jeder von ihnen immer nach bestem Wissen gehandelt hat – geprägt von seiner eigenen Geschichte, seiner eigenen Erziehung. Ich hätte gerne früher verstanden, dass nur, weil Dinge schon immer so gemacht wurden, das nicht heißt, dass es keinen anderen, vielleicht sogar besseren Weg gibt.

Möglicherweise liegt genau darin die wahre Stärke eines Rudels: nicht darin, dass alle gleich sind oder immer harmonieren, sondern darin, dass man einander versteht, sich ergänzt und der Lebensweise des anderen Raum gibt.

Die Alphawölfin – was bleibt, wenn ein Leitstern geht

Als meine Oma, unsere »Alphawölfin«, gegangen ist, ist etwas in mir mitgestorben. Dieses Gefühl von tiefer Zuflucht, von unerschütterlichem Rückhalt. Sie war der Fels, auf dem unser Clan gebaut war. Ihre Werte, ihre Klarheit, ihre Weisheiten – sie waren unser Kompass.

Und doch ist mit ihrem Gehen etwas anderes erwacht: der unbändige Wunsch, all das, wofür sie stand, weiterzugeben. Ihre Vision, dass Familie Halt geben soll. Dass Nähe Kraft ist. Dass man gemeinsam durch schwere Zeiten geht, ohne sich zu verlieren. Dass man nicht perfekt sein muss, um wertvoll zu sein.

In der Wildnis bedeutet der Tod des Alphas einen tiefen Einschnitt. Alphas können übrigens männlich oder weiblich sein. Bei Huskys, so erzählte mir ein Musherkollege, der immer große Teams mit über zehn Hunden vor dem Schlitten fuhr, sind meist Hündinnen die Anführerinnen, weil sie oft intelligenter sind als die Rüden. Wenn dieser wichtige Hund geht, spürt das Rudel die Lücke sofort. Orientierung fehlt. Das Vakuum, das sich energetisch bildet, kann man auch von außen wahrnehmen. Im Rudel selbst kehrt eine besonders stille Atmosphäre ein, die Tiere trauern. Aber anders, als wir vielleicht glauben, zerbricht das Rudel nicht. Es sortiert sich neu. Mit dem Wissen: Das Leben geht weiter, aber nicht so wie es zuvor war. Manche Rudelmitglieder ziehen sich zurück. Andere wachsen plötzlich über sich hinaus. Die Rolle des Alphas wird nicht einfach ersetzt. Sie entsteht neu – aus der Mitte heraus. Nicht durch Lautstärke oder Kraft im Kampf, sondern durch Ausstrahlung. Ein Hund übernimmt die Führungsposition, weil er eine Präsenz hat, die den anderen Orientierung gibt. Weil er Ruhe ausstrahlt, Klarheit und Haltung. Er führt nicht über Dominanz, sondern über Vertrauen.

Was wir von ihnen lernen können? Wir müssen den Schmerz nicht überspringen. Wir dürfen ihn durch uns hindurchfließen lassen. Wir dürfen innehalten und fühlen. Denn wahre Verbindung lebt auch in der Trauer – und führt uns durch sie hindurch. Der Geist der Alphawölfin verschwindet nicht. Er lebt weiter in uns, in jedem Funken, den sie entzündet hat. In jeder Entscheidung, die aus Liebe statt aus Angst getroffen wird.

Und das ist ihr größtes Vermächtnis: dass wir ihre Werte nicht nur erinnern, sondern leben. Dass wir ein tief verbundener Clan bleiben. Dass die Verbindung weiterlebt, auch wenn der Körper geht und der Platz im Rudel leer bleibt – spürbar leer und doch voller Bedeutung. Und dass in uns etwas erwacht, das bereit ist, eine neue Rolle einzunehmen.

Für mich ist das die Brücke zwischen Tierwelt und Menschsein: dass wir den Tod nicht verdrängen müssen, sondern ihm einen Platz im Leben geben dürfen. Damit wir uns mit dem, was bleibt, neu verbinden können.

Kapitel 4

Was ich von meinen Huskys über Abenteuer gelernt habe

Die Erfüllung deiner Träume ist selten bequem

Die Idee, für mehrere Wochen nach Schweden zu reisen, kam nicht plötzlich. Ich dachte immer mal wieder darüber nach – jedoch eher beiläufig und noch nicht wirklich ernsthaft –, bis zu jenem Tag auf einem Stakeout während eines Schlittenhunderennens in Österreich. Zwischen Startnummern, klirrenden Leinen und bellender Vorfreude stand ich mit einem befreundeten Musher zusammen und wir sprachen über den Norden. Über Schweden. Über diese Weite, diese Kälte, diese Selbstverständlichkeit, mit der ein Rudel Hunde dort Teil des Alltags ist – und dieses Licht aus hellem Blau und darüber verschmelzenden Rosa-Violett-Tönen, in dem ich mich innerlich wie zu Hause fühle.

Er erzählte mir, dass er es bereue, nie mit seinen Fellnasen nach Schweden ausgewandert zu sein. Dass er diesen Schritt immer wieder vor sich hergeschoben hatte – und nun glaubte, zu alt dafür zu sein. Er war Mitte, Ende fünfzig. Nicht alt, dachte ich. Vielleicht sogar genau im richtigen Alter. Aber sein Satz blieb hängen. Nicht wegen des Alters, sondern wegen des Bedauerns darin. Denn dieser Gedanke war mir nicht fremd. Auch ich trug ihn schon lange in mir: die Frage, ob es nicht sinnig wäre, dorthin zu gehen, wo der Schlittenhundesport zu Hause ist. Dorthin, wo diese Art zu leben nicht exotisch wirkt, sondern logisch. Finnland, Norwegen, Schweden – alles nordische Sehnsuchtsorte. Schweden kannte ich bereits von Wettkämpfen. Und ich kannte Menschen, die ausgewandert waren oder einen Teil ihres Lebens dort verbrachten. Immer wieder hatte ich mich gefragt, ob auch auf uns dort etwas wartet.

Gleichzeitig war mein Leben fest verwurzelt: ein kleines Kind, ein Schulkind, mein Mann – tief verbunden mit seinem Restaurant und unserer Heimat – und ich selbst, verwoben mit Bergen, Tal und diesem Ort, an dem ich aufgewachsen bin. Ich liebte mein Leben. Und trotzdem war da diese leise Sorge. Wie traurig wäre es, eines Tages selbst zu sagen: Ich habe es nie versucht?

Ich wollte keine überstürzte Entscheidung treffen. Ich wollte Gewissheit. Oder zumindest eine Annäherung. Ein ehrliches Hineinspüren. Und so stellte ich mir eine andere Frage: Was würde mir das Gefühl geben, diesen Wunsch ernst zu nehmen, ohne mein ganzes Leben auf den Kopf zu stellen?

Die Antwort kam wie ein Geistesblitz. Ich wollte mehrere Wochen dort leben. Nicht als Urlaub, sondern als Alltag auf Probe. Am besten im Herbst, wenn in Schweden das Training beginnt, früher als bei uns. Wenn die Luft kühler wird und der Winter bereits naht. Ich wollte nicht nur reinschnuppern – sondern eintauchen.

Ich beendete die Sommersaison und begann nach Unterkünften zu suchen. Über Bekannte bekam ich den Kontakt zu jemandem, der selbst mit seiner Familie und seinen Hunden nach Schweden ausgewandert war. In ein kleines Dorf mit einem süßen schwedischen Haus, Freilauf für die eigenen Hunde und weichen Sand- und Waldwegen statt hartem Kies. Alles fühlte sich plötzlich erstaunlich stimmig an. Als das Haus frei war, wusste ich: Ich probiere es.

Organisatorisch war es trotzdem ein Kraftakt. Meine Große blieb wegen der Schule bei ihrem Papa, ihrer Oma und einer guten Freundin von mir, die gleichzeitig auch die Mutter ihrer besten Freundin ist. Meine jüngere Tochter würde ich mitnehmen. Doch mehrere Tage allein mit acht Hunden, Baby und Van unterwegs zu sein, fühlte sich einfach absurd an. Also fragte ich Anna, die als Betreuerin in unseren Sommercamps tätig war und mir oft mit meiner jüngeren Tochter half, ob sie uns begleiten würde. Ich übernahm die Kosten für Anreise, Unterkunft und Essen – und sie bekam die Möglichkeit, diese Auszeit mitzuerleben und mich vor Ort zu unterstützen.

Und so machten wir uns schließlich auf den Weg. Als ich losfuhr dachte ich: »Was, wenn es mir und den Hunden dort unglaublich gut gefällt? Dann wird's kompliziert. Und wenn nicht, bin ich hoffentlich dankbar, es wenigstens versucht zu haben.« Was ich damals noch nicht wusste: Diese Reise würde mir nicht nur eine Antwort geben, sondern mir auch zeigen, dass die Erfüllung von Träumen selten bequem ist – dafür aber immer radikal ehrlich.

Bis wir im tiefsten Lappland ankamen, sollte eine 79 Stunden lange Anreise von über 2600 Kilometern hinter uns liegen. Einmal vom südlichsten Teil Deutschlands bis hoch in den Norden Schwedens. Auf der Höhe von Dänemark meldete sich ein ganz anderer Gedanke bei mir, einer, der weniger mit den großen Lebensfragen zu tun hatte, sondern eher mit Müdigkeit und Erschöpfung: »Was um alles in der Welt hat mich geritten, das hier wirklich durchzuziehen?« War ich verrückt, dass ich mir mein Leben ständig extra kompliziert machte? Als ob es die letzten Wochen nicht ohnehin schon schwer genug gewesen wäre, mitten im Trauerprozess um meine geliebte Oma und unseren rotbraunen Husky-Rüden Max, der ebenfalls vor Kurzem verstorben war. Und doch fühlt es sich in solchen Momenten an, als würde mich ein unsichtbares Band immer wieder hinausziehen – raus aus der Komfortzone, hinein ins Unbekannte. Egal, wie sehr ich mich dagegenstemme, am Ende sehe ich mich selbst wie aus der Vogelperspektive inmitten einer völlig verrückten Situation und denke: »Echt jetzt, Marina? Du hast dir wieder das unbequemste aller Abenteuer ausgesucht.«

Als wir an einem Abend, gegen 22:30 Uhr, Stockholm erreichten und in einem abgelegenen Naturschutzgebiet in der Nähe pausierten, wurde mir das erneut bewusst. Ich fütterte gerade meine Hunde in einem kleinen Waldstück, das ich über Google Maps gefunden hatte – mitten in der Stadt, fast wie ein geheimer Offroad-Spot mit wilden Trails. Ich dachte mir noch: »Wow, verrückt, dass es hier so eine grüne Oase gibt.« Doch plötzlich hörte ich ein tiefes Surren, ein Klacken von Ketten – und dann schossen sie mit Vollgas direkt auf uns zu: Downhill-Biker. Für einen Augenblick hielt ich die Luft an. Alles in mir zog sich zusammen. Ich hoffte nur, dass sie die gespannten Stakeout-Leinen, an denen die Hunde festgemacht waren, rechtzeitig sahen. Wie durch ein Wunder bremsten sie kurz vorher ab, wichen aus und verschwanden wieder im Dunkeln, als wäre es das Normalste der Welt, mitten auf dem Downhill-Trail auf ein Rudel Huskys zu treffen.

Mein Herz hämmerte noch in der Brust, als ich am Handy nach einer neuen Unterkunft suchte, denn es war klar, dass wir hier nicht bleiben konnten. Was ich online fand, klang eigentlich zu perfekt, um wahr zu sein: 52 Euro pro Nacht, inklusive Frühstück und angeblichem Hundeauslauf. Egal, nach Tagen im Bus wollte ich einfach nur eine heiße Dusche und meinen Huskys endlich Freilauf gönnen.

Doch als wir spät in der Nacht auf den Parkplatz einbogen, stockte mir der Atem. Schon beim ersten Blick auf die Fassade konnte ich die Bettwanzen quasi winken sehen. »Das hier wird kein Ort zum Erholen«, sagte ich mit weit aufgerissenen Augen zu Anna. Diese war sichtlich bemüht, ihre Miene zu kontrollieren, ihren Ekel konnte sie jedoch nicht verbergen. Mit jedem Meter Richtung Hotel wurde sie blasser. Mir war es unfassbar peinlich – schließlich war ich diejenige, die immer predigte, dass man für Qualität bezahlen muss, und nun hatte ich mich von einem vermeintlichen Schnäppchen einlullen lassen.

Nun stand ich wie eine Idiotin vor einer Container-Baracke in Stockholm. Beobachtet von Gestalten, wegen denen ich sonst die Straßenseite gewechselt hätte. Anna meinte: »Komm, vielleicht sieht es drinnen ganz okay aus. Wir haben uns doch so auf die Dusche gefreut.« Der Mann an der Rezeption war anfangs freundlich und der Eingangsbereich erstaunlich sauber. Doch als wir die Tür zum Zimmer öffneten, traf uns ein beißender Geruch und auf dem Bett konnten wir schwarze, krause Haare der Vormieter erkennen.

Wir überlegten kurz, ob wir wenigstens noch duschen sollten, bis wir das Bad sahen. NEVER! In diesem Moment wollte ich nur noch eines: so viele Kilometer wie möglich zwischen uns und diese Absteige bringen. »Bitte setz die Kleine hier nirgends ab. Hier ist alles kontaminiert«, presste ich hervor. »Komm, lass uns zum Hundeauslauf fahren – wenigstens sollen die Doggos noch etwas davon haben.« Doch schon bei der Einfahrt zum Hundeauslauf war klar: Auch das war keine Option. Der Bereich war mit Bauzäunen notdürftig zusammengezimmert, dunkel, dreckig – überall lag Sperrmüll. »Und dafür wollen die noch Geld?«, raunte ich sauer. Wenn ich nicht wollte, dass meine Hunde danach eine Kur gegen gefühlt alles bräuchten, durfte hier niemand auch nur eine Pfote auf den Boden setzen.

Also blieb nur eine Entscheidung: raus aus der Stadt. Und zwar schnell. Kein Abenteuer rechtfertigte Bedingungen, die sich gegen Instinkt, Schutz und Würde richten – weder für mein Kind noch für mein Rudel. Mittlerweile war es tiefste Nacht. Wo sollten wir jetzt noch eine geeignete Unterkunft finden? Anna, die meine Frustration hautnah miterlebte, suchte im Netz nach möglichen Parkplätzen. Nach einer Weile sagte sie: »Schau, der hier sieht gut aus – und ist nur drei Kilometer entfernt.« Also kein Hotel. Mir war das recht. Mein Geld würde ich vermutlich nie wiedersehen, obwohl wir das Zimmer offiziell wegen arglistiger Täuschung storniert hatten. Doch in dem Moment war mir das egal. Endlich freier Himmel. Endlich Bäume. Nicht bequem – aber genau richtig. Denn Träume fordern oft Kompromisse.

Aufbruch zu neuen Trails – Loslassen und Vertrauen in den eigenen Weg

Als wir Anfang September in Schweden ankamen, waren meine Hunde noch völlig untrainiert. Hinter uns lag ein warmer Sommer im Allgäu. In den Monaten Mai bis August beschränken sich unsere Aktivitäten zu Hause auf das Baden in den eiskalten Gumpen der Bergbäche und auf gemütliche Spaziergänge in den frühen Morgen- und Abendstunden. Sobald die Temperaturen im September einstellig werden, beginnt für uns normalerweise die Trainingszeit. Den Einstieg machen wir meist mit kurzen Runden – zwei bis drei Kilometer auf geraden Waldwegen entlang der Ostrach. Doch gerade im Herbst bringt das seine eigenen Herausforderungen mit sich: Die Kühe, die den Sommer über auf den Alpwiesen oben in den Bergen waren, kommen ins Tal zurück und verbringen ihre Nachweidezeit auf den Wiesen. Einmal bin ich nachts versehentlich mitten durch eine Kuhherde gefahren – Dutzende Augen, grell im Lichtkegel meiner Stirnlampe leuchtend, starrten uns verdutzt an. Zum Glück ging in diesem Moment alles so schnell, dass weder die Huskys noch die Kühe Zeit hatten zu reagieren. Aber ehrlich gesagt: So einen Nervenkitzel brauche ich nicht jeden Tag.

Weil Bad Hindelang so nah an den Bergen liegt, sind unsere Trainingsabschnitte oft kurz und zusätzlich von mehreren Viehgattern unterbrochen. In Schweden ist es anders. Genau darauf hatte ich mich gefreut: auf einen Neubeginn des Trainings, auf den weiten Waldflächen, wo wir die Saison einmal völlig frei und ohne Hindernisse starten konnten.

Was für ein Glück, dass Daria und Nils – die Vermieter unseres Gästehauses – selbst Schlittenhunde hatten und mir einen Trainingswagen leihen konnten. So ersparte ich mir, unseren Wagen die 2600 Kilometer bis nach Lappland zu transportieren. Andernfalls hätte ich eigens einen kleinen Anhänger gebraucht.

Daria und Nils hatten viele Jahre lang ihre Winter in Schweden verbracht, als Guides bei verschiedenen Kennels gearbeitet und sich im Jahr 2024 schließlich ihren Traum erfüllt: eine eigene Farm mitten in der Weite Lapplands. Daria ist Psychologin, arbeitet online mit einer Klinik in Deutschland zusammen und bietet zusätzlich private Sitzungen über Zoom an. Nils, ursprünglich Elektriker, fand hier eine Stelle bei einem Unternehmen, das Windräder wartet – ein Job, der ihn regelmäßig hoch über die Baumwipfel Lapplands bringt, mit Blick auf ein endloses Meer aus Wäldern. Gemeinsam mit ihren kräftigen, ziehfreudigen Hunden veranstalten Daria und Nils Schlittenhundetouren und Retreats.

Was ich an den beiden sofort spürte: Sie leben ihre Werte. Nachhaltigkeit ist für sie kein Schlagwort, sondern wirklicher Alltag – vom Einkauf ausschließlich biologisch abbaubarer Reinigungsmittel bis hin zu ihrem Umgang mit den Hunden. Ihre Touren sind bewusst klein, exklusiv und respektvoll gestaltet – keine schnellen Gewinne, kein Massentourismus auf Kosten der Tiere, sondern Erlebnisse, die die Seele berühren.

Ihr Grundstück in Degerträsk, einem winzigen Ort in Västerbotten, Nordschweden, rund 60 Kilometer südlich von Arvidsjaur und etwa 100 Kilometer westlich von Skellefteå, liegt eingebettet in eine Landschaft, die im Winter von einem Licht durchzogen ist, das für den hohen Norden absolut charakteristisch ist. Unten, dicht über dem Boden, wirkt es kalt und klar, ein eisiges Blau, das vom Schnee reflektiert wird. Darüber liegt ein violetter Schleier und ganz oben, dort, wo Himmel und Erde sich berühren, färbt sich alles rosa, als hätte jemand Wärme über die Kälte gegossen. Die Sonne steigt hier nicht hoch, sie streift die Landschaft nur flach, und genau dadurch entsteht ein gefiltertes Leuchten. Diese polare Dämmerung, in der die Atmosphäre beinahe magisch wirkt, kann stundenlang anhalten.

Die Farm ist groß genug, dass neben ihren Malamuten und Huskys, einem Hütehund und einem Dackel auch zwei Isländerstuten, zwei Ziegenböcke und ein paar Hühner ein neues Zuhause finden konnten. Alaskan Malamuten sind eine eigene Schlittenhunderasse und gelten als die »Lokomotiven des Nordens«. Meist sind sie etwas größer und kräftiger als Huskys und tragen dichteres, wuscheliges Fell. Sie besitzen eine beeindruckende Ausdauer und wurden ursprünglich gezüchtet, um schwere Lasten über lange Distanzen zu ziehen.

Die Temperaturen lagen tagsüber noch deutlich über dem, was man klassisch als Trainingswetter bezeichnen würde. Trotzdem nahm sich Daria am zweiten Tag nach unserer Ankunft Zeit, mir die Wege rund um Degerträsk zu zeigen. Ein Rundweg führte um den See, ein anderer hinauf auf ein Hochplateau, dazwischen gab es unzählige Abzweigungen, die sich durch die endlos scheinenden Wälder Lapplands zogen. Ich war überwältigt von dieser Auswahl – Trails, soweit das Auge reichte! Für meinen Trainingsstart brauchte ich davon allerdings nur einen kleinen Teil. Eine kurze Strecke. Daria sah mich fragend an: »Warum so kurz?« Verständlich. Ihre Hunde sind längere Distanzen gewohnt, höhere Laufzeiten im Geschirr und ausgedehnte Trainingsfahrten. Ich als Sprint-Musherin bin dagegen mit maximal 15 Kilometern in meiner Kategorie eher auf der Kurzdistanz unterwegs.

Ich hatte von Beginn an gelernt, mit kurzen, leichten Einheiten mit Wagen oder Bike zu starten: Strecken, auf denen die Hunde richtig galoppieren können. Waldboden, Sand, gewachsener Untergrund – Wege, auf denen sie sauber laufen können, ohne ihre Gelenke zu überlasten. Erst nach und nach erhöhe ich die reine Laufdauer, bis wir im Dezember endlich auf Schnee trainieren. Dann wiegt der Rennschlitten nur noch wenige Kilo und der Fokus liegt ganz auf kontrollierter Geschwindigkeit und Ausdauer. Sprinthunde haben eine enorme Energie, die sich sofort entladen will. Genau darin liegt aber auch die Gefahr: Wer diese Kraft zu früh fordert, verbrennt Reserven, die später fehlen.

Im Training bedeutet das für mich: Tempo ist zweitrangig. Entscheidend ist, wie sich das Team über die gesamte Strecke anfühlt. Im Idealfall kommen die Hunde kraftvoll ins Ziel, nicht leer. Gerade im Wettkampf kann es jedoch passieren, dass man sich am Anfang mitreißen lässt. Wer zu schnell startet, verliert unterwegs an Substanz – und am Ende wird es zäh. Auf Dauer hat das Folgen. Hunde, die regelmäßig über ihre Grenzen hinauslaufen, verlieren die Freude. Motivation lässt sich nicht erzwingen. Kein Team wird langfristig erfolgreich, wenn jede Fahrt ein Kraftakt ist. Deshalb bremse ich, auch wenn es sich eigentlich gut anfühlt. Ich halte das Tempo bewusst niedriger, lasse die Hunde im gleichmäßigen Lauf arbeiten, selbst dort, wo sie schneller könnten. Nicht aus Vorsicht – sondern aus Voraussicht auf das, was noch kommen soll.

Dieses Vorgehen hat sich für mich bewährt. Die Hunde lernen, dass sie die Strecke schaffen. Sie behalten Reserven. Und mit jedem Training wächst ihr Vertrauen in die eigene Leistungsfähigkeit.

Dagmar Seiffert-Wojcik, eine erfahrene Musherin, die diese Taktik gekonnt einsetzt, gewann 2025 in Östersund die Weltmeisterschaft über neun Kilometer mit vier Hunden. Zwei davon waren Nachkommen unseres Keijo. Am dritten Wettkampftag lief ihr Team die Strecke in gerade einmal 17:43 Minuten. Das entspricht einer Durchschnittsgeschwindigkeit von 30 Kilometern pro Stunde, auf einer welligen und abwechslungsreichen Strecke mit engen Kurven.

Umso eindrucksvoller war, dass ihre Hunde ausgerechnet am dritten Tag die schnellste Laufzeit erreichten – und im Ziel noch immer Kraftreserven zeigten, statt erschöpft stehen zu bleiben.

Daria hingegen startet ihre Saison bereits mit Sieben-Kilometer-Runden. Kein Wunder, denn ihre Hunde werden auch an kühleren Sommertagen in Schweden schon leicht und locker am Fahrrad bewegt, oft gemeinsam mit Nils, der ganz selbstverständlich mit fünf Malamuten losradelt.

Die Hunde unterscheiden sehr genau zwischen den Situationen: Am Bike laufen sie entspannt mit, während sie am Trainingswagen mit voller Kraft auch zwei Personen und einen rund achtzig Kilo schweren Wagen bergauf ziehen. Durch diese konstante Bewegung bringen sie zu Beginn der Saison bereits eine stabile Grundkondition mit und können auch längere Strecken ohne Probleme bewältigen.

So würde ich es eigentlich auch gerne machen, aber bei meinen Hunden geht es gefühlt bei jedem Lauf im Geschirr um die Weltmeisterschaft und sie neigen dazu, sich völlig auszupowern. Daher verlagere ich meinen Fokus im Sommer: Ich nutze diese Zeit, um mit den Hunden an unseren Kommandos zu arbeiten, und gehe vermehrt in die Hundeschule. Frühmorgens laufe ich gerne mit einem einzelnen Hund eine kleine Trailrunning-Einheit am Hüftgurt. Oft geht es dabei zu einem Panorama-Gasthof, der »Polite«, gleich oberhalb unseres Hauses. Der Anstieg ist überschaubar. Aber oben wartet immer dieselbe Belohnung: der eindrucksvolle Blick auf die umliegende Bergwelt und der Abstieg entlang des Hirschbachtobels, wo wir ins Wasser können. Für die einzelnen Hunde eine entspannte Runde. Für mich in der Summe mit zehn Huskys das Gegenteil: Zehn kurze Einheiten mit ein paar Kilometern und jeweils rund hundert Höhenmetern ergeben am Ende für mich auch eine ganz ordentliche Trainingseinheit. Schlittenhundesport ist Teamsport. Und genau deshalb will auch ich selbst die beste Version von mir in diesem Team sein.

Das immer wiederkehrende neue Normal

Am Anfang waren es nur kleine Erkundungsspaziergänge. Ich folgte einem weichen, sandigen Pfad, der direkt gegenüber von unserem Haus in den Wald hineinführte. Der Weg schlängelte sich zu einer großen Wiese und bog dann zurück ans Ufer des Sees. Durch seinen stetig wechselnden Untergrund bot dieser kleine Rundkurs reichlich Abwechslung zu Beginn des Trainings.

Zuerst fuhr ich ihn mit dem Bike und nur einem Hund. Dann wagte ich es mit vier. Und als das klappte, spannte ich schließlich alle acht Huskys ein. Doch selbst in Momenten, in denen es von außen so sicher wirkt, habe ich oft weiche Knie. Bevor ich die Hunde einspanne, gehe ich in Gedanken alle möglichen Szenarien durch: Was, wenn ich die eine Kurve mit dem langen Gespann nicht kriege? Was, wenn wir an der Abzweigung falsch fahren? Was, wenn plötzlich eine Leine reißt? Ich spiele jedes Worst-Case-Szenario im Kopf durch, um vorbereitet zu sein – nicht aus Angst, sondern um mich auf mögliche Probleme vorzubereiten. Mein Rudel verlässt sich auf mich.

Und dann stehe auch ich schweißnass da, bete leise, dass alles gut geht – und gebe trotzdem das Kommando. Denn ich weiß: Sicherheit entsteht nicht dadurch, dass man jedes Risiko vermeidet, sondern dadurch, dass man Schritt für Schritt lernt, auch mit dem Unbekannten klarzukommen. Was sich anfangs noch wild und wie ein extremes Wagnis anfühlt, wird mit jeder Wiederholung vertrauter. Erst wenn ich spüre, dass mein Team die Strecke nicht nur körperlich, sondern auch geistig abgespeichert hat, wenn sie die Strecke fast im Schlaf laufen, wach, kraftvoll und noch Reserven übrig haben, erst dann wage ich mich an eine längere Route.

So wuchs unser »neues Normal« langsam. Immer im Rhythmus der Hunde. Nie schneller, als sie es verkrafteten. Und doch stetig weiter, immer mit Freude und dem inneren Drang, unsere Kondition zu steigern. Ich merkte, wie wir von Trainingseinheit zu Trainingseinheit besser wurden und mit jeder neuen Aufgabe wuchsen. Wir genossen die Abwechslung und strahlten um die Wette, wenn wir etwas Neues gemeistert hatten. Ich sah es in den wedelnden Ruten, wenn wir einen großen schwedischen See umrundeten oder ein kniehohes Flussbett mühelos durchquerten. Ich erkannte es in ihren funkelnden Augen, wenn sie nach der Ausfahrt Wasser, Futter und mein Lob bekamen. Stolz, Freude, dieses tiefe Gefühl: Wir haben das zusammen geschafft.

Mit den Herausforderungen des Lebens gehe ich mittlerweile genauso um wie beim Training. Schritt für Schritt. Erst klein, dann größer. Ich habe immer Respekt vor neuen Dingen, und auch mir geht oft die Düse – aber ich mach's dann trotzdem. Ich warte nicht, bis sich das Gefühl einstellt: »Okay, jetzt bin ich bereit!« Ich mach's auch dann, wenn ich nicht bereit bin. Denn laut meinem Gehirn, das mich vor allem schützen will, sollte ich am besten den ganzen Tag auf der Couch bleiben. Das Leben so zu behandeln, als wäre es besser, in seiner kleinen Bubble auszuharren, immer dieselben kleinen Kreise zu ziehen, anstatt einmal die Richtung zu wechseln – das fühlt sich für mich wie die größte Verschwendung der eigenen Ressourcen an. Wie ein Musher, der sein Team Tag für Tag stumpf dieselbe öde Strecke laufen lässt, während draußen die schönsten Trails der Welt warten.

Der Tod geliebter Menschen und Tiere hat mich gelehrt, wie kostbar das Leben ist. Jeder Atemzug, jede Möglichkeit, jeder neue Weg ist ein Geschenk. Das Leben fließt durch mich, und ich will es ehren, indem ich es bewusst lebe, genieße und selbst gestalte. Manchmal wünsche ich mir, ich könnte anderen nur für eine Minute meinen Kopf aufsetzen. Nur damit sie spüren, was möglich ist, wenn man aufhört, sich selbst zu begrenzen. Damit sie sehen, dass immer ein neuer Weg wartet – selbst dann, wenn sich der Boden unter den Füßen nicht nach einem Pfad anfühlt, sondern nach einem Meer aus Steinen, Wurzeln und Hindernissen. Doch genau dort liegt das Potenzial, ein Leben neu auszurichten.

Während eines Familienurlaubs im Herbst 2025 auf Island stand ich mit meinem Bruder zwischen den Kontinentalplatten Eurasiens und Nordamerikas. Der Wind fegte scharf über das Lavagestein und schnitt uns wie kleine Klingen ins Gesicht. Unter unseren Füßen lag buchstäblich der Riss zwischen zwei Welten. Wir unterhielten uns gerade über schwierige Momente im Leben, als er mir von einem Zitat des früheren amerikanischen Präsidenten Theodore Roosevelt erzählte, das einfach übersetzt bedeutet: Kein Leben, das sich lohnt, ist leicht.

Vielleicht hat mich dieser Satz genau deshalb so berührt. Weil er dort, in dieser rohen Landschaft, nicht nach einem schönen Instagram-Post klang, sondern nach radikaler Wahrheit. Die Sicherheit, nach der wir suchen, liegt nicht in äußeren Umständen. Sie liegt in uns. Du trägst bereits alles in dir, was du brauchst, um die Strecke vor dir zu meistern. Und eines Tages wirst du erstaunt sein, wie sehr du auf dich selbst stolz sein kannst – nicht, weil du alles geschafft hast, sondern weil du den Mut hattest, dich dem zu stellen, was dir einmal Angst gemacht hat.

Dieses Gefühl. Dieses High, das nur entsteht, wenn du über dich selbst hinauswächst. Wenn du dich dorthin traust, wo es unbequem wird. Wenn du etwas wagst, von dem andere fest überzeugt waren, dass es unmöglich sei.

Wenn du dann dein eigenes Abenteuer lebst, der Wind dir ins Gesicht peitscht, jede Faser in dir vibriert, weißt du: Genau dafür hat sich jede Unsicherheit gelohnt. Dieses Gefühl ist unbezahlbar.

Ich liebe es, weil ich weiß: Es entsteht nicht aus der Leichtigkeit, sondern aus der Anstrengung. Es zeigt sich nur, wenn ich zuvor an meiner Grenze war, wenn die Zweifel auch mal lauter waren als mein Mut – und ich trotzdem gegangen bin. Es entsteht, wenn ich nach jeder Sackgasse neue Wege gesucht habe. Wenn ich nach jedem Sturz wieder aufgestanden bin, den Dreck abgeschüttelt und es erneut versucht habe. Genau darin liegt die Magie: nicht im schnellen Sieg, sondern im beharrlichen Wiederaufstehen. In diesem hart erkämpften Moment, in dem du merkst – ich bin stärker, größer, lebendiger, als ich es je für möglich gehalten hätte. Und allein dafür kann man dankbar sein: für jede Herausforderung, die uns zwingt, uns selbst neu zu entdecken und über uns hinauszuwachsen.

Es ist ein bisschen wie mit den Bergen. Auch sie »zwingen« uns in die Höhe. Der Aufstieg ist selten bequem – er kostet Kraft,

Schweiß und manchmal auch Nerven. Aber gerade weil er anstrengend ist, fühlt sich der Blick vom Gipfel so unvergleichlich an. Dieses Muster finden wir in so vielen Lebensbereichen wieder.

Wir Menschen sind in dieser Hinsicht erstaunlich simpel gestrickt: Was schwer zu erreichen ist, besitzt für uns den höchsten Wert. Vielleicht liegt genau darin auch das Echo unseres Ur-Instinkts. Wir waren die längste Zeit unserer Geschichte Jäger und Sammler. Alles, was wir brauchten, war rar, hart erkämpft, mit Anstrengung, Risiko und Warten verbunden. Nahrung, Sicherheit, Wärme – nie einfach verfügbar, sondern eine Belohnung nach dem Einsatz. Unser Gehirn ist bis heute so geprägt: Wir schätzen das, was uns Mühe kostet. Nicht das schnelle Geschenk, sondern die Beute nach der riskanten Jagd, den Fund nach langer Suche. Es ist die Anstrengung selbst, die unsere Dankbarkeit vertieft und unseren Blick vom Gipfel so magisch macht. Wer das einmal verstanden hat, erkennt: Der Wert liegt nicht im schnellen Haben, sondern im Weg dorthin.

Verloren gehen, um sich selbst zu finden

Es heißt, man kann vor den eigenen Problemen nicht davonlaufen, weil man sich selbst immer mitnimmt. Aber ich glaube, manchmal braucht es genau das – dieses bewusste Verlorengehen.

Als ich mit meinen acht Siberian Huskys, meiner einjährigen Tochter und Anna Richtung Schweden aufbrach, wusste ich, dass diese Reise keine gewöhnliche werden würde. Sie war kein spontaner Ausbruch, kein Fluchtversuch – sie war ein Ruf. Und dieser Ruf führte uns 2600 Kilometer in die tiefsten Weiten Lapplands.

Schon die Vorbereitung war ein Abenteuer für sich. Wer denkt, das Packen für eine Person sei anstrengend, hat noch nie eine Reise für acht Huskys und ein Baby organisiert – für fünf Wochen Wildnis, zwischen Spätsommer und beginnendem Winter. Von allergiefreien Windeln für das Baby über Barffutter für die Hunde – das ist rohes, artgerechtes Futter mit Fleisch, Knochen und Gemüse –, Medikamenten, Fährverbindungen, Rastplätzen, Schlafplätzen, Kleidung für +20 bis -7 Grad, Papieren, Notfallapotheke, Werkzeugkiste, Leinen, Decken, Handschuhen, Stirnlampen – bis hin zu diesen Kleinigkeiten, an die man erst denkt, wenn sie fehlen. Das war kein Roadtrip. Das war Logistik auf Expeditionsniveau.

Auf dieser Reise gab es Tage, da lief alles rund. Und dann gab es die anderen – die, an denen wir kaum 150 Kilometer schafften, weil die Kleine müde war, die Hunde unruhig, ich erschöpft. Tage, an denen ich nur dachte: »Was zum Teufel machst du hier eigentlich?« Vieles hat funktioniert, aber manches gar nicht. Einige Dinge würde ich heute auf jeden Fall anders machen. Aber das Leben lässt dich an deinen Herausforderungen wachsen – nicht an deinen Erfolgen. Ich habe gelernt, dass Veränderung nicht im Kopf passiert, sondern im Tun.

Eine der größten Hürden war, all die unterschiedlichen Bedürfnisse unter einen Hut zu bringen – vom Baby über die jungen Hunde bis zum Senior mit 13 Jahren. Jeder braucht etwas anderes. Auf so einer Reise kannst du nicht einfach sagen: Ich ziehe jetzt durch. Du stillst Bedürfnis für Bedürfnis, Stunde für Stunde. Ich liebe das Abenteuer, aber ich bin auch eine Sicherheitsfanatikerin. Für alle muss auf allen Ebenen gesorgt sein. Ich bin nicht Hals über Kopf losgefahren, sondern mit einem klaren Plan. Der Bus kam zwei Wochen vor Abfahrt zum Reisecheck in die Werkstatt. Ich hatte das Futter in Schweden vorbestellt, damit ich vor Ort auch barfen, also roh füttern konnte, und wusste, wo die nächste Tierklinik lag. Ein Trainingswagen für die Hunde stand bereit, ebenso eine Notfallapotheke für Kind und Tier, Kleidung für jedes Wetter und jede Jahreszeit. Alles musste in unseren Bus, einen VW Crafter, und trotzdem musste noch Platz bleiben, damit wir alle auf der Reise nach Schweden darin schlafen konnten. Auf einer 1,60 Meter großen Matratze über den Hundeboxen. Selbst an eine kleine Lichterkette hatte ich gedacht. Sie brachte durch ihr warmes, flackerndes Licht dieses Vanlife-Gefühl – das Gefühl der Freiheit auf Rädern, aber mit einem gemütlichem Zuhause – in die dunklen Abende, wenn draußen der Wind über die Weite zog und die Huskys leise in ihren Boxen schnauften.

In Degerträsk angekommen empfing uns unsere Cabin, eine kleine schwedische, rot-weiß gestrichene Holzhütte mit ca. 60 qm Wohnfläche. Die Landschaft rundherum ist geprägt von dichten Wäldern, Morastgebieten und vielen Seen. Wir waren fast eineinhalb Stunden von der nächsten größeren Ortschaft entfernt. Schon ein einfacher Wocheneinkauf wurde zu einem halben Tagesausflug. Das Leben dort war entschleunigt – aber auch fordernd. Alles, was man brauchte, musste gut geplant sein. Es gab kein »schnell mal holen«. Du lernst, mit dem auszukommen, was da ist. Und du lernst, dass das meistens genug ist. Auch das Training war eine Umstellung. Neue Trails, ein anderer Trainingswagen, die feuchte Luft, die sich schwer über die Wälder legte.

Doch der eigentliche Perspektivenwechsel geschah in mir. Eines Morgens, irgendwo in den unendlichen Wäldern Lapplands, hielt ich an. Ich stand auf einem der unzähligen Wege, zwischen Fichten, die sich wie stille Riesen über mich beugten. Kein Haus, kein Mensch, keine Spur von Zivilisation – nur mein Team und ich. Ich öffnete Google Maps, um zu sehen, wo ich war – und das Bild, das ich sah, brannte sich mir ein. Von oben betrachtet war ich ein winziger Punkt, verloren in einem Meer aus Grün, umgeben von Hunderten Abzweigungen und Wegen, die sich wie Lebensadern durch das Land zogen. Da wurde mir bewusst, wie weit ich wirklich entfernt war – nicht nur geografisch, sondern auch innerlich: weit weg von zu Hause, weit weg von all dem, was mich in den letzten Monaten festgehalten hatte. Von Gedanken, die mich nachts wach gehalten, von Erinnerungen, die mich traurig gemacht, von

Zukunftsängsten, die mich überrollt hatten. Und plötzlich fühlte es sich befreiend an, verloren zu sein. Ich stand einfach da – über mir der blaue Himmel, ein paar Wolkenfelder, die Sonnenstrahlen, die durch die Baumwipfel fielen. Die Luft roch nach Harz, nach Erde, nach feuchtem Moos. In der Ferne glitzerte die Wasseroberfläche eines Sees wie flüssiges Licht. Ich wusste, dass ich mit einem Klick auf die Karte jederzeit zurückfinden würde – aber in diesem Moment wollte ich es gar nicht. Ich wollte einfach da sein. Verloren. Frei. Es war, als würde mir die Natur zuflüstern: Du musst dich nicht immer auskennen, um richtig zu sein.

Auf dem Rückweg dachte ich viel nach. Wenn ich wieder zu Hause bin, will ich, dass alles so bleibt, wie es war? Oder will ich es anders? Wie viel davon habe ich selbst in der Hand? Welche Wege will ich weitergehen, und welche darf ich endlich verlassen? Ich spürte, dass ich radikaler werden musste. Ehrlicher. Nicht länger Dinge tun, weil ich glaubte, sie tun zu müssen – weil »man das halt so macht«. Denn vieles, was wir heute tun, tun wir nur, weil es irgendwann einmal Sinn gemacht hat. Doch das bedeutet nicht, dass es jetzt noch richtig ist. Vielleicht ist es Zeit, nicht länger den ausgetretenen Wegen zu folgen, sondern selbst neue Spuren zu legen.

Ich glaube, jeder Mensch braucht irgendwann diesen Moment, in dem er sich selbst von oben sieht. Nicht, um sich zu bewerten, sondern um zu begreifen, wie viel von dem, was wir täglich tun, gar nicht mehr wirklich unser Leben ist. Wie viele Entscheidungen wir treffen, nur um Erwartungen zu erfüllen.

Wie viele Tage verbringen wir mit Aufgaben, die nichts mit unserem Wesen zu tun haben, weit weg von dem, was wir wirklich können und wofür wir brennen. Tätigkeiten, die fern von unserer Zone of Genius liegen – also fern von dem Bereich, in dem unser wahres Potenzial steckt, in dem Leidenschaft und Begeisterung entstehen und in dem uns Dinge fast mühelos von der Hand gehen, einfach weil sie unserem Kern entsprechen.

Dort, mitten in Lappland, wurde mir klar: Ich will kein Leben, das sich nur richtig anfühlt, weil es gesellschaftlich akzeptiert ist. Ich will ein Leben, das sich nach mir anfühlt. Ich will kein Leben in Sicherheiten, die mich innerlich verhungern lassen. Ich will den Mut haben, Dinge anders zu machen. Und dafür brauche ich keine Erlaubnis. Ich will zu ungewöhnlichen Zeiten aufbrechen, meine Visionen realisieren, radikal ehrlich mit mir selbst und anderen sein. Lieber einmal zu viel loslassen, als für immer festzuhalten.

Auf dem Rückweg an diesem Tag spürte ich, dass sich etwas in mir verschoben hatte. Etwas, das ich nicht mehr zurückschieben wollte. Ich wusste: Wenn ich zurück nach Hause kam, wollte ich bewusster wählen, womit und mit wem ich meine Zeit füllte.

Ich wollte nur noch Dinge tun, die sich für mich integer anfühlten. Ich wollte keine Kompromisse mehr, die meine Seele kosteten.

Vielleicht ist das der Sinn dieses »Verlorengehens«: nicht, um sich selbst zu verlieren – sondern um endlich alles zu erkennen, was man nicht mehr braucht, um man selbst zu sein.

Radikal echt – Entscheidungen, die sich nach Leben anfühlen

Es gibt diesen Moment, in dem du spürst, dass du so nicht weitermachen kannst. Nicht, weil alles schlecht ist, sondern weil es sich nicht mehr nach *dir* anfühlt. Weil du merkst, dass du irgendwo auf deinem Weg versucht hast, Erwartungen zu erfüllen, statt deiner eigenen Stimme zu folgen. Und dann stehst du plötzlich da – mitten in deinem Leben – und fragst dich: Wann habe ich eigentlich aufgehört, mir selbst zu vertrauen?

Ich glaube, es beginnt schleichend. Du passt dich an, weil du denkst, es sei leichter so. Du sagst Ja, obwohl du Nein meinst, weil du niemanden enttäuschen willst. Du machst weiter, obwohl dein ganzer Körper dir sagt, dass du eigentlich anhalten müsstest. Und irgendwann spürst du diese leise, brennende Unruhe in dir – wie eine kleine Flamme, die sich weigert, zu erlöschen. Diese Flamme ist dein Ruf. Und sie wird nicht leiser, wenn du sie ignorierst. Sie wird lauter. Sie brennt dich von innen an, bis du beginnst, wieder ehrlich hinzusehen. Radikal echt zu leben, heißt nicht, laut zu sein. Es heißt, still genug zu werden, um dich selbst wieder zu hören. Es heißt, den Mut zu haben, unpopuläre Entscheidungen zu treffen. Dich nicht mehr zu fragen, ob es Sinn macht, sondern ob es dich glücklich macht.

Ich habe in Lappland verstanden, dass radikal nichts mit Härte zu tun hat. Das Wort kommt vom lateinischen *radix* und bedeutet »Wurzel«. Radikal zu leben, heißt also: an die Wurzel zu gehen. Zu dem, was dich wirklich ausmacht. Zu dem, was dich tief nährt, nicht nur kurzfristig füttert. Wenn du an die Wurzel gehst, kannst du nicht mehr oberflächlich leben. Du kannst nicht mehr so tun, als wäre alles gut, wenn es das nicht ist. Du kannst nicht mehr gegen dein eigenes Empfinden handeln. Denn alles in dir beginnt, nach Wahrheit zu verlangen. Und Wahrheit fühlt sich nicht immer leicht an. Sie ist manchmal unbequem. Sie verlangt Klarheit, Konsequenz – und das Loslassen von allem, was nur Fassade ist. Aber in dem Moment, in dem du beginnst, radikal ehrlich zu dir selbst zu sein, fängt das Leben an, sich zu sortieren. Menschen, die nicht zu dir gehören, gehen. Situationen, die dir Energie rauben, lösen sich auf. Und du beginnst, dich selbst wieder zu spüren – echt, roh, unverfälscht.

Wie du wieder Entscheidungen triffst, die sich nach DIR anfühlen:

1. Spür hin, bevor du denkst.
Wir sind es gewohnt, Entscheidungen mit dem Kopf zu treffen. Aber der Körper weiß zuerst, was richtig ist. Wenn sich etwas eng anfühlt, ist es selten dein Weg. Wenn du beim Gedanken an etwas frei atmest, weit wirst – dann ist da dein Ja.

2. Es gibt kein richtiges Tempo für dein Leben.
Ich mache Termine nie auf »glatte« Uhrzeiten. Ich setze Termine zum Beispiel auf 06:06 Uhr und verabrede mich innerhalb einer Gleitzeit von ungefähr 30 Minuten. Warum? Weil es mich daran erinnert, dass ich mein eigenes System leben darf. Dass mein Leben keine Schablone braucht. Auch wenn meine Kunden manchmal verdutzt schauen, machen sie mit. Meine langjährigen Freunde sind über die eingeführte Gleitzeit sogar froh. So können sie besser planen, anstatt unnötig auf mich zu warten, wenn ich mal zu spät dran bin. Juli, eine meiner besten Freundinnen, trifft sich aus genau diesem Grund am liebsten mindestens zu dritt. So können die anderen schon starten – und ich stoße später ganz entspannt dazu.

3. Zieh an, wonach du dich fühlst.
Ich gehe manchmal in Gummistiefeln und Unterrock zu Abendveranstaltungen. Nicht, um aufzufallen – sondern weil mich das gerade gecatcht hat.

4. Tu Dinge, ohne um Erlaubnis zu fragen.
Wenn es niemandem schadet – tu es einfach. Die meisten Grenzen existieren nur in unserem Kopf.

5. Leb nach deiner inneren Wildheit.
Jeden Tag ein Stück. Du kannst mit kleinen Dingen anfangen, wie quer über ein Blatt zu schreiben statt in Zeilen, oder ausgefalleneren, wie einen Teil des Wanderweges nackt zu gehen.

Ja, das habe ich tatsächlich einmal mit einer Freundin gemacht. Auf einem abgelegenen, kaum begangenen Pfad packten wir spontan unsere Kleidung in den Rucksack und liefen ein paar Meter nur mit Wanderschuhen. Einfach weil's witzig war und weil wir – wie in einem meiner Lieblingstitel von Lars Amend – dachten: Why not. Heute gibt es dafür sogar geführte Nacktwanderungen. Doch damals war es nur dieser kleine Nervenkitzel, das Gefühl von Luft auf der Haut und die Erkenntnis, dass nichts Schlimmes passiert, wenn man für einen Moment alle Konventionen abstreift. Es war befreiend.

Lass das Leben wieder unperfekt und echt sein. Wildheit heißt nicht, alles umzuwerfen. Wildheit heißt, dich zu erinnern, dass du frei bist – auch mitten im Alltag. Dass du entscheiden darfst, wie du lebst, wie du arbeitest, wie du liebst. Dass du dein eigenes Rudel in dir trägst und deiner inneren Stimme folgen kannst. Hier beginnt echte Freiheit.

Kapitel 5

Was ich von meinen Huskys über innere Wildheit gelernt habe

Warum Stillstand nie mein Weg war – und warum das okay ist

Wir Menschen scheinen häufig irgendwo ankommen zu wollen – in einer Beziehung, in einem Job, an einem Ort. Ehrlich gesagt: So ganz konnte ich das noch nie nachvollziehen. Vielleicht geht es dir ja ähnlich. Ich bin gerne in Bewegung. Ich liebe Veränderungen. Neue Ideen kann ich kaum bremsen, bevor sie mich packen und mein Leben wieder einmal komplett auf den Kopf stellen. Im Neuen fühle ich mich lebendig. Ich tanke Kraft aus Herausforderungen – das Leben hat so viel zu bieten! Mich zieht es zu dem, was sich unter der Oberfläche verbirgt, wie Dinge schmecken, wie sie sich anfühlen, einen Moment lang Teil von ihnen sein. Mit dem Surfbrett eine Welle reiten. Mit dem Wakeboard über einen Kicker springen. Mit dem Rennrad die schnellsten Straßen entlangrasen. Gipfelkreuze sammeln wie Briefmarken.

Ich bin schon unzählige Male umgezogen, habe mich früher von einer Beziehung in die nächste gestürzt. Ich habe so viele Jobs ausprobiert – jedes Mal mit der Intention, meine beste Performance hinzulegen, mein volles Potenzial auszuschöpfen und dann wieder zu neuen Ufern aufzubrechen. Ich bin ein unerschöpflicher Kanal an Kreativität und kann Visionen in atemberaubender Geschwindigkeit Realität werden lassen. Eine meiner besten Freundinnen nennt mich eine Lebenskünstlerin – und ich finde, das trifft es ziemlich gut. Wenn ich eine neue Idee habe, frage ich niemanden um Erlaubnis. Ich lege los – und lade andere dann lieber zur Neueröffnung ein.

Auf der einen Seite liebe ich den Wandel. Auf der anderen bin ich die, die nie umräumt oder dekoriert. Wenn ich einziehe, findet jedes Ding seinen Platz – und da bleibt es, bis ich wieder gehe. Ich habe die meisten meiner Freunde noch aus Teenagerzeiten, und Menschen, die mir etwas bedeuten, trage ich für immer im Herzen. Ich bin wie der Nordwind: stetig in Bewegung, aber immer auf Kurs. Heute fühle ich mich sicher in mir und mit mir. Ich weiß, dass ich mich überall selbst herausziehen kann, wenn es nötig ist – und dass ich so viele Gaben in mir trage, dass sie für drei Leben reichen würden. Das war aber nicht immer so und auch heute noch fällt es mir manchmal schwer, den Fokus zu halten und mich auf wenige Dinge zu konzentrieren. Ich weiß über vieles im Detail Bescheid, aber mein Allgemeinwissen ist – sagen wir – selektiv. Ich verliere mich zu sehr in spezifischen Themen, grabe mich hinein, bis ich den Kern einer Sache erreiche. Und bei Dingen, die mich nicht interessieren, vergesse ich manchmal sogar die Überschrift. Früher hat mich das zeitweise gestört, heute weiß ich aber, dass es unterschiedliche Arten von Intelligenz gibt. Es gibt die körperliche, die emotionale, die kreative – und es ist vollkommen okay, nicht in jedem Bereich gleichermaßen stark zu sein. Und so vieles ist möglich, wenn man sich selbst nicht durch äußere Einflüsse begrenzt.

Ich höre heute gerne Menschen zu, die für ihre Themen brennen, und lasse mich von ihrer Begeisterung anstecken. Begeisterung ist überhaupt ein elementarer Bestandteil meines Lebens. Andere würden sagen, ich sei sprunghaft, leicht entflammbar, schnell fasziniert – von Ideen, von Menschen, von Tieren. Und ja, das stimmt. Aber es ist eine Gabe. Eine, die mein kindliches Ich über all die Jahre bewahrt hat. Ich danke meinem jüngeren Selbst, dass ich mich

Dingen so hingeben kann – mit voller Wucht, voller Neugier, voller Herzklopfen. Nicht alles war erfolgreich – Spoiler: sogar vieles nicht. Aber das ist egal. Sich auszuprobieren, ist aufregend, neue Wege zu suchen, Neues zu wagen – selbst wenn andere es für verrückt halten. Ich will lieber einmal mehr scheitern, als es nie versucht zu haben.

Diese Begeisterungsfähigkeit spiegelt sich auch in meinem Rudel wider – vielleicht ist das der Grund, warum wir so gut harmonieren. Wenn sie rennen, dann rennen sie nicht einfach nur. Sie lieben es, mit mir von Rennort zu Rennort zu fahren, neue Trails kennenzulernen und auf bekannten Rennstrecken ihre Performance zu verbessern. Sobald ich den Bus und das Wohnmobil für unseren nächsten Trip packe, rennen sie aufgeregt hin und her, jaulen und freuen sich über das bevorstehende Abenteuer.

Wenn du ein empathischer Mensch bist, der Atmosphäre, Spannung und Emotionen wahrnimmt, dann wird dich der Besuch eines Schlittenhunderennens wie in eine andere Welt ziehen. Es geht weit über Begeisterung hinaus. Es ist pure Hingabe – die Symphonie zwischen Mensch und Hund, die Luft, die vom Jaulen der Teams vibriert, die Musher, die in tiefer Konzentration mit ihren Hunden verschmelzen. Es ist ein Erlebnis, das dich auf allen Ebenen berührt – und dich nicht mehr loslässt. Auf der Loipe zwischen Unterjoch und Schattwald findet jedes Jahr im Januar oder Februar unser Heimrennen statt. Hier kannst du hautnah miterleben, dass es beim Schlittenhundesport nicht einfach um Wettkampf geht, sondern vielmehr um die Zusammenkunft einer großen Rennfamilie.

Wer bestimmt eigentlich, was oder wer »normal« ist?

Wir wachsen in einer Welt auf, in der Funktionieren oft höher bewertet wird als Fühlen. In der wir lernen, linear zu denken, geordnet zu handeln, Prioritäten zu setzen, uns an Zeitpläne zu halten.

Nicht zu laut, nicht zu impulsiv, nicht zu emotional. Still sitzen, nicht wippen, erst die eine Sache, dann die andere. Sich anpassen. In Reihe laufen. Das nennt man heute »normal«.

Doch dieses Verständnis von »normal« ist das Ergebnis eines Systems, das in seiner Grundstruktur nicht darauf ausgelegt war, Vielfalt sichtbar zu machen, sondern Abläufe zu sichern. Teile unseres heutigen Schulsystems stammen aus einer Zeit, in der Gesellschaft vor allem Menschen brauchte, die zuverlässig funktionierten – in Fabriken wie auch im Militär. Strukturen, die damals Disziplin, Gehorsam und Wiederholung von Wissen fördern sollten, wirken teilweise bis heute nach. Wie kann Lernen Spaß machen, wenn man es in ein Raster presst? Warum passen wir Lehrpläne nicht an die Wirklichkeit der Kinder an statt Kinder an Lehrpläne? Warum halten wir an einem System fest, das für eine Welt gemacht wurde, die längst vergangen ist?

Während eines Spaziergangs mit meinen Hunden in Schweden fand ich auf dem Boden ein paar einzelne schneeweiße, im Sonnenlicht glitzernde Steine. Sie stachen mir deswegen so ins Auge, weil ansonsten alles voller dunkler Steine war. Ich fand sie so schön, dass ich ein paar davon für meine Tochter einsteckte, die Steine über alles liebt. Ein paar Tage später lief ich denselben Trail in eine andere Richtung. Diesmal war der Weg voller weißer Steine – und dazwischen lagen nur ein paar wenige schwarze. Und plötzlich waren die schwarzen die Besonderen. Ich blieb stehen und dachte: »Genauso ist es mit uns Menschen. Was außergewöhnlich ist, hängt immer davon ab, wie oft etwas vorkommt. Weder das eine ist besser noch das andere schlechter.«

Vor einiger Zeit habe ich mich mit einer Freundin über ADHS unterhalten. Wenn ich eine Checkliste mit typischen Merkmalen durchgehe, treffe ich bei zehn von zehn Punkten ins Schwarze. Und doch ist eine offizielle Diagnose oft gar nicht so einfach, denn ihr geht ein aufwendiger Prozess voraus – mit formalen Anforderungen, Nachweisen und Erinnerungen, die nicht immer greifbar oder noch vorhanden sind. Die Wartezeiten bei darauf spezialisierten Psychologinnen und Psychologen sind lang. Trotzdem habe ich den Prozess inzwischen angestoßen. Eine Diagnose wäre für mich kein Etikett, sondern ein Schlüssel: einer, der mir hilft, mich weniger zu verurteilen und mehr zu verstehen, wie ich eigentlich funktioniere. Mit diesem Verständnis öffnen sich Wege – und Strategien, um mit bestimmten Situationen bewusster und freundlicher umzugehen. Wenn man weiß, wie das eigene Gehirn arbeitet, kann man Systeme entwickeln, die einen unterstützen – und Lücken ausgleichen, statt sich für sie zu schämen. ADHS ist hier nur ein Beispiel, denn egal, ob du neurodivergent bist, also dein Gehirn ganz offiziell anders funktioniert als das der »Mehrheit« der Menschen, oder nicht: Jeder Mensch ist und denkt individuell, hat ganz eigene Stärken und (vermeintliche) Schwächen.

Die eigene Ruhe im Rhythmus der Huskys finden

Im Wind feinste Gerüche wahrnehmen. Ein Gewitter spüren, noch bevor der erste Donner grollt. In der Mimik des Gegenübers innerhalb eines Wimpernschlags lesen, was in ihm vorgeht. Geräusche oder Bewegungen erfassen, als würde man die Welt durch eine Livecam beobachten – diese Art der Wahrnehmung ist kein Zufall. Sie ist eine Gabe. Bei Tieren ebenso wie bei Menschen.

In unseren Husky-Feriencamps begleiten uns seit vielen Jahren Kinder mit der Diagnose ADHS. Was mir dabei immer wieder auffällt: Sie nehmen ihre Umgebung auf eine Art wahr, die schneller, feiner und tiefgreifender ist. Auch Angelina Boerger – eine selbst von ADHS betroffene Journalistin – schreibt in ihrem Buch *Kirmes im Kopf*, dass Geräusche, Licht, Stimmungen, Worte, Energien ungefiltert bei ihnen ankommen. Was andere einfach übersehen, geht bei ihnen direkt unter die Haut. Man könnte sagen: Ihr Nervensystem funktioniert wie ein aufmerksamer Leithund – ständig in Bewegung, bereit, jede Veränderung sofort zu registrieren.

Und dann passiert etwas Beeindruckendes: Sobald diese Kinder bei den Huskys sind, verändern sie sich. Die Hunde scheinen sie wie magisch in einen inneren Fokus zu bringen. Plötzlich wird das Außen leiser. Sie werden ruhiger, atmen tiefer, und manchmal ist es für sie genug, einfach bei den Tieren zu sitzen und durch das weiche Fell zu streichen. Ich habe unzählige Male erlebt, wie ein völlig überreiztes Kind in der Anwesenheit der Huskys das erste Mal seit Langem wirklich zur Ruhe kam. Kinder, die in der Schule als »zu laut« oder »zu wild« gelten, blühen hier auf. Sie brauchen keine Medikamente, keine ständigen Ermahnungen, kein »Benimm dich endlich!«. Was sie brauchen, sind Bewegung, Natur und Verbindung. Die Huskys holen sie genau da ab, wo ihr System überfordert ist – und bringen sie ins Gleichgewicht. Eine mögliche Erklärung dafür findet sich in Studien über tiergestützte Interventionen: Der Kontakt zu Hunden kann Stress reduzieren und das Nervensystem regulieren, insbesondere bei ADHS.

Die Kinder werden ruhiger, klarer, präsenter. Sie müssen sich nicht anpassen – sie dürfen einfach sein. ADHS sollte nicht als Defizit gesehen werden, sondern als eine andere Art, die Welt wahrzunehmen. Diese Kinder sind nicht zu viel. Die Welt ist für sie nur oft zu eng gebaut. Und wenn wir gemeinsam lernen, diese Energie zu lenken, statt sie zu bekämpfen, dann wird sie zu dem, was sie in Wahrheit ist: pure Lebenskraft.

Auch ich selbst habe lange gebraucht, um zu verstehen, dass diese unbändige Energie, die Rastlosigkeit, die vielen Ideen und Projekte nicht meine Schwäche sind – sondern meine Superkraft.

Wenn ich morgens mit den Huskys draußen bin, den kalten Wind im Gesicht spüre und die Hunde schon vor Aufregung in den Leinen tanzen, dann weiß ich, warum mein System so tickt. Ich brauche das. Die Bewegung, die frische Luft, das Adrenalin.

Wenn ich diesen Überschuss an Energie nicht rauslasse, staut er sich an – wie Dampf in einem geschlossenen Kessel. Aber sobald ich sie rauslasse, bin ich klar. Fokussiert. Kreativ. Ich bin der Typ Mensch, der eine Sache anfängt, dann kurz aufsteht, um etwas zu holen – und auf dem Weg dahin schon wieder in einem neuen Projekt steckt. Ich verliere mich ständig zwischen Ideen, To-do-Listen und plötzlichen Geistesblitzen. Ich bin eine Meisterin darin, gleichzeitig in fünf Geschichten zu leben. Während ich hier schreibe, riecht das ganze Haus nach ätherischen Ölen, irgendwo läuft ein Podcast über Motivation und zwischen zwei Absätzen messe ich mit dem Zollstock das Zimmer meiner Tochter aus. Mein Mann Peter nennt es liebevoll »kreatives Chaos«. Früher hat mich das wahnsinnig gemacht. Heute habe ich gelernt, mir Strukturen zu bauen, statt gegen meine Natur zu kämpfen. Nicht zu übersehende Erinnerungslisten oder Notizen. Timer, die mich daran erinnern, wo ich eigentlich angefangen habe. Und vor allem: Bewegung. Denn Bewegung ist mein Reset-Knopf. Wenn ich mit den Hunden laufe, wenn ich den Schnee unter den Kufen höre oder den Atem der Tiere in der kalten Luft sehe, dann kommt alles wieder in Balance.

Wie ich gelernt habe, meinen Hyperfokus zu lenken

Ich erinnere mich noch gut an die Zeiten, in denen mich mein Hyperfokus fast überrollte. Wenn mich etwas begeistert hat, dann richtig. Dann gab es kein Später, kein Morgen. Ich konnte mich so sehr in ein Thema hineingraben, dass ich die Welt um mich herum vergessen habe – Essen, Schlaf, Zeit. Ich war wie ein Schlittenhund im Lauf: Wenn der Trail einmal gespurt ist, dann gibt es kein Runter. Dann zieht alles in mir nach vorn.

Früher war das Fluch und Segen zugleich. Ich war schnell erschöpft, weil ich nicht gelernt hatte, meine Energie zu dosieren. Ich bin in Themen eingetaucht, bis ich am Ende ausgebrannt wieder auftauchte. Und trotzdem – dieses Gefühl, vollkommen in etwas aufzugehen, war immer das, was mich begeistert hat.

Heute habe ich gelernt, den Hyperfokus nicht mehr gegen mich arbeiten zu lassen, sondern mit ihm zu fließen. Ich weiß, dass ich meine Energie lenken kann – wie ein Musher sein Gespann. Manchmal braucht es Tempo, manchmal Kontrolle, manchmal einfach eine Pause am Trailrand, um wie die Hunde verschnaufen zu können. Ich habe angefangen, meine Arbeit in Phasen einzuteilen. Es gibt kreative Phasen, in denen ich schreibe, Ideen entwickle, alles fließen lasse. Und dann gibt es ruhige Phasen, in denen ich strukturiere, sortiere, Dinge zu Ende bringe.

Ich habe verstanden, dass ich nicht jeden Tag gleich funktionieren muss. Wenn ich merke, dass mein Kopf zu viele Tabs offen hat, gehe ich raus. Ich lege die Leinen aus, atme tief durch und lasse die Hunde laufen. Und während sie losstürmen, sortieren sich meine Gedanken. Das ist mein Weg, den Fokus zurückzuholen.

Manchmal, wenn ich die Hunde rennen sehe – so schnell, so konzentriert, so voller Leben – dann denke ich: Genau so fühlt es sich in meinem Kopf an, wenn ich im Flow bin. Nicht chaotisch, nicht überfordert – sondern frei, stark und zielgerichtet. Natürlich hat nicht jeder ein Husky-Rudel, das beim Sortieren der Gedanken hilft, doch jeder von uns kann seine eigene Methode, seinen eigenen Reset-Knopf finden.

Ich glaube, wenn ich nicht verstanden hätte, dass ich mich nicht bewerten muss, sondern dass ich so sein darf, wie ich bin, würde ich weniger wagen, weniger schaffen, weniger Visionen verwirklichen. Mein Kopf mag manchmal laut sein, aber er ist auch der Ort, an dem Träume realisiert werden.

Huskys als Spiegel – »Desire to go« und die Kunst, nicht durchzubrennen

Manchmal sehe ich mich selbst in meinen Hunden. In ihrem Funkeln, wenn sie wissen, dass es gleich losgeht. In diesem Zittern kurz vor dem Start, wenn alles in ihnen schreit: »Jetzt!« – und sie kaum still stehen können. Dieses »Desire to go«, dieser unaufhaltsame Drang nach Bewegung – er ist Teil ihres Wesens. Und auch meines. Ich erkenne mich in ihrer Ungeduld. In der Spannung zwischen Wollen und Warten, zwischen Impuls und Kontrolle. Wenn die Leinen straff gezogen sind, die Muskeln vibrieren und der Atem dampft, ist es, als würde ich mich selbst in ihnen spiegeln – bereit, jeden Moment loszustürmen, ohne zu wissen, wohin die Reise führt, nur weil der Drang in mir unaufhaltsam wird.

Es gibt Tage, an denen die Energie meiner Hunde zu kippen droht – wenn die Temperaturen sinken und sie zu wenig Beschäftigung haben. Dann spüre ich, wie aus Begeisterung Unruhe wird, wie aus Vorfreude Spannung entsteht, die nirgendwohin kann. Ich kenne dieses Kippen. Auch in mir. Lange dachte ich, mit mir stimmt etwas nicht, weil ich ohne Bewegung schnell unruhig und impulsiv werde. Heute weiß ich: Sport ist für mich keine Freizeitbeschäftigung, sondern ein Ventil – meine Art, Körper und Geist in Balance zu halten und die überschüssige Energie auf den Trail zu bringen, bevor sie in mir überkocht.

Ich erinnere mich an Zeiten, in denen ich versucht habe, ruhiger zu werden, angepasster, leiser. Ich dachte, das sei der Weg zu innerem Frieden. Doch jedes Mal, wenn ich mich hingesetzt habe, um ruhiger zu werden, wurde das Feuer in mir heißer. Ich musste lernen, dass Energie nicht gezähmt werden will, sondern gelenkt. Huskys laufen aus purer Lebensfreude, aus einem inneren Drang heraus, der sie pusht. Aber sie brauchen Richtung. Sie brauchen das Gefühl, dass ihre Kraft einen Sinn hat, dass sie Teil von etwas

Größerem sind und eine wichtige Aufgabe erfüllen. So ist es auch mit uns Menschen: Energie ohne Richtung wird zur Last – Energie mit Sinn wird zur Kraft. Lange war mein größter Kampf nicht der gegen die Welt da draußen, sondern der gegen mich selbst. Dieses ständige Gefühl, falsch zu sein, weil ich Dinge nicht so hinbekam wie andere. Nicht, weil ich es nicht wollte, sondern weil mir die passenden Werkzeuge fehlten. Wenn man nicht weiß, wie das eigene System funktioniert, sucht man den Fehler zwangsläufig bei sich. Und genau dieser innere Widerstand frisst am meisten Energie. Mittlerweile versuche ich jeden Tag, ein bisschen weniger im Widerstand gegen mich selbst zu sein.

So wie du mit Feuer alles niederbrennen oder eine wärmende Suppe kochen kannst, schaffe auch ich mir heute Wege, meine Energie sinnvoll einzusetzen. Ich weiß, dass ich mich erst auspowern muss, um danach auf dem Meditationskissen wirklich zur Ruhe zu finden. Ich habe verstanden, dass Erholung Teil der Leistung ist – dass Ruhe genauso dazugehört wie Bewegung.

Nicht immer nur mit 180 Pferdestärken durchs Leben zu donnern, sondern auch mal anzuhalten, durchzuatmen, loszulassen. Gerade in kreativen Phasen spüre ich, wie die Ideen nur so sprudeln, wenn ich nichts tue. Wenn ich in der Badewanne liege und den Kerzenflammen beim Tanzen zusehe. Oder wenn ich völlig versunken die Hundenäpfe abspüle und zwischen Wassertropfen und Gedankenblitzen hin- und herswitche.

Die zwei Seiten der Impulsivität

Ein negativer Aspekt meiner Impulsivität ist, dass ich dazu neige, in bestimmten Momenten einfach zu explodieren. Dann verletze ich Menschen und auch Tiere verbal, die ich eigentlich liebe. Ich habe mich oft gefragt, warum es mir nicht gelingt, ruhig zu bleiben, sondern innerhalb von Sekunden eine Welle in mir losbricht, die ich nicht mehr stoppen kann. Egal, ob mit nahestehenden Personen, meiner Familie und sogar meinen Tieren, bin ich immer wieder an denselben Punkt gekommen: Ich habe reagiert, bevor ich denken konnte. Ich habe Worte gesagt, die ich später bereut habe. Und jedes Mal kam danach dieses schmerzliche Gefühl – als ob man aus einem Traum erwacht und merkt, dass man in der Realität etwas zerstört hat, das einem eigentlich heilig war.

Meine Oma hat immer gesagt: »Reiß dich doch einfach zusammen.« Aber genau das war ja das Problem – ich konnte es nicht. Ich wollte nicht ausrasten, ich wollte nicht weglaufen, ich wollte niemanden verletzen. Ich erinnere mich, wie oft ich einfach gegangen bin. Flucht war mein einziger Weg, um nicht noch Schlimmeres zu sagen. Ich wusste: Wenn ich bleibe, kommt es aus mir herausgebrodelt wie aus einem Vulkan. Doch jedes Mal kam danach die Scham. Die Entschuldigung. Das Versprechen, dass es nicht wieder vorkommt – und dann kam es doch wieder.

Ich glaube, jeder Mensch, der das kennt, weiß genau, wovon ich spreche. Für Außenstehende ist das schwer zu begreifen. Sie sehen nur die Reaktion – nicht den inneren Kampf, der ihr vorausgeht.

Manchmal ist meine Impulsivität aber von großem Vorteil. Denn genau dieser Mechanismus, der mich öfter mal verzweifeln lässt, ist zugleich der Teil von mir, der mich antreibt anzufangen. Diese fehlende innere Blockade, dieses Nicht-über-alles-zehnmal-Nachdenken, ist der Grund, warum ich Dinge einfach mache. Ich kenne keinen lähmenden Perfektionismus. Wenn mich eine Idee begeistert, spüre ich sofort den Drang, sie umzusetzen. Für viele ist der erste Schritt der schwerste. Für mich ist es oft der natürlichste.

Diese Aktivierungsenergie, dieses Sofort-Loslegen, ist die andere Seite derselben Medaille. Die Impulse, die mich manchmal übers Ziel hinausschießen lassen, sowie meine innere Rastlosigkeit und das ständige Getriebensein sind auch die Kräfte, die mich mutig machen, kreativ, schnell, entschlossen. Ohne sie gäbe es vermutlich viele meiner Projekte heute nicht. Ins Tun zu kommen, kann aber eine Herausforderung sein, wenn man sich zu sehr in Gedanken verliert, was alles schiefgehen könnte. Mein Tipp: Statt dir eine Schritt-für-Schritt-Anleitung zurechtzulegen, gib dich der Vorfreude hin und sag dir: »Wie geil, los geht's!«

Was mir innere Stabilität gegeben hat

1. Das Gehirn verstehen, um sich selbst zu entlasten
Für mich war das Verstehen der erste Schritt zur Heilung. Als ich die Möglichkeit erkannte, dass meine Reaktionen keine Charakterschwäche waren, sondern eine andere Form der Reizverarbeitung, konnte ich Mitgefühl mit mir selbst entwickeln, anstatt mich weiterhin zu verurteilen. Das war für mich die Basis für Veränderung.

Es ist mir aber wichtig zu erwähnen, dass jedes Gehirn ganz individuell arbeitet. Du brauchst keine Diagnose und keinen »logischen« Grund, um dir Mitgefühl für dich selbst zu erlauben. Und auch alle folgenden Tipps können für jeden hilfreich sein, neurodivergent oder nicht.

2. Reizpausen schaffen
Heute hilft es mir, wenn ein Reiz kommt, mir etwas Zeit zu verschaffen, bevor ich reagiere. Tief durchatmen, kurz rausgehen, kaltes Wasser über die Hände laufen lassen – jede Unterbrechung zwischen Reiz und Reaktion ist für mich ein kleiner Sieg dabei, die Kontrolle über mein Verhalten wiederzuerlangen.

3. Körperliche Erdung
Oft ist meine Energie am Überlaufen. Erdung hilft mir dabei, sie zu kanalisieren. Barfuß über den Boden laufen, bewusst atmen, Muskeln anspannen und lösen. Körperarbeit, Natur, Bewegung –

all das lenkt meine Energie dorthin, wo sie nichts zerstört, sondern stabilisierend wirkt.

4. Kommunikation vereinfachen
In emotionalen Momenten hilft mir keine Logik, sondern Sicherheit. Ruhige Sprache, kurze Sätze, Präsenz. Nicht bewerten, sondern abwarten. Ich versuche immer, mit meinen Aussagen bei mir selbst zu bleiben. Also anstatt beispielsweise zu meinem Mann zu sagen, was er falsch gemacht hat, versuche ich in sogenannten »Ich-Botschaften« zu erklären, wie ich mich dabei fühle. Statt: »Du hast schon wieder nicht geholfen«, sage ich: »Ich merke, dass ich mich alleingelassen fühle, wenn vieles an mir hängen bleibt, und wünsche mir mehr Unterstützung.«

5. Struktur und Rituale
Regelmäßigkeiten sind mein Anker. Schlaf, Bewegung, geregelte Abläufe – sie beruhigen mein Nervensystem und senken das Risiko für unwillkürliche Reaktionen.

6. Selbstbeobachtung statt Selbstverurteilung
Reflektieren und nicht verurteilen. Ein kleines Notizbuch, in dem ich Triggermomente festhalte, hilft mir, Muster zu erkennen – und irgendwann bewusst zu entscheiden, statt automatisch zu reagieren.

Kapitel 6

Was ich von meinen Huskys über Selbstvertrauen und innere Größe gelernt habe

»Relax, nothing is in control.« – Buddha

Der Wald war still, das nordische Grün längst vertraut. Das Moos sog meine Schritte auf, die Bäume standen wie schweigende Zeugen. Für mich war diese Landschaft schon zur gewohnten Kulisse geworden – rau, weit, ungezähmt, voller skandinavischem Charme. Für meine Hunde aber nicht. Sie fanden ihren Platz in dieser Weite nicht, sosehr ich es mir auch gewünscht hatte.

Es sollte unsere Once-in-a-lifetime-Experience werden. So lange hatte ich mir diesen Trip mit dem Rudel erträumt. Endlich einmal einspannen, wann immer ich wollte – egal, wie spät es war, ob Spaziergänger mit ihren Hunden unterwegs waren oder Vieh noch auf dem Trail stand. Einfach unbeschwert unser bestes Musherleben genießen – dort, wo der Schlittenhundesport so tief in die Gesellschaft integriert ist wie bei uns das Schafkopfspiel.

Die Monate davor hatten mich mental wie körperlich ausgelaugt. Meine kleine Auswanderung auf Zeit nach Schweden war meine Perspektive, mein Lichtblick – die Hoffnung, dass wir hier unvergesslich schöne Momente zusammen erleben würden. Ich wollte nichts mehr aufschieben. Der Gedanke, dass die Hälfte meines Rudels schon in wenigen Jahren nicht mehr physisch bei uns sein würde, stach mir wie ein Messer ins Herz und legte sich als dumpfes Gewicht in meine Magengrube.

Ich habe ein Credo, einen Satz, der mich in meinen Entscheidungen leitet: »Recordamos lo que nunca sucedió – Wir erinnern uns an das, was nie geschah.« Ein Zitat aus dem Buch *Marina* von Carlos Ruiz Zafón – einer meiner Lieblingsautoren. Ich habe es auf der Rückfahrt eines Familienurlaubs von Dänemark nach Deutschland auf der Rückbank eines alten VW-T4-Busses komplett am Stück durchgelesen. Zafón selbst bezeichnete es als eines seiner persönlichsten Werke. Ich glaube, mein Bruder hatte es mir damals geschenkt, weil er schon *Der Schatten des Windes* gelesen hatte und wusste, dass mir dieser Schreibstil, das Übernatürliche, gefallen würde – und bestimmt auch, weil es meinen Namen im Titel trägt. Es ist eine geheimnisvolle, beinahe mystische Geschichte, die von der Suche nach sich selbst – von Jugend, Liebe und Vergänglichkeit – erzählt. Eine Geschichte an der Schwelle zwischen dem Sichtbaren und dem Unsichtbaren, zwischen der Sehnsucht nach Freiheit und der Last des Festhaltens. Ich liebe alles an diesem Buch. Es hat mich so tief inspiriert, dass mich das Zitat daraus bis heute als Tattoo auf meinem linken Fuß begleitet: »Recordamos lo que nunca sucedió.« Für mich heißt das: Lass Chancen nicht an dir vorbeiziehen. Wage den Sprung ins Abenteuer, bevor du irgendwann bereust, was du nicht getan oder gesagt hast. Sei mutig. Sei wild.

Zwei Wochen waren seit unserer Ankunft in Schweden vergangen, und jedes Mal, wenn ich die Hunde morgens in die Freigehege brachte und mich zurückziehen wollte, erhob sich ein Chor aus Jaulen und Bellen, das schon eher wimmernd als bettelnd war. Ich versuchte alles, was mir einfiel: Sanftheit, Futter, Lob, meine Gesellschaft. Sie bekamen bestes Fleisch, das wir extra liefern ließen. Ich hängte sogar eine Socke von mir ins Gehege – als Zeichen, dass ich bei ihnen war. Ich übte kleine Einheiten, in denen ich sie allein ließ und zurückkam, damit sie spüren konnten, dass ich nicht wirklich fort war. Ich versuchte Bewegung – Spaziergänge, Biken, Scootern mit dem Tretroller. Und als die Temperaturen endlich einstellig wurden, spannte ich sie alle ein und wir jagten über die sandig-weichen Waldwege Lapplands. Doch nichts half. Nach knapp zwei Wochen dachte ich: »Was, wenn nicht die Hunde das Problem sind – sondern ich?«

Von Anfang an war da dieses leise Unbehagen in mir. Wir hatten mehrere Reisetage und Nächte eng beieinander im Bus verbracht, Seite an Seite geschlafen. Ich kannte ihre Träume, hörte ihr Atmen, spürte jede Bewegung im Schlaf. Und nun sollten sie plötzlich allein im Wald bleiben, hundert Meter entfernt von mir? Und dann diese Stimme in mir, die unaufhörlich flüsterte: »Sind sie hier wirklich geschützt vor Bären? Sind die Gehege tatsächlich ausbruchssicher?« Vielleicht haben sie diese Unsicherheit gespürt. Vielleicht wussten sie, dass ich im Hinterkopf zögerte und immer wieder an ihrer Sicherheit zweifelte.

Doch so konnte es nicht bleiben. Es widersprach dem ganzen Sinn unserer Reise. Ich hatte diese Unterkunft mit Freigehegen bewusst gewählt – hier sollten sie Platz haben, frei sein, sich bewegen können. Ich dachte bei mir: »Du kannst nicht immer wieder die gleichen Dinge tun und erwarten, dass sich die Ergebnisse ändern.« Also versuchte ich, meine Unsicherheit loszulassen. Ich fasste einen Entschluss: Dies ist ihr Platz. Sie sind hier sicher. Ich werde nicht mehr nachgeben, wenn sie versuchen, alte Gewohnheiten wie die, dass ich sie bei jedem Wimmern wieder zurück ins Auto bringe, zu erzwingen. Ich weiß: Hunde reagieren nicht in erster Linie auf unsere Worte, sondern auf unsere innere Haltung. Sie nehmen selbst feinste Unsicherheit wahr – in unserer Körperspannung, in unserer Atmung, in dem, was wir unbewusst ausstrahlen. Ein Rudel orientiert sich immer an klaren Signalen. Wölfe in der Wildnis geben diese Eindeutigkeit von Natur aus: Ein Leittier zögert nicht – und genau dadurch schenkt es den anderen Sicherheit. Vielleicht war also das der Schlüssel: Klarheit. Schon oft habe ich bei unseren Husky-

Erlebnissen bemerkt, wie Kinder die Ängste ihrer Eltern wie feine Antennen aufnehmen. Genauso ist es auch bei den Hunden. Wenn wir zögern, unsicher sind oder ständig signalisieren, dass etwas nicht stimmt, dann spüren sie das sofort. Es ist wie mit einem Elternteil, der sein Kind ins Feriencamp bringt und es immer wieder fragt: »Geht es dir gut? Bist du sicher, dass du ohne mich bleiben willst?« Das Kind spürt die Unsicherheit – und beginnt selbst zu zweifeln.

Genauso war es auch hier. Ich vermutete, meine Hunde nahmen meine Unsicherheit wahr. Ich wollte, dass sie sich wohlfühlten, doch gleichzeitig scheute ich mich davor, klare Grenzen zu setzen. Ich zeigte ihnen, dass ich die Entscheidung getroffen hatte – und dass sie nicht verhandelbar war. Mehr zu mir selbst als zu ihnen sagte ich ruhig, aber bestimmt: »Wenn ihr euch draußen unwohl fühlt, geht in eure Holzhütten, die euch Schutz vor Wind, Wetter und den Blicken der Malamuten bieten. Ruhe.« Mit dieser Entschlossenheit, so dachte ich, würde sich alles verändern. »Hier ist euer Platz. Hier seid ihr sicher. Das hier ist eure neue Normalität. Die Malamuten nebenan tun euch nichts. Sie sind ganz entspannt und schließlich seid ihr hier in ihrem Territorium.« Vielleicht war genau das ihr Thema.

Einige Tage später wurde mir bewusst: Nicht alles lässt sich lenken. Nicht alles fügt sich so, wie ich es möchte. Sosehr ich mir gewünscht hatte, dass sich meine Hunde in Schweden wohlfühlten, so sehr musste ich einsehen, dass sie diesen Ort einfach nicht liebten. Sie blieben wachsam, fremd, innerlich auf Abstand – als ob die Weite ihnen zu leer war. Und vielleicht war das genau die Lektion, die ich lernen sollte: Man kann Nähe nicht erzwingen. Nicht bei Menschen – und nicht bei Tieren. Sie bleiben eigen, folgen ihren Instinkten. Sie spüren, wo sie sich zu Hause fühlen. Und das ist manchmal nicht dort, wo wir es gerne hätten. Ich habe aufgehört, das zu bewerten. Manchmal passt etwas einfach nicht – und das ist kein Scheitern, sondern das Leben. Tiere erinnern uns daran, dass

Anpassung kein Muss ist. Dass wir nicht überall hingehören müssen, nur weil wir es geplant haben.

Mit einem Schmunzeln auf den Lippen dachte ich: »Vielleicht sind meine Huskys einfach waschechte Allgäuer. Sie brauchen ihre Gipfel so wie die Einheimischen den Klang der Kuhglocken.« Und vielleicht ist das auch gut so. Denn sie erinnern mich daran, dass Heimat kein Ort ist, sondern ein Gefühl. Meine Intention dieser Reise war es, herauszufinden, ob wir nach Schweden gehörten – und ob ich es eines Tages bereuen würde, es nicht versucht zu haben. Wir haben es versucht und wissen heute: Auch wenn die Landschaft atemberaubend schön ist, schenkt uns dieser Teil des Nordens nicht dasselbe Gefühl von Heimat wie das Allgäu.

Und auch wenn wir im Süden Deutschlands mit unserem Lifestyle weiterhin als Exoten gelten, in unserem kleinen Bergdorf Bad Hindelang haben sich viele über unsere Rückkehr unglaublich gefreut. Hier sind wir ein fester Bestandteil der Gemeinde – und gehören dazu.

Die eigene Ausstrahlung und die Kunst, bei sich zu bleiben

Attraktivität hat viele Gesichter – und manchmal bringt sie auch Schattenseiten mit sich. Wer ausstrahlt, wer auffällt, wird nicht immer bewundert. Oft wird man beäugt, kritisiert oder sogar kleingeredet – nicht, weil man selbst etwas falsch gemacht hat, sondern weil andere sich im Vergleich unsicher fühlen. Gerade Frauen begegnen diesem Phänomen immer wieder. Ich habe mich erst kürzlich mit zwei jungen, wunderschönen Frauen darüber unterhalten. Beide erzählten mir, dass sie schon häufig wegen ihres Aussehens von anderen Frauen abgewertet wurden. Man warf ihnen Arroganz vor, wo sie in Wahrheit nur zurückhaltend waren – ein Schutzmechanismus, weil sie die immer gleichen musternden Blicke längst kannten. Auch ich kenne diese Erfahrung. Mit Anfang zwanzig betreute ich einmal einen Messestand. Ich trug einen schwarzen Bleistiftrock, eine weiße Bluse und schwarze High Heels – ein klassischer Business-Look, der mir stand und mich wirken ließ. Neben mir arbeitete eine Kollegin, zehn, vielleicht fünfzehn Jahre älter, elegant gekleidet im Kostüm. Sie war die Frau von einem der Geschäftsführer. Von der ersten Minute an spürte ich ihre kritischen Blicke. Immer wieder ließ sie Bemerkungen fallen: wie gut mir der Rock stünde, während sie selbst in solchen Outfits nur »einen dicken Hintern« hätte. Ich konnte es kaum aushalten. Statt bei mir zu bleiben, begann ich, mich kleinzumachen – nur, damit sie sich besser fühlte. Ich stellte mein Wissen über das Unternehmen infrage, redete mich selbst schlecht, tat so, als verstünde ich die Zusammenhänge nicht. Dabei war das Gegenteil der Fall: Der Vater meines Bruders war der zweite Geschäftsführer, ich kannte die Firma seit Jahren und hatte sogar ein Praktikum dort absolviert. Doch all das stellte ich unter den Scheffel, um ihr Raum zu geben. Ich verbog mich, spielte die Naive, nur um Spannung zu vermeiden. Später habe ich verstanden: Niemandem hilft es, wenn wir uns kleiner machen. Es nimmt dem anderen die Chance, seine eigenen Trigger zu erkennen – und es raubt uns selbst die Würde.

Wenn ich meine Huskys in der Interaktion mit unseren Gästen beobachte, verstehe ich das auf einer ganz anderen Ebene. Unsere Gäste sind so fasziniert von ihrer Ausstrahlung: Sie empfangen jeden offen und freundlich, meist mit wedelnder Rute und leuchtenden Augen. Gleichzeitig bleiben sie ganz bei sich, stolz und würdevoll. Ihre Haltung ist aufgerichtet, ihr Blick klar. Sie geben Wärme, ohne ihre Größe zu verstecken. Nie würde ein Husky seine Würde ablegen, nur um jemandem zu gefallen. Das ist ihre Kunst – und ihre Lehre: Wir dürfen freundlich und offen sein, ohne uns dabei kleinzumachen. Ein Husky sendet ein Beschwichtigungssignal, indem er die Ohren anlegt oder sanft blinzelt. Doch er senkt dabei nicht den Kopf. Er bleibt in seiner Größe und zeigt trotzdem: »Ich komme in

Frieden.« Ich habe verstanden, dass wahre Freundlichkeit aus Selbstrespekt kommt. Wenn ich die Schultern hängen lasse, meine Stimme senke oder mich absichtlich dumm stelle, damit andere sich wohler fühlen, dann ist das keine echte Freundlichkeit – es ist Selbstverrat. Nur wenn ich bei mir bleibe, kann ich anderen wirklich auf Augenhöhe begegnen. So wie meine Huskys jedem Gast mit derselben offenen Freundlichkeit entgegentreten, egal ob Promi, Bauer, Kind oder Geschäftsfrau, so darf auch ich lernen, mein Strahlen nicht zurückzuhalten. Denn nur so können auch andere den Mut finden, ihre Vergleiche abzulegen und in ihre eigene Größe zu treten.

Die Kraft des Nein

Jeder Fluss braucht Ufer. Ohne Grenzen fließt er nicht, sondern zerläuft. Es gibt ein Wort, das uns Menschen oft schwer über die Lippen kommt. Ein kurzes, klares Wort, das manchmal mehr Mut verlangt als lange Erklärungen: Nein.

Wir haben gelernt, brav zu sein. Uns anzupassen. Nicht unbequem zu wirken. Ein bisschen Bescheidenheit, so sagt man, steht jedem gut. Doch falsche Bescheidenheit kann gefährlich sein. Sie lässt uns Dinge machen, die nicht unsere Aufgaben sind, sie lässt uns Speisen essen, die uns eigentlich nicht guttun, und sie lässt uns schweigen, wo wir uns selbst schützen müssten.

Ich erinnere mich an eine Influencerin, die erzählte, dass sie beim Skiverleih einen zu kleinen Helm bekommen hatte. Statt klar zu sagen: »Der passt nicht, bitte eine Nummer größer«, wollte sie nicht zur Last fallen. Sie fuhr mit diesem Helm den ganzen Tag Ski. Am Ende waren ihre Haare am Hinterkopf ausgegangen – die Reibung hatte die Kopfhaut entzündet. Alles nur, weil sie nicht Nein sagen konnte. Eine kleine Geste der Höflichkeit, die einen hohen Preis hatte.

Auch bei meinen Huskys sehe ich, wie wichtig klare Grenzen sind. Wenn ein Welpe zu übermütig wird, wenn er immer wieder in die Ohren der Älteren zwickt, dann gibt es ein Knurren, ein Abbruchsignal – kurz, scharf, eindeutig. Kein Bitten, kein »vielleicht später«. Ein klares Nein. Und genau dieses Nein gibt Sicherheit. Denn ohne Grenzen gäbe es Chaos. Ein Rudel könnte nicht funktionieren, wenn jeder einfach nur tun und lassen würde, was er will.

Ich habe das einmal sehr deutlich erlebt: Meine Helferin Anna sollte meine Hündin aus einer der oberen Transportboxen im Camper holen. Die Hündin zögerte, sprang zurück, traute sich nicht. Und Anna zögerte ebenfalls. Dieses Zögern verstärkte die Unsicherheit des Hundes aber nur noch mehr. Also sagte ich zu Anna: »Stell dir vor, die Box steht in Flammen. Du musst sie jetzt herausholen. Es gibt keinen zweiten Versuch.« Und plötzlich änderte sich etwas. Ihre Haltung wurde klar, fest, entschlossen. Und die Hündin, die das spürte, sprang ihr vertrauensvoll in die Arme.

Grenzen setzen heißt nicht Härte. Es heißt Klarheit. Es bedeutet: Ich weiß, was ich will – und was nicht. Auch im Alltag mit Kindern zeigen sich diese Unterschiede. Bei Schokolade drücken wir manchmal ein Auge zu, um Streit zu vermeiden. Beim Alkohol hingegen ist für uns sofort klar: Nein, das kommt nicht infrage. Warum? Weil wir die Gefahr erkennen.

Aber wie oft übersehen wir, dass ständiges Übergehen der eigenen Grenzen genauso gefährlich ist – nicht so sichtbar, nicht so plakativ, aber schleichend, still. Wenn ich meinem Kind ständig vermittle: »Meine Bedürfnisse zählen nicht, übertritt ruhig meine Grenzen«, dann wird es diese Haltung verinnerlichen. Und später im Leben vielleicht selbst nicht Nein sagen können. Doch wie soll ein Mensch sicher durch die Welt gehen, wenn er nicht gelernt hat, für sich einzustehen?

Meine Huskys zeigen mir das immer wieder. Wenn sie Hunger haben, dann haben sie Hunger. Sie würden niemals sagen: »Ach, heute nicht, du musst uns jetzt nicht extra Futter machen.« Wenn sie rausmüssen, dann müssen sie raus. Kein Hund würde beschließen, aus Rücksicht auf mich die Nacht im eigenen Urin zu verbringen. Es gibt in der Tierwelt keine falsche Bescheidenheit. Da ist Klarheit. Da ist Authentizität. Und genau das macht sie für uns so wertvoll: Sie sind die besten Spiegel und erinnern uns daran, unsere Bedürfnisse klar zu kommunizieren.

Kleine Schritte zu mehr Selbstbestimmtheit

Mach einmal den Test: Schreib die fünf wichtigsten Menschen in deinem Leben auf. Wer steht da alles? Steht dein eigener Name auch dabei? Wenn ja: herzlichen Glückwunsch. Wenn nicht: Setz ihn dort hin. Ganz oben. Denn wenn du nicht für dich selbst sorgst, wer soll es dann tun?

Nein sagen ist wie ein Muskel. Er will trainiert werden. Nicht jeder muss gleich seinen Arbeitsplatz kündigen oder die jahrzehntelange Freundschaft beenden. Es beginnt mit kleinen Schritten: »Heute passt der Stammtisch für mich nicht, ich brauche einen Abend für mich und Ruhe.« »Danke für dein Geschenk, aber es ist nicht mein Geschmack – darf ich es umtauschen?« »Kannst du mich bitte alleine lassen, ich merke gerade, dass ich jetzt lieber ungestört sein möchte.« Das sind keine Unverschämtheiten. Das sind Akte der Selbstachtung. Und: Bitte entschuldige dich nicht dafür. Das ist überhaupt nicht nötig. Generell neigen gerade Frauen dazu, sich für alles Mögliche zu entschuldigen. Aber es ist nicht deine Schuld, wenn du heute nicht die Lösung des Problems anderer Leute bist. Du kannst mitfühlend mit der anderen Person sein und ihr beispielsweise sagen: »Ich kann heute nicht auf dein Kind aufpassen, aber frag doch gerne mal XY, die hat vielleicht Lust und Zeit.«

Wölfe kennen auch kein schlechtes Gewissen, wenn sie ihre Grenzen zeigen. Sie knurren, sie schnappen, sie geben ein klares Signal. Und danach ist die Sache erledigt. Kein Grübeln, kein schlechtes Gewissen, kein »hätte ich vielleicht doch«. Wir Menschen dagegen sagen fünfmal Ja, obwohl wir eigentlich Nein meinen. Und irgendwann explodieren wir. Dann wird das Nein laut, unfair, zerstörerisch. Es ist nicht das Nein, das Beziehungen zerstört. Es ist das ständige Übergehen der eigenen Grenzen, bis nichts anderes mehr übrig bleibt.

Sieh es mal so: Am Ende ist jedes Nein auch ein Ja. Ein Ja zu dir selbst. Ein Ja zu Klarheit. Ein Ja zu einem Leben, das nicht von falscher Bescheidenheit geprägt ist, sondern von Verantwortung – für dich und für die, die dir anvertraut sind. Denn das größte Geschenk, das wir unseren Kindern, unseren Tieren, unseren Mitmenschen machen können, ist nicht grenzenlose Nachgiebigkeit. Es ist das Vorleben von Klarheit. Von innerer Stärke. Von einer Aufrichtigkeit auch sich selbst gegenüber.

Dein Nein-Muskel im Alltag

Manchmal reicht schon ein kleiner Perspektivenwechsel, um zu spüren, wie viel Kraft in einem klaren Nein liegt. Damit du das nicht nur liest, sondern auch im Alltag ausprobieren kannst, habe ich dir fünf einfache Übungen zusammengestellt – so trainierst du deinen »Nein-Muskel« wie einen Hund, der Schritt für Schritt stärker und sicherer wird.

1. Die Fünf-Wichtigsten-Liste
Kehr noch einmal zurück zur Liste, die ich erwähnt habe: Schreib die fünf wichtigsten Menschen in deinem Leben auf. Ergänz dich selbst ganz oben, falls du nicht draufstehst.

2. Mikro-Neins üben
Such dir heute eine Kleinigkeit, bei der du üblicherweise Ja sagen würdest, obwohl du nicht willst. Sag bewusst Nein. Zum Beispiel:

»Ich merke gerade, dass es mir schwerfällt, heute zu sprechen, lass uns ein anderes Mal telefonieren.«

3. Körpersprache wie im Rudel
Stell dich vor den Spiegel, spür den Wolf in dir, richte dich auf, Schultern zurück, fester Stand, direkter Blick, und sprich ein deutliches und ruhiges Nein. Dein Körper darf das Nein mittragen – wie eine Wölfin, die ihre Jungen zurechtweist, kurz knurrt und sich dann wieder entspannt.

4. Der Perspektivenwechsel
Wenn du zögerst, stell dir die Frage: »Würde ich einer Freundin, einem Freund auch raten, jetzt Ja zu sagen?« Oft erkennen wir im Blick auf andere viel klarer, wann ein Nein nötig ist.

5. Die Nein-Sammlung
Schreib dir jede Woche drei Situationen auf, in denen du klar Nein gesagt hast. Feier diese Momente als Trainingserfolge. So wachsen Schritt für Schritt dein innerer Muskel und deine Anerkennung für dich selbst.

Kapitel 7

Was ich von meinen Huskys über Tod und Trauer gelernt habe

Wie ein warmer Sommerregen

Ich erinnere mich noch genau an meine erste Begegnung mit dem Tod. Ich war vier Jahre alt, als mein Opa an Krebs starb. Mein Bruder und ich waren für ein paar Tage bei der Cousine meiner Mutter untergebracht. Als wir zurückkamen, sagte meine Mutter, dass Opa gestorben sei. Ich konnte damit nichts anfangen. Also rannte ich die Treppen hinauf in den ersten Stock, wo das Schlafzimmer meiner Großeltern lag – dort, wo mein Opa zuletzt gelegen hatte. Ich riss die Tür auf. Das Bett war leer. Stille lag in der Luft, schwer wie ein dicker Vorhang. Sie sagten, Opa käme nicht zurück. Er sei jetzt in unserem Herzen. Ich konnte es nicht fassen. Wo war er hin? Wohin geht ein Mensch, wenn er nicht mehr hier ist?

Das war meine erste Begegnung mit dem Tod, und kurz darauf erlebte ich den zweiten, noch schmerzhafteren Moment: die Erkenntnis, dass wir alle einmal sterben werden. Ohne Ausnahme. Dieser Gedanke hat mich damals schwer erschüttert und mir viele schlaflose Nächte bereitet. Ich weiß bis heute nicht, was schlimmer ist: zu wissen, dass man noch viele geliebte Menschen und Tiere gehen lassen muss – oder dass der Tag kommt, an dem man selbst nicht mehr da ist. Wo sind wir dann? Wohin gehen wir? Auf diese Fragen gibt es je nach Weltanschauung und Religion unterschiedliche Antworten. Vielleicht gibt es die einzelnen Glaubensrichtungen genau deswegen – um unsere Angst vor dem Tod zu beruhigen, um etwas zu haben, das unser Nervensystem besänftigt und uns nachts wieder schlafen lässt.

Als im Jahr 2019 mein Stiefvater Coco an einem Hirntumor starb, holte mich diese Angst mit voller Wucht ein. Der Tod hatte ein Gesicht, einen Geruch, eine Präsenz. Ich sehe den Tag auf der Palliativstation noch immer vor mir. Der Gang roch nach Desinfektionsmittel, die Luft war schwer. Ich nahm seine dünne, knochige Hand in meine. Es fiel mir schwer, in sein eingefallenes Gesicht zu sehen, aus dem die Schläuche ragten. Coco war einmal so stark gewesen – ein Mann, der gefühlt Bäume ausreißen konnte. Ich habe ihn immer mit dem Räuber Hotzenplotz verglichen, den meine Oma uns früher zum Einschlafen vorgelesen hatte. Er war mehr als der Lebensgefährte meiner Mutter. Anfangs war ich skeptisch – zu oft war sie enttäuscht worden –, doch schnell wurden wir Freunde. Er kam auf jedes Schlittenhunderennen mit, half am Stakeout, tätigte – dank seiner Affinität zur Fahrzeugtechnik – im Schneetreiben kleinere Reparaturen an den Fahrzeugen der Musher und war mit seiner lustigen, herzlichen Art und seinem typischen Ostallgäuer Dialekt schnell in der ganzen Szene bekannt.

Als ich nach der Trennung von meinem damaligen Freund in der Steiermark wieder ins Allgäu zurückzog, war er es, der meine Skier wachste, den Wohnwagen bei den Rennen aufstellte und mir mit den Hunden half.

Später, als Peter und ich im Jahr 2016 unser erstes Kind erwarteten, übernahm Coco voller Freude das Training des Rudels und die Rennen. Er hatte ein unglaubliches Gespür für die Hunde und ich coachte ihn auf dem Trail. Ich neckte ihn: »Wenn du im Ziel nicht vor Anstrengung kotzt, hast du dir nicht genug Mühe gegeben. Und bergauf wird nicht verschnauft – da rennst du mit!« Er rannte. Er gab alles. Schon in seiner ersten Saison erreichte er einen Platz unter den Top Ten, obwohl er gut 20 Kilogramm schwerer war als ich. Wir waren ein eingespieltes Team – auch wenn es manchmal krachte, weil ich vor lauter Ehrgeiz wieder einmal nervös und anstrengend war, aber dank meiner Mutter, die zwischen uns vermittelte, fanden wir immer wieder einen gemeinsamen Nenner. Coco war jemand, auf den man sich immer zu einhundert Prozent verlassen konnte.

Dass dieser Tag sein letzter sein würde, schmerzte unendlich. Und doch wünschte ich mir, dass er von diesem Leid erlöst würde. Als Kind hatte ich mir immer vorgestellt, dass alle, die ich liebe, gleichzeitig mit mir sterben würden – damit niemand traurig sein müsste. Heute weiß ich, wie kindlich und selbstbezogen dieser Gedanke war.

An diesem Tag saß ich an seinem Bett, hielt seine Hand und wünschte mir, dass seine Seele frei würde. Ich sagte ihm: »Du verlässt jetzt diesen Körper. Und dann kommst du mit uns nach Hause. Wir haben den Pool aufgestellt, die Kleine freut sich aufs Baden.« Meine ältere Tochter und er hatten oft zusammen vergnügt im Gartenpool geplantscht.

In diesem Moment spürte ich ein tiefes Vertrauen – so, als würde das Energieerhaltungsgesetz auch für Seelen gelten. Energie verschwindet nicht, sie wandelt sich nur. Und so stellte ich mir vor, dass seine Seele jetzt frei wäre. Frei von Leid, frei von Schläuchen, frei von diesem Krankenhausbett. »Ich hab dich sehr lieb und wir warten zu Hause auf dich«, sagte ich – zuversichtlich, mit derselben Bestimmtheit, mit der ich ihn sonst bei unzähligen Trainingsstunden auf dem Schlitten angeleitet und angefeuert hatte.

Einige Stunden später klingelte das Telefon. Wir saßen im Wohnzimmer und spielten gerade mit unserer Tochter. Es war meine Mutter, die Peter anrief. Ich wusste sofort, was sie gesagt hatte. Peter sah zu mir, seine Augen füllten sich mit einem Meer aus Tränen, seine Gesichtszüge verzerrten sich vor Schmerz. In demselben Moment brach auch ich in lautes Schluchzen aus.

Selbst wenn man weiß, dass dieser Tag kommen wird – man kann sich auf diesen Schmerz nicht vorbereiten. Man sagt oft, ein Teil von einem selbst stirbt mit. Genauso fühlte es sich an. Körperlich, seelisch, unendlich schmerzhaft. Natürlich weiß ich, dass jeder anders mit dem Tod umgeht. Es gibt Menschen, die scheinen ihn zu akzeptieren, ihn sogar als Teil des Lebens zu sehen. Für mich war und ist es schwer, das anzunehmen. Schwer zu akzeptieren, dass es Dinge gibt, die sich meiner Kontrolle entziehen. Dass es Abschiede gibt, die endgültig sind.

»Komm, wir fahren ins Krankenhaus«, sagte Peter. Er hatte selbst vor wenigen Jahren seinen Vater verloren und meinte, dieser letzte Abschied gehöre dazu. Ich spürte den Widerstand in mir aufsteigen. Hatte ich mich nicht schon vor wenigen Stunden verabschiedet? Wem sollte es jetzt helfen, wenn ich einen toten Körper ansehe? Alles in mir schrie: »Ich will nicht.« Aber Peter hatte Erfahrung, und vielleicht – so redete ich mir zu – brauchte ich dies wirklich, um das Geschehene zu begreifen und zu verarbeiten.

Doch jeder Schritt durch das kalte und kahle Treppenhaus des Krankenhauses war so schwer, als würde ich Blei an meinen Füßen tragen. Ich hatte noch nie einen toten Menschen gesehen. Als ich die Tür zu seinem Zimmer öffnete und ihn dort liegen sah – ohne Schläuche, die Hände auf der Brust gefaltet, eine Blume darauf –, war es der schlimmste Anblick meines Lebens. Ich schrie aus tiefster Seele und konnte kaum fassen, dass es nun Wirklichkeit war. Meine Mutter stand am Fenster, neben ihr Jürgen, ein guter Freund der Familie; sie wirkten gefasst, fast kontrolliert. Ich dagegen hatte jede Kontrolle über meine Gefühle verloren. Ich schluchzte und schrie, eine Welle der Trauer traf mich wie ein Tsunami und riss alles mit, was ich mir an Beherrschung aufgebaut hatte. Peter sah überrascht zu mir. Mit so einem Ausbruch hatte er nicht gerechnet. Man konnte ihm ansehen, wie schwer es ihm fiel, diese Situation auszuhalten.

Wir saßen noch eine Stunde bei ihm, redeten leise, als wollten wir die Stille nicht zerreißen. Auch seine Brüder kamen, nahmen Abschied auf ihre Weise, küssten ihn, umarmten ihn ein letztes Mal. Ich konnte es nicht. Ich brachte es nicht fertig, ihn zu berühren – nicht einmal seinen Anblick länger zu ertragen. Dieses Bild, wie er da lag und jegliches Leben aus ihm gewichen war, verfolgte mich monatelang. Jedes Mal, wenn ich die Augen schloss, sah ich es wieder vor mir. Schlaf fand ich kaum. Immer wieder quälten mich schreckliche Alpträume und jede Nacht wachte ich um Punkt drei Uhr auf. Es war gespenstisch – noch bevor ich auf den Wecker sah, wusste ich, dass es wieder drei Uhr nachts war. Irgendwann schlief ich nur noch mit Kopfhörern und einem Podcast auf den Ohren ein oder ließ den Fernseher laufen, bis ich schließlich erschöpft und wie ohnmächtig wegdriftete. Wäre ich damals nicht ohnehin schon wegen seiner Krankheit in Therapie gewesen, hätte ich wohl Jahre gebraucht, um diese Bilder zu verarbeiten.

Es war ein paar Tage später, ein heißer Junitag. Die Sonne brannte vom Himmel, kein einziges Wölkchen war zu sehen. Ich stand mit meiner Tochter im Gartenpool – sie ist eine richtige Wasserratte – und sie lachte, spritzte und jauchzte vor Freude über unseren gemeinsamen Badespaß. Vor uns spiegelte sich die Bergsilhouette im glasklaren blauen Wasser. Meine Tochter konnte sich zwar schon mit dem Kopf über Wasser halten, weil ich mit ihr bereits viele Stunden Babyschwimmen und Schwimmkurs besucht hatte, aber sie konnte noch nicht sicher die Orientierung behalten. Deswegen hielt ich sie in meinem Arm und hüpfte mit ihr wie ein Känguru von links nach rechts, auf und ab. Diese Abwechslung mit ihr tat auch mir gut, und auch wenn ich mich anfangs zur Freude zwingen musste, spürte ich, wie meine Brust ein wenig leichter wurde.

Und dann plötzlich: feine Tropfen. Warm, sanft, wie ein leiser Sommerregen. Zuerst dachte ich: »O nein, die Wäsche steht draußen!« – doch kaum hatte ich den Gedanken beendet, hob ich den Blick und sah, dass am Himmel nicht eine einzige Wolke hing. Nichts, das diesen Regen hätte erklären können. Die Tropfen perlten von unserer Haut ab, mischten sich mit dem Chlorwasser und dem Salz meiner Tränen. In diesem Moment war es, als würde die Zeit stillstehen. Ein geheimnisvolles, tief vertrautes Gefühl durchströmte mich: Er ist hier. Er ist zu Hause.

Max – kurz, unerwartet, unwiederbringlich

Max ging ganz plötzlich. Es war ein Sommertag wie viele andere: vormittags leichter Regen, nachmittags warm, aber nicht zu heiß. Ich fütterte gerade die Hunde, als ich bemerkte, dass Silent – unser größter Rüde – zu Max' Napf ging und ihm seine Portion wegfutterte. Das war ungewöhnlich. Max war verfressen, er hatte nie zugelassen, dass ein anderes Rudelmitglied aus seinem Napf fraß. Als ich Silent die Schüssel wegnahm und sie wieder vor Max stellte, fiel mir sofort auf: Etwas stimmte nicht. Er starrte ins Leere. Sein Kopf taumelte leicht von links nach rechts und dann legte er sich hin. Ein Gefühl fuhr durch meinen Körper: Das hier ist kein gewöhnlicher Schwächeanfall. Ich öffnete seinen Mund, schaute – nichts. Ich tastete in seinem Hals, suchte nach etwas, das die Luft blockieren könnte. Nichts. Mein Herz schlug mir bis zum Hals. Ich schrie nach Peter. Durch das Babyphone, das immer bei den Hunden stand, hörte er drinnen sofort, dass etwas nicht stimmte. Er stürmte heraus, nahm Max hoch und drückte auf seinen Brustkorb. Er versuchte den Heimlich-Griff anzuwenden, dabei wird von hinten der Oberbauch mit ruckartigen Druckbewegungen nach innen-oben gepresst, um zum Beispiel einen möglichen Fremdkörper aus den Atemwegen zu lösen. Max reagierte nicht.

»Wir müssen sofort zum Tierarzt. Los!«, schrie ich und er rannte zum Bus. Ich riss die Tür auf, holte meine jüngere Tochter und die Schlüssel. Meine ältere Tochter stand da, zitternd und weinend, und fragte immer wieder: »Was ist mit Max?« Wir schickten sie zu meiner Mutter ins Haus: »Bleib dort, wir melden uns.« Draußen begann es plötzlich wie aus Kübeln zu schütten, ein starker Sommerregen. Ich rief den Tierarzt an – Mittagspause. Niemand ging ran. Die Klinik war nicht erreichbar. Panik zog in mir auf. Ich telefonierte verzweifelt mit Freundinnen, bat um Hilfe. Meine Freundin Daggie, die ausgebildete Tierarzthelferin war, leitete mich beruhigend durch die Mund-zu-Nase-Beatmung und die Herzmassage. Ein, zwei, drei, vier, fünf – ich zählte und drückte im gleichen Rhythmus, blies Luft in die Nase, massierte den Brustkorb. Ich tat alles, was ich wusste.

Dann roch ich es – ein scharfer, schlechter Geruch. Max hatte gekotet. Ich wusste sofort, dass das kein gutes Zeichen war. Kati, eine Freundin mit Tierarztkontakten, schaffte es schließlich, eine Praxis für uns zu organisieren. Endlich. Peter trug Max hinein, legte ihn auf den Untersuchungstisch. Ich erwartete Hektik, Geräte, Menschen, die alles geben. Stattdessen hob die Tierärztin in Ruhe ihr Stethoskop, legte es an seine Brust – und sagte leise: »Hier kann ich nichts mehr machen. Ihr Hund ist tot.«

Es war, als würde die Welt sich in Zeitlupe drehen. Ich schrie. Ich klammerte mich an Max, krallte mich an seinem Fell fest und schrie alles raus, was in mir war – Schmerz, Unglauben, Wut, Leere. Die Ärztin war sichtlich überfordert, zog sich zurück. Draußen warteten Peter und Kati, und ich konnte nicht verstehen, wie das so schnell geschehen konnte. Wir hatten doch noch morgens miteinander gearbeitet, er war fröhlich, verschmust und so, wie er immer war. Und jetzt: nichts mehr. Die Fragen stürzten auf uns ein: War es Gift? Ein Herzinfarkt? Etwas im Futter? Die Ungewissheit nagte. Weil wir Verantwortung für die anderen Hunde tragen und weil die Situation so unfassbar schmerzhaft war, entschieden wir uns, seinen Körper noch am selben Tag nach München in die Pathologie zu bringen – wir wollten wissen, was passiert war. Doch bevor wir fuhren, trafen wir eine andere, instinktive Entscheidung: Wir legten Max noch einmal vor das Rudel.

Das Ritual hatte etwas Archaisches und zugleich Tröstliches. Wir legten ihn behutsam in die Mitte, sodass das Rudel die Möglichkeit hatte, zu begreifen, was passiert war, und sich zu verabschieden. Die Hunde kamen einzeln heran, vorsichtig. Die Reaktionen waren unterschiedlich und so ehrlich, dass es mir die Kehle zuschnürte: Einige zitterten, andere schnüffelten lange. Manche legten sich schweigend daneben, als würden sie wachen. Manchmal stupste ein Hund zögerlich die Schnauze an Max' Pfote, als wollte er prüfen, ob er nicht doch gleich aufwachen würde. Es war nicht nur mein Herz, das brach – es war, als würde der Schmerz ein tiefes schwarzes Loch durch das ganze Rudel ziehen.

Als ich die Hunde so beobachtete, wurde mir klar: Auch sie mussten lernen, dass Max nicht zurückkommen würde. Ihr Verhalten war kein menschliches Verständnis von Abschied, sondern ihr eigener, ehrlicher Versuch, etwas Sinnliches – den Geruch, die Wärme, das Fehlen von Reaktionen – einzuordnen. Und für uns neben ihnen war es ein schwacher und zugleich schwerer Trost: Wir hatten ihnen die Wahrheit gezeigt. Nicht, weil wir wussten, wie sehr das helfen würde, sondern weil es sich richtig anfühlte, dem Rudel die Chance zu geben, zu sehen, zu riechen, zu begreifen – in ihrer Sprache.

Als wir am nächsten Tag die Ergebnisse aus München erhielten, erklärte mir eine sehr herzliche und mitfühlende Pathologin, dass sie bei Max einen Herztumor gefunden hatte, der die Herzwand rupturiert und so zu einer Herzbeuteleinblutung geführt hatte. Sie meinte, dass solche Tumore meist nie vorher entdeckt werden und dass es für Max ganz schnell ging und er nicht leiden musste. Diese Information konnte uns den Schmerz zwar nicht nehmen, aber das Wissen, dass wir nichts hätten tun können, um seinen plötzlichen Tod zu vermeiden, gab mir zumindest die innere Ruhe, keinen Fehler begangen zu haben, und die Gewissheit, dass er nicht durch äußere Einflüsse gestorben war und unser Rudel somit nicht womöglich ebenfalls in Gefahr war. Ein kleiner, fragiler Halt in der großen Leere des Verlusts war die Erkenntnis, dass wir gemeinsam als Rudel um Max trauerten.

Rituale im Rudel – wie Hunde trauern und Abschied nehmen

Manch einer fragt sich jetzt vielleicht, warum wir dem Rudel zugemutet haben, noch einmal seinen leblosen Körper zu sehen. Aber was wäre die Alternative gewesen? Dass sie mitbekommen hatten, dass wir Max ins Auto geladen hatten, und er dann einfach nie wiederkam? Schließlich trage ich die Verantwortung – nicht nur für das einzelne Tier, sondern für das ganze Rudel.

Hunde leben stark im Moment. Sie denken nicht in Begriffen von Endgültigkeit, wie wir es tun – aber sie spüren Veränderung. Wenn ein Rudelmitglied fehlt, reagiert ihr ganzes System darauf. Tierverhaltensforscher und die ASPCA (American Society for the Prevention of Cruelty to Animals) berichten, dass Hunde nach dem Verlust eines Gefährten häufig Verhaltensänderungen zeigen: Sie fressen schlechter, schlafen unruhiger, ziehen sich zurück oder verlieren das Interesse an Spiel und Bewegung. Manche wirken stiller, andere suchen stärker die Nähe von Artgenossen oder Menschen. Sie trauern nicht wie wir – aber sie fühlen das Fehlen.

Wir wollten dem Rudel die Möglichkeit geben, Abschied zu nehmen – nicht, weil es den Tod verstehen würde wie wir, sondern weil der Anblick des zurückgebliebenen Körpers ihnen helfen würde, die plötzlich veränderte Realität zu begreifen. Auch Veterinärkliniken und Tierärzte empfehlen dies, da es den weiterlebenden Tieren dabei helfen kann, die Trennung zu verarbeiten. Nicht alle Tiere reagieren dabei gleich. Manche zeigen Trauerverhalten über

Wochen, andere normalisieren sich schneller – vieles hängt von der Beziehung der Tiere zueinander, ihrem Alter und Temperament ab.

Was wir von der Natur über Vergänglichkeit lernen

Die Natur kennt kein Festhalten. Sie lebt den Kreislauf von Werden und Vergehen in einer Selbstverständlichkeit, die uns Menschen oft fehlt. Ein Baum treibt im Frühjahr seine Knospen aus, trägt im Sommer Früchte und wirft im Herbst die Blätter ab. Die Blätter fallen, um den Boden zu nähren. Das Alte wird zum Nährstoff für das Neue. Der Baum zweifelt nicht, ob er die Blätter je wieder tragen wird. Er weiß um den Rhythmus, den Wandel, den ewigen Kreislauf.

Auch meine Huskys erinnern mich daran. Wenn einer von ihnen geht, bricht zwar für einige Zeit eine Welt in sich zusammen, doch für das Rudel bleibt die Bewegung des Lebens bestehen. Sie trauern auf ihre eigene Art – durch Zittern, durch Heulen. Sie begreifen instinktiv, dass jemand fehlt, und doch laufen sie am nächsten Tag wieder ihre Strecke. Nicht aus Gleichgültigkeit, sondern weil sie zutiefst im Jetzt verwurzelt sind. Sie wissen nur: Das Leben fließt weiter. Und sie lehren mich, dass auch Trauer ein Teil dieses Fließens ist. Wir können von der Natur und von den Tieren lernen, dass Sterben nicht das Ende bedeutet, sondern Verwandlung. Energie verschwindet nicht, sie wandelt sich nur. Die Blätter werden zu Erde, Schnee zu Wasser, das Wasser wieder zu Eis. Und auch wir sind Teil dieses großen Kreislaufs. Ich glaube, deshalb fühle ich mich auch so sehr zu den Bergen hingezogen. Sie strahlen Unendlichkeit aus. Jahrtausendealt, trotzen sie Wind und Wetter und stehen in einer unerschütterlichen Ruhe.

Wenn ich an den Tod denke, wird mein Herz schwer. Ich sehne mich nach Unsterblichkeit, nach einem Festhalten dessen, was ich liebe. Doch die Natur flüstert mir immer wieder zu: »Du bist Teil des Kreislaufs. Nichts geht verloren. Alles wandelt sich.« Vielleicht liegt genau darin die einzige Möglichkeit, mit dem Tod Frieden zu schließen: nicht im Leugnen, nicht im Festhalten, sondern im Vertrauen. So wie der Baum vertraut, dass neue Blätter wachsen. So wie das Rudel vertraut, dass der Nordwind das Jaulen zu ihren Ahnen trägt.

Es gibt eine schöne Sage aus der Kultur der Tschuktschen, jenem indigenen Volk in Sibirien, das eng mit den Huskys verbunden ist. Sie beinhaltet eine Vorstellung, die mich seit dem ersten Mal, als ich von ihr hörte, nicht mehr loslässt. Die Tschuktschen glauben, dass der Tod nicht das Ende ist. Sie sind sich sicher, dass die Welt der Lebenden und die Welt der Geister eng miteinander verwoben sind. Für sie ist der Nordwind mehr als ein Wetterphänomen – er ist ein Reich, in dem die Ahnen leben. Wenn ein Hund stirbt, dann verschwindet er nicht einfach. Er läuft weiter, getragen vom Wind, frei und stark, so wie in seinen besten Tagen. Der Nordwind wurde so zu einer Brücke: zwischen dem Sichtbaren und dem Unsichtbaren, zwischen der Welt der Lebenden und der Welt der Geister. Wenn er über das Land zieht, kalt und rau, glauben die Tschuktschen, dass ihre Verstorbenen sie besuchen. Menschen wie Hunde. Dass sie da sind, um ihnen Mut zu machen, um ihre Schritte zu begleiten, um sie zu erinnern: Du bist nicht allein. Das erklärt auch, warum Huskys in ihrer Kultur niemals nur Arbeitstiere waren, sondern Seelenführer und Schutzgeister. Sie verbinden den Menschen mit der Natur und dem Unsichtbaren.

Manchmal, wenn ich mit meinen Hunden draußen bin und der Wind mir ins Gesicht schlägt, stelle ich mir genau das vor. Dass es nicht nur Luft ist, die über die Berge streicht. Sondern die Gegenwart all derer, die vor uns gegangen sind. Meine Huskys, die ich gehen lassen musste. Menschen, die mich geprägt haben. Vielleicht laufen sie dort, Seite an Seite, und ihr Atem ist das, was wir als Böen spüren. Es ist ein Gedanke, der Trost schenkt. Denn er erzählt davon, dass nichts je ganz verloren geht. Dass die Liebe und die Verbindung weiterleben – im Wind um uns herum.

Was mir bei der Trauer geholfen hat

Eine der wichtigsten Erkenntnisse war, mir die Trauer überhaupt zu erlauben. Nicht zu versuchen, sie wegzuschieben oder zu unterdrücken. Sie kam oft in den unmöglichsten Momenten. Manchmal genau dann, wenn ich gerade gelacht hatte, wenn ich mich für einen Augenblick frei und leicht fühlte. Und sofort darauf war sie wieder da – wie ein Schatten, der sich über die Freude legte. Meine Therapeutin sagte damals etwas, das mir half, das zu verstehen: »Die Trauer kommt dann, wenn du sie ertragen kannst. Wenn du glücklich bist, hast du mehr Substanz, sie durch dich hindurchfließen zu lassen.« Dieser Gedanke hat mir Trost gespendet. Er gab mir das Gefühl, dass die Trauer nicht mein Glück zerstört, sondern dass stattdessen glückliche Momente wichtig sind, um sie besser aushalten zu können. Ich habe auch gelernt zu akzeptieren, dass Trauer nie ganz verschwindet. Sie bleibt ein Teil von mir. Von Tag zu Tag wird es ein wenig leichter, doch sie geht nicht weg. Sie ist für mich wie ein Band, das bleibt – eine Verbindung zu den Seelen derer, die ich verloren habe. Oft denke ich daran, dass man sagt: Trauer kommt in Wellen. Und egal, wie hoch, wie wuchtig und überwältigend sie sind – jede einzelne Welle bricht irgendwann im flachen Weißwasser.

Die größte Unterstützung geben mir meine Huskys. Als Rudel trauern wir gemeinsam. Wenn ich traurig bin, spüren sie es als Erste. Sie kommen näher, schmiegen sich an mich, legen ihre Köpfe auf meinen Schoß oder meinen Kopf, als wollten sie mir genau den Halt geben, den meine Seele in diesem Moment so dringend braucht. Wenn ich ihr weiches Fell streichle, merke ich, wie die innere Anspannung langsam von mir abfällt. Mein Atem wird tiefer, mein Herz hört auf zu rasen. Sie erden mich, wenn die Trauer mich ins Bodenlose zu reißen droht. Und sie geben mir Struktur. Ich kann mich nicht einfach tagelang unter der Decke verkriechen. Ich habe Verantwortung für mein Rudel – es will versorgt und bewegt werden. Dieses tägliche Tun fordert mich, aber es gibt mir gleichzeitig Halt. Die Bewegung mit den Tieren zwingt meinen Körper, aktiv zu bleiben. Er muss arbeiten, stark sein, um mit ihnen mithalten zu können. Das schützt mich davor, mich im Schmerz zu betäuben oder in lähmender Schwere stecken zu bleiben. Wir halten zusammen bis zum Schluss.

Kapitel 8

Was ich von meinen Huskys über Wahrnehmung und Intuition gelernt habe

Fluch der Gleichzeitigkeit und Achtsamkeit als Schlüssel zur Intuition

Es gibt eine stille Wahrheit, die meine Huskys mir immer wieder vor Augen führen: Sie leben im Jetzt. Nicht morgen, nicht gestern – immer nur im Augenblick. Wenn ich morgens zu ihnen ins Gehege trete, empfangen sie mich nicht mit dem Groll von gestern, weil ich vielleicht zu spät kam oder weil es am Abend kein Leckerli mehr gab. Sie empfangen mich auch nicht mit dem Plan, welche Strecke wir morgen laufen könnten. Sie sind einfach da. Mit leuchtenden Augen, mit gespannter Energie, mit wedelnder Rute oder manchmal auch mit verschlafenem Gähnen. Aber immer im Hier und Jetzt.

Wir Menschen dagegen verlieren uns ständig. Unsere Gedanken hängen an Erinnerungen, die längst vorbei sind, oder eilen sorgenvoll in eine Zukunft, die noch gar nicht geschrieben ist. Und als wäre das nicht genug, überladen wir unser Jetzt mit tausend Dingen gleichzeitig: Wir gehen spazieren und tippen nebenher auf dem Handy. Wir essen und schauen dabei einen Film. Wir reden mit unseren Kindern, während wir gleichzeitig Nachrichten beantworten. Diese ständige Gleichzeitigkeit wirkt wie ein Fluch. Sie nimmt uns die Präsenz – das tiefe Erleben des Moments – und macht unser Jetzt flach und brüchig.

Meine Huskys kennen so etwas nicht. Wenn sie fressen, dann fressen sie. Mit voller Hingabe, jeder Bissen ein kleines Fest. Wenn sie laufen, dann laufen sie. Kraftvoll, rhythmisch, jeder Muskel auf das Ziel im Moment ausgerichtet. Und wenn sie ruhen, dann ruhen sie. Tief, ohne schlechtes Gewissen, ohne die To-do-Liste für morgen im Kopf.

Besonders spürbar wurde das für mich auf einem Trainingslauf in Lappland. Die Kälte biss mir ins Gesicht, der Atem der Hunde hing als kleine Wolken in der Luft. Sie zogen gleichmäßig, kraftvoll, jeder Schritt im Rhythmus, jeder Muskel voller Hingabe an diesen einen Moment. Da wurde mir klar: Sie denken nicht darüber nach, wie lang die Strecke noch ist. Sie grübeln nicht, ob es morgen vielleicht regnet und sie nass werden könnten. Sie rennen – jetzt, hier, mit allem, was sie haben.

Dieses Jetzt ist ihre Stärke. Ihre Instinkte sind so fein und funktionieren, weil sie absolut präsent in jedem Moment sind. Wenn sie sich freuen, jemanden zu sehen, wedeln sie sofort mit der Rute. Sie zweifeln nicht, sie verschieben nichts. Sie folgen ihrem Gefühl.

Und manchmal frage ich mich, was Hunde wohl über uns denken müssen, wenn wir neben ihnen herlaufen – und dabei den Blick nicht einmal auf den Weg vor uns richten, sondern aufs Handy. Wenn wir mit halbem Ohr mit ihnen reden und gleichzeitig von Push-Benachrichtigungen abgelenkt werden. Vielleicht fragen sie sich: »Warum bist du nicht hier? Ich bin doch da.« Und mal ehrlich: Du würdest dich doch auch nicht mit einer Freundin zum Spaziergang treffen und dabei einen Podcast einschalten. Genau das können wir von ihnen lernen: Wir können unsere Instinkte nur hören, wenn wir im Jetzt sind. Wenn wir mit den Gedanken woanders sind – in Sorgen, Grübeleien oder in den Köpfen anderer Leute –, übertönen wir die leise Stimme in uns. Doch sobald wir wie die Huskys den Moment zulassen, hören wir sie wieder klar: diese Ahnung, diesen Impuls, dieses Wissen, das älter ist als jedes Argument.

In der Zeit mit ihnen habe ich gelernt, dass im Hier und Jetzt auch Frieden liegt. Wenn ich bei den Hunden bin, wenn ich ihr Fell unter meinen Fingern spüre oder ihr Jaulen in der klaren Winterluft höre, dann bin ich nicht in der Vergangenheit und nicht in der Zukunft. Dann bin ich einfach. Und dieses Einfach-Sein ist so kostbar. Vielleicht ist das der tiefste Ruf der Huskys: uns heimzuholen. In den Moment. In das Leben, das nur jetzt geschieht – nie gestern, nie morgen.

Kleine Rituale – was wir von Huskys über Achtsamkeit lernen können

- **Digitales Futter bändigen:** Schalte Push-Benachrichtigungen auf deinem Handy aus. Bestimme feste Zeiten, zu denen du Nachrichten checkst, statt dich ständig unterbrechen zu lassen. So wie der Husky sein Futter nicht unaufhörlich serviert bekommt, sondern klare Mahlzeiten hat, darf auch dein Kopf klare Pausen haben.

- **Riechen wie ein Wolf:** Bleib auf einem Spaziergang stehen und nimm die Gerüche bewusst wahr. Wie riecht der Wald? Nach feuchtem Moos, nach frischen Zweigen, nach Morgentau? So wie ein Hund die Welt erschnüffelt, können auch wir uns erden, indem wir mit offenen Sinnen atmen.

- **Boden unter den Pfoten:** Spüre, wie sich der Untergrund anfühlt, während du gehst. Ist er weich, hart, federnd, kalt? So kommst du zurück in deinen Körper – und damit ins Jetzt. Du kannst dich in jedem Augenblick fragen: »Bin ich dort, wo meine Füße sind?«

- **In den Himmel schauen:** Halt inne und richte den Blick nach oben. Siehst du, wie die Wolken ziehen, wie das Licht sich verändert? Hunde brauchen nicht mal in den Himmel zu schauen, sie spüren das Wetter – und wir können es ihnen gleichtun, indem wir den Himmel wieder wahrnehmen.

- **Pflege als Ritual:** Beobachte, wie gründlich Hunde sich putzen, wenn sie zur Ruhe kommen. Nimm dir das zum Vorbild: Pfleg deinen Körper achtsam. Kämm dein Haar langsam, creme deine Haut bewusst ein. Nimm dir auch Zeit für deine Füße, denn sie tragen dich durch dieses Leben. Sei dabei präsent und tu es nicht nebenbei, sondern so, wie der Husky Fellpflege betreibt: ganz im Moment.

- **Hören wie ein Rudel:** Setz dich still hin und lausche. Kannst du das Rauschen eines Baches hören, den Wind in den Bäumen, die leisen Geräusche der Umgebung? So wie Wölfe und Huskys nonverbal auf jedes kleinste Geräusch reagieren, können auch wir wieder lernen, feiner zu hören.

- **Spuren lesen:** Geh hinaus in den Wald, über eine Wiese oder entlang verschneiter Wege und schau achtsam auf den Boden, auf die Bäume, auf das, was zwischen ihnen geschieht. Vielleicht entdeckst du Fußabdrücke von Rehen oder Hasen im Schnee, Kratzspuren an der Rinde junger Bäume, wo Hirsche im Winter ihren Hunger stillen, oder Abdrücke von Hundepfoten und Vogelspuren, die sich wie kleine Zeichnungen im Tau abbilden. Übe, diese Zeichen zu lesen. Spuren sind Geschichten der Natur – klare Botschaften darüber, wohin ein Tier gegangen ist, wann es innehielt oder wer ihm folgte. Und dann übertrag das auf dich selbst: Welche Spuren hinterlässt du heute?

Es gibt ein wunderschönes Zitat der britischen Verhaltensforscherin und Primatologin Jane Goodall, die sagte: »You cannot get through a single day without having an impact on the world around you.«

Dieser Satz berührt mich jedes Mal aufs Neue. Er bedeutet, dass alles, was wir tun – jede Entscheidung, jedes Wort, jeder Schritt –, eine Wirkung hat, auf uns, aber auch auf unsere Umgebung. So wie ein Wolf seine Fährte nicht versteckt, sondern kraftvoll in den Schnee setzt, darfst auch du deine Spuren selbstbewusst hinterlassen – ohne falsche Bescheidenheit, ohne dich kleinzumachen. Denn alles, was du tust, formt die Welt – sichtbar oder unsichtbar, aber immer mit Bedeutung.

Warum Wahrnehmung nicht nur mit den Augen geschieht

Wir sind so sehr darauf trainiert, mit den Augen zu sehen, dass wir vergessen haben, dass Sehen nur ein Bruchteil von Wahrnehmung ist. Ein Husky sieht ebenso mit der Nase, mit den Ohren, mit jeder Faser seines Körpers. Er spürt die Richtung des Windes, lange bevor du sie fühlst. Er hört das Reh, das hundert Meter entfernt durch den Schnee bricht.

Auch wir tragen diese Fähigkeit in uns. Aber wir haben sie verkümmern lassen – durch Reizüberflutung, Ablenkung und ein Leben im Kopf. Wir denken mehr, als wir fühlen. Wir analysieren, überdenken alles doppelt und dreifach und wundern uns dann, warum unsere Kopfgeburten sich nicht richtig anfühlen und ihnen der Zauber, das Besondere fehlt.

Wenn ich mit meinen Hunden unterwegs bin, ist ihre Aufmerksamkeit – wie sie lauschen, blicken, sich rhythmisch bewegen – eine Erinnerung daran, dass Wahrnehmung Verbindung schafft. Sie verbindet uns nicht nur mit unserer Umgebung, sondern auch mit uns selbst.

Es gibt Tage, da sind die Zeichen laut – ein Sturm, der dich zwingt, stehen zu bleiben, ein Hund, der plötzlich den Blick hebt und sich weigert, weiterzulaufen. Und dann gibt es die leisen Zeichen. Die, die man nur spürt, wenn man wirklich da ist. Wenn der Wind seine Richtung ändert, der Schnee anders unter den Kufen klingt oder dein Bauch kurz zieht, ohne dass du sagen könntest, warum.

Früher habe ich solche Momente übergangen. Ich war zu beschäftigt damit, zu funktionieren, meine nächsten Projekte zu planen und Leistung auf die Straße zu bringen. Huskys nehmen alles wahr – jede Regung, jeden Geruch, jede Stimmung. Wenn ich angespannt bin, werden sie unruhig. Wenn ich zweifle, beginnen sie selbst, den Weg zu suchen. Sie lesen mich, lange bevor ich selbst merke, was in mir vorgeht.

Der dänische Philosoph Søren Kierkegaard sagte einmal, das Leben könne nur rückwärts verstanden, aber müsse vorwärts gelebt werden. Rückblickend erkennen wir die Zusammenhänge, sehen die Zeichen, verstehen, warum die Dinge so waren oder so kommen mussten. Dann bleibt uns nur noch die Akzeptanz dessen, was ohnehin schon geschehen ist. Und doch – wenn wir genau hinsehen, können wir manche Zeichen auch schon vorher wahrnehmen. Manchmal leuchten sie wie kleine Wegmarken, die uns einladen, den Kurs neu zu justieren, bevor das Leben es für uns tut.

Von meinen Huskys habe ich gelernt, mehr darauf zu achten. Auch im Alltag hat mich dieses Bewusstsein verändert. Wenn ich heute spüre, da liegt etwas im Argen, warte ich nicht mehr ab, bis sich das ungute Gefühl bestätigt. Ich handle. Du kennst das bestimmt auch: Du stehst am Briefkasten und denkst dir, hoffentlich ist da keine Mahnung drin, weil ich die Rechnung noch nicht überwiesen habe – und zwei Tage später flattert sie rein, mit saftiger Mahngebühr. Heute denke ich mir: »Genau, die Rechnung.« Also gehe ich rein, überweise sie – und bin frei.

Ich nehme diese kleinen Gedankenblitze wahr und schiebe sie nicht mehr weg, als wären sie Zufall. So kreiere ich mein Leben, statt ständig auf das zu reagieren, was mich überrollt.

Instinkt und Intuition – zwei Sprachen derselben Wahrheit

Instinkt und Intuition werden oft verwechselt. Sie sind zwei Aspekte derselben inneren Wahrheit. Beide entspringen einem tieferen Wissen – einem Wissen, das nicht im Kopf sitzt, sondern im Körper, im Herzen und in unserer Verbindung zum Leben.

Der Instinkt ist körperlich. Direkt. Unmittelbar. Er reagiert, noch bevor der Verstand einsetzt. Er liegt in den ältesten Schichten unseres Nervensystems – dort, wo sich einst unser Überleben entschied, als wir barfuß durch Wälder liefen und jedes Rascheln, jeden Geruch und jede Veränderung im Wind wahrnehmen mussten. Instinkt schützt. Er spürt, wenn eine Situation kippt, wenn ein Mensch uns nicht guttut oder wenn wir besser loslassen sollten. Er fragt nicht nach Beweisen. Er handelt.

Die Intuition hingegen ist leiser. Feiner. Sie ist kein Reflex, sondern ein inneres Wissen, das ohne Anstrengung auftaucht – ein Ziehen, eine Richtung, ein Gefühl der Gewissheit, lange bevor unser rationales Denken eine Erklärung findet. Während der Instinkt uns hilft zu überleben, zeigt uns die Intuition, wie wir leben wollen.

Beide sprechen aus einer Ebene tief in uns. Instinkt ruft: »Achtung!«, Intuition flüstert: »Hier entlang.«

Der Unterschied zwischen Angst und Intuition

Ich habe lange gebraucht, um den Unterschied zwischen Angst und Intuition wirklich zu verstehen. Bestimmt kannst du das gut nachvollziehen – gerade wenn du wie ich jemand bist, dem ständig neue

Ideen einfallen, der schnell darin ist, Dinge vom Kopf in die 3D-Welt zu holen, und dem auf den letzten Metern diese Stimme im Kopf Zweifel einredet, dich nachts wach hält und sagt: »Was hast du da denn wieder gemacht? Warum halst du dir das auf? Was werden die anderen denken? Was, wenn es nicht funktioniert? Was, wenn es niemand außer dir gut findet? Was, wenn es floppt und du auf den Kosten sitzen bleibst? Was, wenn es ganz anders ist, als du gedacht hast?« Ich kenne diese ganzen Fragen nur zu gut. Ich lag bei jedem Projekt kurz vor der Verwirklichung mehrere Nächte lang wach. Ich kenne den Druck, den diese Fragen auf den eigenen Körper ausüben und der dir fast die Luft zum Atmen nimmt. Ich weiß, wie sich diese Zweifel in deinem ganzen Kopf breitmachen und du denkst: »Fuck, ich will zurück. Ich lass das. Jetzt kann ich noch aufhören.« Und wären da nicht Menschen in meinem engen Umfeld, die mich gerade dann ermutigt haben weiterzumachen, hätte ich bestimmt fünfzig Prozent meiner Projekte nicht in die Tat umgesetzt.

Als ich meine Lapplandreise mit Baby und acht Huskys plante, überkamen mich genau diese Stimmen. Sie hallten in mir wie Echos und ich war schon dabei, den Trip abzusagen. Zu anstrengend. Wer weiß, was auf der Reise alles auf uns zukommt? Ist es nicht verantwortungslos, mit so einem kleinen Kind so viele Kilometer zu reisen? Und was, wenn irgendetwas passiert? Doch mein Mann blieb ruhig. Er sah mich an und sagte: »Das ist genau das, wofür du lebst. Wenn du das jetzt absagst, bereust du es.« Er hatte recht. »Recordamos lo que nunca sucedió.« – Wir erinnern uns an das, was nie geschah.

Ich habe meinem Kind Momente geschenkt, die uns beide geprägt haben – das Rauschen des Windes über den endlosen Baumwipfeln Schwedens, das sanfte Glühen der Sonne über rosafarbenen Seeufern, die Nordlichter, die wie tanzende Schleier die Nacht erhellten, und unsere Huskys, die sich mit jeder Faser in die Leinen warfen und uns von Naturerlebnis zu Naturerlebnis zogen. Augenblicke, in denen wir eins waren – mit ihnen, mit der Wildnis, mit

Lappland. Haben wir alles gut hinbekommen, obwohl es einige Herausforderungen gab, und bin ich mehr daran gewachsen, als ich es daheim auf der Couch jemals gekonnt hätte? Zu hundert Prozent. Ich bin meinem Mann für den Gegendruck, den er meinen inneren Stimmen entgegengesetzt hat, sehr dankbar.

Im Laufe der vielen Male, in denen ich das jetzt erlebt habe, konnte ich folgende Unterschiede festmachen: Bei Angst zieht sich der Körper zusammen – Intuition öffnet ihn. Angst will dich festhalten – Intuition will dich in Bewegung bringen. Oft verwechseln wir die beiden, weil sie sich im Körper ähnlich anfühlen können: ein Ziehen im Bauch, ein schneller Puls, ein Druck in der Brust. Doch wenn du innehältst, spürst du den feinen Unterschied. Angst will dich schützen. Intuition will dich führen.

Meine Huskys kennen diesen Unterschied instinktiv. Wenn sie Angst haben, erstarren sie, werden wachsam, angespannt. Wenn sie ihrer Intuition folgen, bewegen sie sich ruhig, zielgerichtet, verbunden – sie vertrauen dem, was sie fühlen. Sie verschwenden keine Energie damit, zu zweifeln. Sie gehen. Ich übe das auch – jeden Tag.

Das Ziel ist für mich nicht, keine Angst zu haben, sondern zu wissen, wann sie mich wirklich warnen will und wann sie mich nur kleinhalten möchte. Wenn sie sich zeigt, sage ich mir: »Es ist okay, Angst zu haben – und ich gehe trotzdem.« Das bedeutet für mich Mut. Dann spanne ich meinen Körper an, atme tief, hebe den Kopf, richte mich auf und setze den ersten Schritt in Richtung Ziel.

Ein Satz aus der Angst- und Traumatherapie begleitet mich seit Langem: Der einzige Weg aus der Angst führt durch die Angst.

Die Alchemie deiner Stressenergie

Aus Paulo Coelhos Roman *Der Alchimist* kennen viele die Idee, aus Blei Gold zu machen – etwas Schweres, Belastendes in etwas Wertvolles zu verwandeln. Genau dieses Bild hilft, Stress neu zu verstehen. Denn Stress ist nicht einfach negative Energie, sondern dieselbe biologische Kraft, die uns seit Urzeiten dabei hilft, zu überleben.

In der Physik gibt es das Energieerhaltungsgesetz: Energie verschwindet nicht, sie verändert ihre Form. Genau dieses Prinzip lässt sich auch auf den Menschen übertragen. Was wir heute als Stress erleben, ist zunächst nichts anderes als Aktivierungsenergie. Unser Körper unterscheidet nicht zwischen einem Säbelzahntiger und einer E-Mail, die uns unter Druck setzt. Er schüttet die gleichen Botenstoffe aus, spannt die Muskeln an, fährt das gesamte System hoch. Früher hatte diese Energie ein klares Ziel: rennen, kämpfen, handeln, überleben. Danach konnte sie sich wieder abbauen.

Heute jedoch bleibt diese Energie oft stecken. Wir laufen nicht weg, wir kämpfen nicht, wir entladen uns nicht. Wir sitzen. Denken. Funktionieren weiter. Und genau hier beginnt Stress, sich gegen unser Inneres zu richten. Die Energie verschwindet nicht – sie sucht sich einen anderen Weg. Sie wirkt weiter im Körper, im Nervensystem, im Immunsystem. Sie zeigt sich als innere Unruhe, Schlaflosigkeit, Gereiztheit, Erschöpfung oder irgendwann als Krankheit.

Bei meinen Huskys erkenne ich das deutlich. Wenn sie unter Anspannung stehen, sich vor einem lauten Geräusch erschrecken oder einen Konflikt mit einem Artgenossen haben, schütteln sie die Spannung wortwörtlich ab. Sie zittern, laufen los, bewegen sich – sie wandeln die Energie und bringen sie aus dem Körper heraus. Würden sie diese Energie dauerhaft zurückhalten, würde auch ihr System kippen. Beim Menschen passiert genau das – nur leiser. Und oft erst dann sichtbar, wenn der Körper beginnt, Signale zu senden, die wir nicht mehr ignorieren können.

Ich habe das selbst erfahren – am eigenen Körper. Nach dem Tod meines Stiefvaters Coco begann eine Zeit, in der Trauer und Stress ineinandergriffen wie Zahnräder. Ich machte weiter. Vielleicht sogar entschlossener als zuvor. Ich stürzte mich in Arbeit, in Projekte, in endlose To-do-Listen. Mein Kopf blieb in Bewegung, weil Stillstand bedeutet hätte, zu fühlen. Diese Trauer war für mich purer Stress. Kein kurzer Schock, sondern ein dauerhafter Zustand. Ich hetzte durch den Tag, hielt das Tempo hoch und ignorierte die Warnzeichen meines Körpers. Kopfschmerzen. Innere Unruhe. Angstzustände. Nächte ohne Schlaf. Irgendwann begann mein Körper zu blockieren – so sehr, dass ich zeitweise Lähmungserscheinungen in den Händen hatte und schließlich beim Neurologen saß. Rückblickend war das kein Zusammenbruch, sondern ein Ruf. Energie, die keinen Raum fand, begann, sich nach innen zu wenden. Das blieb nicht ohne Wirkung – auch nicht auf mein Rudel. Meine Huskys spürten sofort, dass mir in dieser Phase etwas fehlte: Präsenz, Klarheit, innere Stabilität. Führung braucht einen regulierten Zustand. Und genau der war mir damals kaum noch zugänglich.

Also begannen sie, sich selbst zu organisieren. Grenzen verschwammen, Strukturen lösten sich auf, Spannungen entluden sich ungebremst. Es kam zu heftigen Rudelkämpfen, zu Situationen, die mir den Boden unter den Füßen wegzogen.

Schon vor den Trainings reagierte mein Körper. Schweiß brach aus, mein Puls raste, als wolle er mir die Kehle sprengen. Angst saß mir im Nacken, noch bevor ich überhaupt einen Schritt gemacht hatte. Schließlich stand ich zitternd auf dem Schlitten, Tränen liefen mir übers Gesicht, und ich traute mich nicht, mit mehr als meinen beiden Leadern Keijo und Hänsel zu fahren.

Dabei hatte ich zu diesem Zeitpunkt bereits acht Jahre Rennerfahrung unter den Kufen. Es war nicht so, dass ich ein fremdes Rudel übernommen hätte. Es war mein eigenes. Ich hatte es aufgebaut, geprägt und geführt. Und nun stand ich da und brachte es nicht einmal mehr fertig, vier Hunde einzuspannen – gelähmt von einer Anspannung, die mir jede Sicherheit nahm.

Ich weinte fast jeden Tag. Aus Frustration, Überforderung und gefühlter Hilflosigkeit. In meinem Kopf gab es keinen Ausweg, keine Perspektive, keine Ahnung, wie es besser werden sollte. Zum ersten Mal stellte ich mir ernsthaft die Frage, was aus meinem Rudel werden würde, wenn ich es nicht mehr führen konnte.

Ich konnte ihnen nicht das Leben geben, das ich mir so sehr für sie wünschte. Und dieser Gedanke fraß sich tief in mich hinein. Ich hasste mich für mein Unvermögen, ich hasste die Situation, ich hasste die Ungerechtigkeit des Lebens – diese Überforderung fühlte sich an wie eine nicht enden wollende Ohnmacht.

Heute verstehe ich, was damals geschah: Wenn im Inneren Ordnung fehlt, gerät auch das Außen ins Wanken. Grenzen sind kein Käfig. Sie sind das, was Sicherheit überhaupt erst möglich macht – für Menschen wie für Tiere. Erst als ich aufhörte, meine Trauer zu übergehen, und begann, ihr Raum zu geben, konnte sich etwas verändern. Es brauchte Zeit. Offene Gespräche, Therapie, die mir half, die Trauer nicht länger wegzuschieben. Bewegung mit meinen Hunden ohne Leistungsdruck und mit Unterstützung einer Hundetrainerin. Und die Erkenntnis, dass ich nur dann weiter mit meinem Rudel leben konnte, wenn ich selbst wieder in meine Spur fand. Schritt für Schritt setzte sich etwas in mir neu zusammen.

Kapitel 9

Was ich von meinen Huskys über Disziplin und Ausdauer gelernt habe

Motivation ist kein Zufall

Es ist dunkel, wenn mein Wecker um 4:40 Uhr klingelt. Ein Moment Stille. Mein Körper schwer, mein Kopf noch halb im Traum. Zwei Stimmen kämpfen in mir. Die eine: »Bleib liegen, du bist müde, du hast die Nacht über immer wieder gestillt.« Und die andere: »Steh auf, deine Huskys, der Trail, der Schnee, das Abenteuer – alles wartet auf dich.«

Ich weiß nie, welche Stimme zuerst sprechen wird. Doch ich weiß, dass am Ende die Entscheidung bei mir liegt. Früher dachte ich, ich wüsste, was Müdigkeit bedeutet. Wenn ich nachts um 2:00 Uhr von meinem Nebenjob in der Bar heimkam und wenige Stunden später um 8:00 Uhr schon wieder in meinem Vollzeitjob stehen musste, kam ich mir vor, als würde ich den Inbegriff von Erschöpfung kennen. Damals war ich 21 Jahre alt, voller Energie, und ich lebte dieses Pensum drei- bis viermal die Woche. Klar war ich erschöpft – und sobald ich zu lange saß, war die Versuchung groß, meinen schweren Augenlidern nachzugeben.

Aber nichts davon kam an das heran, was ich mit 41 Jahren erlebte. Als ich meine zweite Tochter bekam und nachts drei-, manchmal fünfmal wach war, bekam das Wort Müdigkeit eine völlig neue Dimension. Oft saß ich zwischen 3:00 und 4:00 Uhr morgens im Halbdunkel und beruhigte die Kleine.

Nächte, die sich wie endlose Spiralen anfühlten. Manchmal blieb mir nach dem Stillen nur eine halbe Stunde Schlaf, bevor das Licht aufleuchtete und das Vogelgezwitscher meines Tageslichtweckers ertönte. Anfangs dachte ich: »Das pack ich nicht. Die halbe Nacht wach und dann Training? Unmöglich.« Doch dann stieß ich auf einen Artikel, der mir eine andere Perspektive gab: Dort stand, dass nahezu jeder Mensch nachts mehrmals kurz wach wird – oft sogar zwischen fünf und fünfzehn Mal. Wir erinnern uns nur nicht daran, weil diese Wachphasen meistens während der leichten Schlafstadien auftreten und wir danach direkt wieder einschlafen. Wer ein Baby beobachtet, sieht genau das: Es öffnet kurz die Augen, nimmt seine Umgebung wahr und schläft weiter, wenn alles vertraut wirkt. Evolutionär betrachtet ist das logisch: Unser Körper reagiert immer noch so, als müsste er potenzielle Risiken prüfen, bevor er sich wieder fallen lässt. Aus diesem Wissen bastelte ich mir meine eigene Wahrheit. Ich hörte auf, meine Stillzeiten als Schlafraub zu sehen, und begann, sie als natürliche Wachmomente wahrzunehmen – zwar etwas länger als diese Mikrowachphasen, aber wach ist schließlich wach, und niemand schläft durch, sagte ich mir. Natürlich ist dieser Gedanke stark vereinfacht. Wissenschaftlich gesehen kommt es durchaus darauf an, wie lange diese Wachphasen sind und wie häufig sie auftreten, wenn es darum geht, wie erholsam Schlaf wirklich ist. Aber diese Vorstellung funktionierte für mich trotzdem.

Ich hatte nicht mehr das Gefühl, zu wenig Schlaf gehabt zu haben, um so früh auf den Trail zu gehen. Und ich ließ mich nicht mehr von der Stimme in meinem Kopf überreden, den Wecker auszumachen und einfach liegen zu bleiben. Stattdessen hatte ich eine neue Argumentation für den Teil in mir, der es kaum abwarten konnte, auf dem Schlitten zu stehen und mit den Hunden über den im Mondschein reflektierenden, weiß glitzernden Teppich durch die dunkle, kalte Nacht zu gleiten.

Ich bin Mama – und ich darf trotzdem mein abenteuerliches Leben mit meinem Rudel weiterführen. Denn genau das macht mich zu einem zufriedeneren Menschen. Und ich trage die Verantwortung, mein Team weiterhin artgerecht zu bewegen und für sie da zu sein. Wenn ich diesen Teil von mir abschneiden und mich ausschließlich der Mutterrolle hingeben würde, hätte ich das Gefühl, auseinanderzufallen. Nicht mehr vollständig zu sein. Nicht mehr der Mensch, der ich im Kern bin. Und ich würde meinen Töchtern ein Bild von Muttersein vermitteln, das sich für mich falsch anfühlt.

An dieser Stelle ist mir wichtig zu betonen, dass ich meinem Körper nicht naiv Raubbau angetan habe, indem ich mir einfach dauerhaft zu wenig Schlaf gönnte. Vielmehr ging es um eine innere Einstellung, um eine mentale Haltung – und darum, dass diese einen spürbaren Einfluss auf unseren Körper hat. Wie ich aus der Sportpsychologie wusste, sind Körper und Geist untrennbar miteinander verbunden und beeinflussen sich gegenseitig. Wenn der Geist motiviert ist, trägt er den Körper durch Müdigkeit. Und wenn der Körper in Bewegung kommt, schenkt er dem Geist neue Kraft. Auch wenn ich mich dieses mentalen Zugangs bediente, achtete ich sehr bewusst auf meinen Körper. Ich aß abends nicht zu spät und nicht zu schwer, um ihn nachts nicht zusätzlich zu belasten. Alkohol trank ich ohnehin nicht und setzte stattdessen auf Kräutertee. Es fiel mir auch zunehmend leichter, meist zwischen 20:00 und 20:30 Uhr ins Bett zu gehen. Mir wurde klar, was viele abends wach hält: das Bedürfnis, sich spät am Tag noch ein Stück Freiheit zurückzuholen, obwohl der Körper längst müde ist. Das abendliche Scrollen und Serien-Suchten waren kein echtes Bedürfnis, sondern ein leiser innerer Widerstand gegen einen zu vollen Tag. In dem Moment, in dem ich verstand, dass ich mir Freiheit nicht nachts erkämpfen kann, sondern tagsüber organisieren darf, fühlte sich mein gesamter Tag deutlich selbstbestimmter an.

Die beste Disziplin ist die, die du nicht brauchst

Dieser Satz sagt alles. Denn echte Disziplin ist nicht die Frage, ob ich Lust habe. Echte Disziplin heißt, dass ich mich auch dann bewege, wenn mein Kopf sich Ausreden sucht und meine Motivation auf Flugmodus steht. Natürlich kennt mein Gehirn die besten Argumente: »Heute bist du zu müde. Heute solltest du mal liegen bleiben. Du hast es dir verdient.« Doch genauso schnell fallen mir die Gegenargumente ein: »Wer will ich heute sein? Die, die liegen bleibt? Oder die, die aufsteht und was erlebt?« Wäre ich auch okay mit der Version von mir, die dem inneren Schweinehund nachgibt und weiterschläft? Würde ich mit jemandem befreundet sein wollen, der stets den bequemsten Weg wählt? Der allem Unbequemen ausweicht und dadurch die Hälfte des Lebens verpasst? Ich will das Leben erleben – auch für die, die nicht mehr unter uns sind. Ich bin es ihnen schuldig, das Leben auszupressen wie eine Zitrone, mit all seiner Süße und Säure. Was denken meine Hunde, wenn ich einfach nicht erscheine? Es macht für sie einen großen Unterschied, ob ich auftauche, ob ich bereit bin für unser nächstes Abenteuer und sie sich zusammen mit mir in der frischen Morgenluft auspowern können. Dann überträgt sich ihr Feuer, ihre Freude auf mich. Das ist meine größte Motivation: die Leidenschaft, die wir teilen. Sie brennt in uns und dieses Feuer ist stärker als mein müder innerer Faulenzer.

Auch Rituale helfen mir, dranzubleiben und es meinem Hirn durch Wiederholungen, die irgendwann wie automatisch ablaufen, so einfach wie möglich zu machen. Wenn ich jeden Morgen zur selben Zeit aufstehe, dem gleichen Ablauf folge – den Hunden Wasser gebe, Geschirre anlege, Schlitten packe –, dann braucht mein Kopf nicht mehr zu entscheiden. Es ist einfach das, was geschieht. Warum das so viel leichter verdaulich für mein Gehirn ist, war mir lange Zeit nicht bewusst, bis ich auf einer Fortbildung Folgendes erfahren habe: Unser Gehirn liebt Einfachheit. Es ist darauf programmiert, Energie zu sparen und uns zu schützen. Entscheidungen, Unsicherheiten, neue Wege kosten Kraft – und deshalb meldet sich dieser berühmte innere Schweinehund. Er ist nichts anderes als unser eingebautes Sicherheitssystem: Er versucht, uns vor Überlastung zu bewahren, uns bequem zu halten und Energie aufzusparen für den Notfall. Das ist evolutionär gesehen sinnvoll, aber im Alltag raubt er uns oft Chancen. Der Trick: Wir dürfen ihm keine Bühne geben. Statt ständig neu zu verhandeln, müssen wir den Ablauf so simpel machen, dass er gar keine Einwände mehr haben kann. Deshalb bereite ich schon abends alles für den nächsten Morgen vor: Kleidung, Näpfe, Wasser für die Hunde, meine geladene Stirnlampe, die vorgeschnittenen Leckerlis im Kühlschrank, die aufgefüllten Bohnen in der Kaffeemaschine, den Autoschlüssel sowie das komplette Trainingsequipment – alles liegt bereit und wartet darauf, mit uns in den Tag zu starten. Ich muss keine Zeit mit Suchen verbringen oder mit der Entscheidung, was ich anziehen werde. So spare ich nicht nur meinem Gehirn Ressourcen, sondern auch Zeit und bin von der ersten Minute des Wachseins an effizient. Keep it simple – das ist meine Devise. Je weniger Entscheidungen ich treffen muss und je weniger ich mich stresse, weil ich Dinge nicht finde, desto leichter mache ich es meinem Gehirn und desto schneller komme ich in die Gänge.

All diese Strukturen, Rituale, Vereinfachungen sind kein Selbstzweck. Sie sind das Gerüst, das mir hilft, ins Tun zu kommen – gerade an Tagen, an denen es mir schwerfällt. Doch sosehr unser Gehirn Einfachheit liebt, so sehr braucht es auch einen inneren Antrieb. Einen Grund, warum wir überhaupt losgehen wollen. Motivation wird oft so dargestellt, als müsse sie sich gut anfühlen, leicht sein, freundlich. Aber das entspricht nicht meiner Erfahrung. Manche der stärksten Kräfte in uns entstehen nicht aus Bequemlichkeit, sondern aus Verantwortung, aus innerem Druck, aus vergangenen

Prägungen. Und manchmal sind es genau diese vermeintlich dunklen Antreiber, die uns tragen.

Ich habe früh gelernt, Verantwortung zu übernehmen. Meine Mutter war alleinerziehend und wir hatten zu diesem Zeitpunkt nicht viel Geld. Dazu kam, dass mein zweieinhalb Jahre jüngerer Bruder zu Beginn seiner Grundschulzeit an Knochenkrebs litt. Er und meine Mutter verbrachten viele Wochen im Krankenhaus. Als er nach einer erfolgreichen Transplantation endlich nach Hause durfte, war der Kampf allerdings noch nicht vorbei. Ein Fixateur stabilisierte sein Bein, danach bestimmten Krücken seinen Alltag und er benötigte weiterhin viel Unterstützung.

Ich wollte meiner Mutter helfen, wo ich nur konnte. Also zog ich meinen Bruder morgens in einem kleinen, alten Leiterwagen aus Holz zur Schule – um ihm den Weg zu erleichtern und ihr ein Stück Last abzunehmen.

Mein innerer Antreiber war: »Ich will nicht zur Last fallen. Ich will etwas beitragen und selbstständig sein.« Dieser Antreiber war nicht weich und freundlich, er war hart und manchmal auch unbequem. Aber er hat mich gepusht. Er hat mich schon in jungen Jahren motiviert, zu arbeiten, Verantwortung zu übernehmen, mein eigenes Geld zu verdienen. Manchmal sind es genau diese Schatten, die uns stark machen. So wie die Huskys stärker werden, wenn sie durch einen Schneesturm laufen. So wie Bäume tiefer wurzeln, wenn der Wind sie beugt. Schwere Wege lehren uns Standhaftigkeit. Leichte Wege lehren uns Dankbarkeit. Gemeinsam führen sie uns zu wahrer Stärke.

Mini-Hacks, um auf Kurs zu bleiben

Wie auf einem verschneiten Trail helfen auch im Alltag kleine Markierungen am Wegrand, um nicht vom richtigen Kurs abzukommen. Hier folgen meine Wegweiser, meine Spuren im Schnee:

- **Mini-Schritte statt Riesenpläne.** Ich starte mit fünf Minuten Bewegung statt gleich mit einer Stunde Fitness. Mein Gehirn merkt gar nicht, dass es Arbeit ist – und ich bin trotzdem gestartet.

- **Wenn-dann-Rituale.** Sind ein bewährtes Werkzeug aus der Motivationspsychologie. Indem eine Handlung bewusst an einen klaren Auslöser gekoppelt wird (»Wenn ich meinen Kaffee ausgetrunken habe, ziehe ich sofort die Laufschuhe an.«), beginnt sie langfristig ohne Willenskraft – sondern automatisch. Man spricht hier von Implementierungsintention, einem Konzept, das vom Psychologen Peter M. Gollwitzer erforscht wurde. Studien zeigen, dass solche Wenn-dann-Verknüpfungen die Wahrscheinlichkeit der Umsetzung deutlich erhöhen. So wie ein Hund weiß, dass die Tür sich öffnet, sobald du zur Jacke greifst, lernt auch unser Gehirn Verhalten über Signale. Es reagiert nicht auf Motivation – sondern auf Gewohnheit.

- **Entscheidungen eliminieren.** Ich erstelle mir feste Abläufe, die mir Halt geben. Ein Kaffee mit Hafermilchschaum und Zimt in der Früh, meine Kleidung, die schon komplett bereitliegt, mein Trainingsequipment, das ich schon am Vorabend in den Bus gepackt habe. Ich mache so oft das Gleiche, bis ich auf Autopilot laufe und mein Körper von allein weiß: Jetzt geht's los. Jede nicht benötigte Entscheidung ist ein Sieg gegen den Schweinehund.

- **Der beste Ort.** In meinem Büro im ersten Stock sollte eigentlich mein perfekter Arbeitsplatz sein. Doch am liebsten schreibe und arbeite ich in unserer kleinen Küche an einem Tischchen direkt am Fenster mit Blick auf das Rudel. Dort riecht es nach Kaffee, dort tobt das Leben, dort fühle ich mich am wohlsten. Es ist, als ob die Energie dieses Platzes sich positiv auf meine Stimmung auswirkt.

  Auch Hunde haben oft ein feines Gespür für Ruhe- und Kraftplätze. Plätze, an denen sie ganz besonders gern liegen. Mein Leithund Keijo hat ein großes, orthopädisches Bett direkt bei uns im Schlafzimmer. Doch wenn er im Haus schläft, legt er sich lieber ganz nah an meine Seite – direkt auf den Holzboden. Orte sind keine Nebensache. Sie prägen, wie wir uns fühlen – ob wir in Bewegung kommen oder blockiert bleiben.

- **Belohnung sofort, Ergebnis später.** Mein Hirn liebt schnelle Glücksgefühle. Also belohne ich mich direkt nach dem Tun. Ich nehme mir einen heißen Tee für nach dem Lauf mit, den ich dann gemütlich am Trailausstieg mit Blick auf den Sonnenaufgang über den Bergen genieße. Und wenn ich abends vom eisigen Training zurückkomme, gönne ich mir ein Schaumbad mit Kerzenlicht und Essen in der Badewanne – das musst du probieren! So verknüpft mein Gehirn Disziplin mit Glück – statt mit Zwang.

- **Die Antreiber-Frage.** Ich frage mich: Was treibt mich wirklich an? Nicht der romantische Gedanke, dass alles leicht ist und sich von selbst fügt, sondern zum Beispiel die Angst zu versagen, mein Pflichtgefühl, der Wunsch, nicht zu viel zu sein, das Bedürfnis nach Sicherheit. Ein innerer Antreiber, der aus Verantwortung entsteht, aus dem Wunsch, stark zu bleiben, aus dem Wissen, dass andere sich auf mich verlassen. Dieser Grund fühlt sich nicht leicht an, aber er ist verlässlich. Er trägt mich auch dann, wenn die Begeisterung einmal fehlt. Diesen Antreiber habe ich lange als Last gesehen. Heute erkenne ich ihn als Teil meiner Kraft. So wie Huskys seit Jahrhunderten lernen, die Beschaffenheit des Eises zu lesen, wenn sie über zugefrorene Seen laufen – nur mit ihren Sinnen. Sie spüren, ob das Eis trägt oder bricht.

Diese Entscheidung ist nicht emotional oder gar romantisch. Aber sie entscheidet über das Überleben des gesamten Teams. Ich habe beobachtet, wie ein Leithund kurz innehält, den Kopf hebt, horcht – und dann den Kurs ändert. Da ist kein Zögern oder Abwägen. Dieses tief verankerte Wissen schützt das Rudel. Und vielleicht ist unser innerer Antreiber genau das: kein Gefühl, sondern ein innerer Kompass. Ein Sinn, der uns führt, bevor wir bewusst verstehen, warum. Nicht immer freundlich – aber zuverlässig.

- **Mein Argumente-Katalog.** Ich schreibe mir am Abend vorher in mein Journal die stärksten Gründe auf, warum es sich lohnt, loszugehen. Zum Beispiel: Ich fühle mich danach lebendig und kann Stress – körperlichen wie mentalen – abbauen. Oder: Ich ehre meinen Körper, gebe meinen Muskeln die Chance zu wachsen und mache mich selbst widerstandsfähiger. Mit diesen Argumenten im Gepäck unterstütze ich schon beim Aufwachen meine innere *Panik-Paula*, die mich sofort aus den Federn treiben will – bevor *Easy-Emma* auftaucht und mich mit ihrem gemütlichen Gebrabbel wieder einlullen kann.

  Und dann ist da noch etwas Tieferes: Irgendwann habe ich bei jedem einzelnen meiner Huskys die Entscheidung getroffen, dass er bei mir leben soll. Mit dieser Entscheidung ging ein Versprechen einher und das Commitment, jedem von ihnen gerecht zu werden. Verantwortung heißt für mich, ihnen artgerechte Bewegung, Auslastung und ein Leben zu geben, das ihrer Natur entspricht. Dieses Versprechen macht das Aufstehen auch um 04:40 Uhr unverhandelbar – mein Team zählt auf mich.

So ist meine Motivation nicht mehr wie die Lotterie. Statt zu kämpfen, baue ich mir »Spuren im Schnee«, in denen mein Gehirn fast wie von selbst läuft. Die Natur lebt genauso: der Fluss, der abwärts fließt. Die Sonne, die jeden Morgen aufgeht. Die Jahreszeiten, die unermüdlich wiederkehren. Der Mond, der wächst und wieder abnimmt. Die Gezeiten, die das Meer wie ein- und ausatmen lassen. Das Rudel, das seine vertrauten Pfade läuft. All das sind Rituale, die uns zeigen: Beständigkeit ist keine Last, sondern die Grundlage von Leben. Disziplin ist im Grunde nichts anderes. Sie fällt uns am leichtesten, wenn wir etwas tun, das uns Freude bereitet, wenn wir Anstrengung mit belohnenden Elementen verbinden und wenn Abläufe immer wiederkehrend sind.

Meine Huskys laufen, weil sie es lieben. Sie tanzen im Geschirr, bevor wir starten. Sie ziehen mit strahlenden Augen, weil sie geboren wurden für diese Momente. Und genau das spüre ich auch: Wenn Disziplin und Leidenschaft zusammenkommen, wird aus Pflicht pure Freiheit. Es ist das Lachen im eisigen Wind, das Rauschen der Kufen im Schnee, das Gefühl, eins zu sein mit einem Team, das genauso vor Begeisterung brennt wie ich.

Kapitel 10

Was ich von meinen Huskys über Natur, Veränderung und Scheitern gelernt habe

Natur als Lehrer – warum wir draußen anders denken als drinnen

Es gibt Orte, an denen der Kopf still wird. Orte, an denen wir nicht mehr grübeln, sondern einfach sind. Für meine Huskys ist das die Natur. Und für mich auch. Ich verbringe die meiste Zeit des Tages draußen: zwischen den Bergen, auf schneebedeckten Trails, im Wind, in der Sonne, im Regen. Dort, wo meine Huskys zu Hause sind. Dort, wo eigentlich auch wir Menschen zu Hause sind. Unsere Sinne sind nicht für Neonlicht geschaffen, unsere Körper nicht für Schreibtischstühle, die uns in unnatürliche Positionen pressen. Sie sind gemacht für Wind auf der Haut, für das Spiel von Licht und Schatten im Wald, für den Geruch von feuchter Erde und Harz, für das Knacken von Ästen, wenn ein Reh durch das Unterholz springt.

Draußen herrscht eine Ordnung, die uns tief beruhigt. Kein Blatt gleicht dem anderen – und doch fügt sich jedes ins Ganze ein. Jeder Baum wächst anders – und doch bildet er mit seinen Nachbarn ein lebendiges Geflecht. In der Menschenwelt herrscht oft das Gegenteil: Schreibtischberge, Papierstapel, Spielzeugchaos, Mülltürme. Kein Wunder, dass unser Kopf sich vor Überforderung wie abgeschnitten fühlt. Die Natur dagegen ist niemals chaotisch. Selbst der wildeste Wald folgt einem System: Jahreszeiten, Kreisläufe, Werden und Vergehen. Darum fühlt es sich draußen so erleichternd an: Hier erinnert uns jeder Baum daran, dass Probleme kleiner sind, als wir glauben. Wenn ich neben einer alten Tanne stehe, die seit Jahrhunderten den Stürmen trotzt, werden meine eigenen Sorgen auf einmal leiser.

In Räumen stellen wir unseren Körper dagegen oft einfach ab. Wir sitzen, tippen, starren auf Bildschirme – und der Rest unseres Körpers wartet untätig, während nur die Finger in Bewegung sind. Draußen ist es anders. Hier darf alles mitmachen: Muskeln, Gelenke, Sinne. Meine Huskys sind der Beweis. Kein Muskel in ihrem Körper wird nicht gebraucht, wenn sie laufen. Kein Sinn bleibt ungenutzt – jede Faser ist lebendig, wach und da. Und auch bei uns Menschen ist es so: Erst wenn wir draußen gehen, rennen, atmen, spüren wir unseren Körper und dass er genau dafür gemacht ist.

Wenn Schnee gefallen ist, lese ich im Morgengrauen die Natur wie ein offenes Buch. Hasenpfoten im weißen Teppich, zarte Trittsiegel von Rehen, die am Waldrand geäst haben. An Baumrinden erkenne ich, wie hungrig die Hirsche im Winter waren und daher die Rinde anknabberten, während der Schnee das Gras verborgen hielt. Das alles sind Geschichten, die draußen sichtbar werden. Spuren, die uns zeigen: Hier ist Leben. Hier wird kommuniziert – still, wortlos, und doch voller Bedeutung. So wie das Pilzgeflecht im Boden Bäume miteinander verbindet, wie der Förster und Naturschützer Peter Wohlleben es in *Das geheime Leben der Bäume* beschreibt: Informationen wandern von Wurzel zu Wurzel, von Baum zu Baum. Die Natur redet – und wir können es wahrnehmen, wenn wir bereit sind, zuzuhören.

Was mich immer wieder staunen lässt, ist die Anpassungsfähigkeit der Natur. Fische, die aufgrund steigender Temperaturen kleiner werden, weil nur die leichten von ihnen in warmem Wasser überleben können. Pflanzen, die sich an karge Böden oder Trockenheit anpassen, indem sie tiefer wurzeln oder Blätter verkleinern. Bäume, die selbst nach Kahlschlägen in Monokulturen neu austreiben und ihre Welt zurückerobern.

Auch meine Huskys sind wahre Meister der Anpassung. Im Sommer dösen sie tagsüber in kühlen Hütten, laufen am liebsten nachts oder am frühen Morgen, wenn die Temperaturen sinken. Im Winter liegen sie eingerollt in Schneekuhlen, ihre Schwänze über die Nase geschlungen, und lassen sich die warme Mittagssonne auf ihren Pelz scheinen. Sie können Temperaturunterschiede von -40 bis +25 Grad über ihr Fell ausgleichen und passen ihre Aktivitäten je nach Temperatur an.

Sie zeigen mir: Anpassung ist keine Schwäche, sondern eine Stärke, die das Überleben sichert. Was aber nicht heißen soll, dass ich meine Hunde nicht bei zweistelligen Minustemperaturen ins Haus hole. Schließlich sollen sie ihre ganze Energie nicht nur fürs Aufheizen verwenden, sondern fit fürs nächste Training sein.

Wenn ich selbst nur drinnen am Schreibtisch sitze, spüre ich, wie mein Atem flach ist, meine Muskeln stillgelegt, mein Geist oft mit den ganzen Aufgaben der Menschenwelt überfordert. Draußen dagegen passiert das Gegenteil: Die Luft füllt meine Lungen, das Licht kitzelt auf meiner Haut, meine Augen entspannen sich, weil sie in Weite und Grün blicken statt in Pixel und Papierstapel. Es ist, als würde die Natur sagen: »Hier bist du richtig. Hier gehörst du hin.«

Meine Huskys lehren mich jeden Tag, warum wir draußen anders denken. Für sie ist jeder Schritt, jede Fährte, jeder Windstoß voller Information. Sie sind eins mit ihrem Habitat. Ihre Freude, wenn sie laufen dürfen, wenn sie Spuren wittern, wenn sie sich in den Schnee werfen, ist pur und wahrhaftig. Und ich? Ich merke, dass es mir genauso geht. Wenn ich draußen mit ihnen unterwegs bin, spüre ich, dass ich Teil dieses großen Gewebes bin. Kein getrenntes Stück Mensch, sondern verwoben in den Kreislauf – wie ein Blatt am Baum, wie ein Stein im Flussbett, wie eine Pfote im Schnee.

Übung: Schärfe deine Sinne

Wenn du das nächste Mal draußen unterwegs bist, mach daraus eine kleine Sinnesreise. Lass den Spaziergang nicht nur Bewegung sein, sondern ein bewusstes Ankommen in der Natur.

Sehen – Nimm die Farben wahr. Das Glitzern des Schnees, das tiefe Grün des Waldes, die Muster der Rinde an alten Bäumen. Schau genauer hin: Kein Blatt, kein Abdruck im Schnee ist wie der andere.

Hören – Schließ kurz die Augen. Hörst du das Pfeifen des Windes, das Rauschen des Baches, das Rascheln von Ästen? Lausche, als würdest du zum ersten Mal hören.

Riechen – Atme tief ein. Riechst du den harzigen Duft der Fichten, die feuchte Erde, vielleicht auch den rauchigen Geruch eines Feuers in der Nähe? Lass die Düfte Bilder in dir hervorrufen.

Fühlen – Spür die Kälte des Windes im Gesicht, die Wärme deines Atems, die Bewegung deiner Muskeln. Fahr mit der Hand über die Rinde eines Baumes, fühl die Struktur.

Lesen – Lies die Spuren um dich herum. Wer war vor dir hier? Reh, Hase, Fuchs? Huskys sind Meister darin – versuch, mit ihren Augen zu sehen. Versuch dabei, diesen Moment nicht zu bewerten, sondern einfach wahrzunehmen. Wie die Natur selbst: still, aufmerksam, verbunden.

So wird ein gewöhnlicher Spaziergang zu einem Ritual – und zu einer ganz anderen Art der Wahrnehmung. Plötzlich verbinden sich deine Sinne mit deinen Ur-Instinkten und deine innere Stimme findet einen neuen Zugang zu dir.

Kapitel 10

Goldpfote – die Kraft des Alterns

Es gibt ein Privileg, das nur die Zeit uns schenkt: die Nähe zu alten Hunden. Mit jedem Jahr verändert sich ihre Energie. Sie werden ruhiger, kuschliger, nehmen sich mehr Raum für Nähe. Und gleichzeitig entdecke ich in ihnen eine Kraft, die oft größer ist als in der Jugend – nicht die wilde Kraft des Anfangs, sondern die tiefe, gereifte Stärke des Dabeibleibens.

Mein Leithund Keijo ist dafür das beste Beispiel. Über 13 Jahre alt und doch noch immer einer meiner stärksten Leithunde. Seine Muskeln sind nicht mehr so prall wie die der Dreijährigen. Aber an Willenskraft übertrifft er sie alle.

Ich erinnere mich an eine Trainingsfahrt in Schweden. Für die Hunde war das ein zähes Stück – kein spannender Trail, nur geradeaus, Schotter, lose Kiesel auf dem aufgerauten Weg. Man spürte die Müdigkeit im Team. Die jungen Hunde, gerade drei Jahre alt, gingen schon fast in den Schritt über, kein Feuer mehr, keine Lust. Doch einer ließ nicht locker: Keijo. Mein Ältester. Er galoppierte als einziger Hund im Team die gesamte Strecke durch. Weil er seine Aufgabe liebte. Weil er wusste: »Ich gehe voran. Ich führe. Ich laufe, bis wir das Ziel erreicht haben.«

In diesem Moment wurde mir klar, was Alter wirklich bedeutet. Es ist nicht die Zahl, die uns schwächt. Es ist die Einstellung. Keijo denkt nicht: »Ich bin alt und gehe es lieber gemächlich an.« Er denkt nur: »Ich laufe.« Er lebt es – mit einer Konsequenz und Leidenschaft, die mich beschämt, wenn ich darüber nachdenke, dass ich sogar jetzt schon ab und an Gedanken habe wie: »Ich kann das nicht mehr, ich bin keine 20 mehr.« Mein Körper hat zwei Kinder geboren, er hat viele Monate mit schlaflosen Nächten, Stillzeiten, Erschöpfung hinter sich. Die Ausreden, etwas nicht zu tun, werden stärker, und das allein, weil ich mir einrede, es läge am Alter. Natürlich spüre ich die Müdigkeit, die Schwere der letzten Jahre. Doch dann sehe ich

Keijo – wie er den unebenen Kieselboden vergisst, die Eintönigkeit eines geraden Trailabschnittes überwindet, einfach weil er will. Und ich erinnere mich: Auch ich kann wählen, wie ich Alter definiere.

Früher dachte ich, stärker zu sein, hieße, mehr Kraft zu haben, schneller zu sein, länger durchzuhalten. Heute weiß ich: Stärke heißt, aufzustehen, wenn man müde ist. Den Stift in die Hand zu nehmen, auch wenn die Nacht kurz war. Zu laufen, auch wenn die Beine schwer sind. Loszulegen, auch wenn's unbequem ist. Meine Kraft liegt nicht mehr im Vergleich mit anderen – sondern darin, dass ich meine innere Motivation aufrechterhalte. Genau wie er. Es ist, als würde man eine alte, gut gepflegte Axt in die Hand nehmen. Nicht stumpf, nicht schwach – sondern durch jahrelangen Gebrauch, durch Schärfen und Beständigkeit zu einem Werkzeug geworden, das verlässlicher ist als jede neue Klinge. So ist es mit uns. Bewegung hält jung. Wenn ich hier bei uns auf dem Land die Bauern und Bäuerinnen beobachte, sehe ich Menschen, die seit Jahrzehnten in Bewegung sind. Frühmorgens im Stall, tagsüber auf den Feldern und Weiden, abends wieder bei ihren Tieren. Ihre Arbeit ist körperlich, fordernd und stetig. Und oft fällt mir auf, wie kräftig und präsent viele von ihnen auch im hohen Alter noch wirken. Ihre Muskeln sind nicht ständig im Ruhemodus, sondern immer wieder in Gebrauch, in Spannung und Entlastung.

Im Gegensatz dazu begegne ich auch Menschen, deren Alltag fast ausschließlich im Sitzen stattfindet. Nicht aus Faulheit, sondern weil unsere moderne Arbeitswelt genau das von ihnen verlangt. Der Körper wird dabei oft stillgelegt, Bewegung auf ein Minimum reduziert. Und manchmal zeigt sich das nicht nur körperlich, sondern auch in der Ausstrahlung – weniger Energie, weniger Spannung, weniger Lebendigkeit.

Diese Beobachtungen sind kein Urteil, sondern eine Erinnerung daran, wie sehr wir für Bewegung gemacht sind. Arbeit, die uns in Bewegung hält, und Bewegung, die Sinn hat, können uns bis ins hohe Alter fit halten. Nicht die Härte macht lebendig, sondern die Kontinuität. Und nicht der Leistungsgedanke, sondern das stetige In-Bewegung-Bleiben.

Von Keijo habe ich gelernt: Alter heißt nicht Rückzug. Es heißt, Erfahrung in Kraft zu verwandeln. Und mit Kraft ist nicht nur Muskelkraft gemeint, sondern auch die unerschütterliche Entscheidung, weiterzugehen. Ältere Hunde dürfen nicht einfach »weggestellt« werden. Bewegung ist kein Luxus, den man ihnen im Alter nimmt, sondern eine Voraussetzung dafür, dass sie beweglich, stabil und möglichst schmerzfrei bleiben.

Was sich verändert, ist nicht die Notwendigkeit von Bewegung, sondern ihre Form. Tempo, Intensität und Untergrund müssen angepasst werden – nicht jedoch der Grundsatz, dass der Körper gebraucht werden will. Wird Bewegung im Alter stark reduziert, baut Muskulatur ab. Und genau diese Muskulatur ist es, die Gelenke stützt, Stabilität gibt und den Hund im Alltag trägt. Fehlt sie, entstehen oft genau die Probleme, die man eigentlich vermeiden wollte: Unsicherheit beim Aufstehen, Einbrechen der Hinterhand, zunehmende Steifheit und Schmerz.

Auch Hunde mit Arthrose oder altersbedingten Einschränkungen profitieren nachweislich von regelmäßiger, angepasster Bewegung. Nicht von langen Gewaltmärschen, aber von mehreren, gleichmäßigen Spaziergängen, von kontrollierter Aktivität und Kontinuität. Bewegung wirkt wie ein Schmiermittel für die Gelenke, fördert die Durchblutung, erhält Koordination und Lebensfreude. Ein Hund, der älter wird, braucht keine Schonung im Sinne von Stillstand, sondern Begleitung, Sensibilität und Aufmerksamkeit.

Ich sehe in Keijo einen Leader, der sein Team bis zum Ende motiviert. An jenem Tag, als alle anderen den Drive verloren hatten, war er es, der mit funkelnden Augen und unermüdlichem Galopp das Ziel erreichte. Meine Oma hatte recht: Er ist die Goldpfote. Und mein bester Lehrer, der mir gezeigt hat, dass das Alter kein Feind ist – sondern eine Kraftquelle, wenn man nie aufhört, zu tun, was man liebt.

Scheitern und siegen – warum meine Hunde schneller lernen als wir Menschen

Im Schlittenhundesport haben wir keine Zügel in der Hand. Auch über die Leinen, durch die die Hunde mit dem Schlitten verbunden sind, können wir ihnen nicht sagen, in welche Richtung sie laufen sollen. Was uns verbindet, sind Worte – Kommandos, die fast archaisch klingen: »Haw« für links, »Gee« für rechts. Internationale Begriffe, die seit Generationen auf allen Trails der Welt gerufen werden. Doch bis ein Hund sie versteht, braucht es Geduld, Übung und das Vertrauen, dass Lernen nicht durch Druck entsteht, sondern durch Erfahrung.

Wenn ich mit meinen Hunden trainiere, nutze ich ihren natürlichen Drang, nach vorne zu laufen. Sie lieben Bewegung. Laufen ist ihre Sprache, ihr Lebenssinn. Wenn wir an eine Weggabelung kommen, ein Weg führt nach links, der andere nach rechts, und ich »Haw!« rufe und das Team dann doch nach rechts zieht, dann bleibe ich stehen. Ich warte und wiederhole klar und verständlich das Kommando. Der Moment, in dem der vordere Leithund seinen Kopf leicht in die richtige Richtung dreht, ist der Schlüssel. Ich rufe seinen Namen, gebe ein bestätigendes »O.k.!« und sofort weiß er: Da geht's lang. Er lernt, weil er selbst die Lösung findet. Nicht, weil ich ihn zwinge. Huskys sind sehr schlau und begreifen schnell. Sie verstehen, dass sie nur dann vorankommen, wenn sie die richtige Richtung wählen. Und weil der Drang, zu laufen, stärker ist als alles andere, probieren sie aus. Sie testen Wege, sie korrigieren sich und lernen dabei.

Wie oft bleiben wir Menschen in derselben Sackgasse stecken. Etwas funktioniert nicht – also versuchen wir es zigmal auf dieselbe

Weise, in der Hoffnung, dass sich das Ergebnis irgendwann doch noch ändert. Ich kenne das nur zu gut.

Diese eingeengte Denkweise ging mir schon einmal richtig unter die Haut – im wahrsten Sinne des Wortes, denn wir hatten uns die Krätze eingefangen. Ein Wort, das schon beim Aussprechen juckt. Die sogenannten Skabies sind winzige Milben – gerade einmal einen halben Millimeter groß, kaum größer als ein Sandkorn. Sie graben sich in die oberste Hautschicht und hinterlassen dort ihre Spuren: feine silbrig-graue Linien unter der Haut, kleine rote Knötchen oder Pusteln, die höllisch jucken, vor allem nachts, wenn die Körperwärme steigt. Und so groß meine Tierliebe auch ist – die Vorstellung, dass diese winzige Gattung unter meiner Haut lebte, machte mich wahnsinnig.

Ich weiß bis heute nicht, wie diese Pest zu uns gefunden hat. Unwissende vermuteten schnell, dass wir uns bei unseren Hunden angesteckt hätten. Diese Annahme ist jedoch nicht korrekt. Zwar können Hunde an einer ähnlichen Erkrankung leiden, die als Räude bezeichnet wird, doch dabei handelt es sich um andere Milbenarten. Übertragen werden die Skabiesmilben ausschließlich von Mensch zu Mensch. Sie überleben außerhalb des Körpers zwar nur ein bis zwei Tage, aber das reicht, um eine ganze Familie wochenlang in Alarmbereitschaft zu halten.

Bei uns zeigte sich die Erkrankung zuerst auf der Haut unserer jüngsten Tochter, die damals gerade einmal ein Jahr alt war. Kleine Knötchen und Pusteln bildeten sich, die sie stark juckten. Die Haut eines Babys ist so fein und so zart – besonders empfänglich für diese winzigen Erreger.

Früher, als man die Ursache noch nicht kannte, wurde Krätze oft mit Lepra, Ekzemen oder einfach unreiner Haut verwechselt. Die Krankheit galt als Zeichen von Armut, Unsauberkeit oder gar Sünde und viele Betroffene wurden gesellschaftlich geächtet. Unbehandelt kann Skabies durch bakterielle Entzündungen oder Blutvergiftungen tatsächlich lebensbedrohlich werden. Kurz gesagt: Es ist kein harmloser Ausschlag. Es ist ein unsichtbarer Feind, der sich leise unter die Haut frisst – körperlich wie seelisch. Abgesehen von dem ständigen Juckreiz, der einen kaum schlafen lässt, ist alleine die Vorstellung spinnenähnlicher Tiere unter der eigenen Haut purer Horror und Ekel.

Behandelt wird Skabies in der Regel mit Cremes oder Lotionen, die das Nervensystem der Milben angreifen. In hartnäckigen Fällen kommen auch Tabletten zum Einsatz.

Wochenlang behandelten wir uns also, wechselten täglich die Bettwäsche, wuschen Kleidung bei 60 Grad, verpackten Kuscheltiere und Decken in Müllsäcke, rissen Teppiche und Vorhänge aus dem Haus und sprühten alles mit Milbenmittel ein. Und trotzdem – immer wieder kehrten sie zurück, diese roten Pusteln, als Reaktion der Haut auf das, was unter ihr lebte.

Der Arzt verschrieb uns immer wieder das gleiche Präparat – sechs Behandlungen, verteilt über mehrere Monate. Sechsmal dieselbe Hoffnung, die sich aufbaute. Sechsmal dieselbe frustrierende Enttäuschung. Und anstatt neue Wege in Betracht zu ziehen, unterstellte er mir Anwendungsfehler.

Ich machte keine. Ich war penibel – fast schon zwanghaft.

Denn ich konnte vor lauter Jucken, Waschvorgängen und Sorge kaum noch schlafen. Und irgendwann, nach Wochen voller Frust, platzte mir der Kragen. Wir drehten uns im Kreis. Immer das gleiche Mittel, dieselbe Routine, derselbe Misserfolg – und keiner kam auf die Idee, den Kurs zu ändern. Also habe ich angefangen, selbst zu recherchieren. Und auch wenn man immer sagt, google keine Krankheiten im Internet, würde ich das heute so nicht mehr unterschreiben. Ich las alles, was ich finden konnte: Erfahrungsberichte, Studien, Ärzteblätter. Ich las mich tief in das Thema ein, bis ich verstand, was Krätzemilben überhaupt sind, wie sie übertragen werden, wie ihr Zyklus funktioniert – und warum das Mittel, das wir benutzt hatten, nicht mehr wirken konnte. Es hatte schlicht keine Kraft mehr, weil die Milben dagegen längst Resistenzen entwickelt hatten. Über Jahre hinweg war es immer wieder verschrieben worden, bis viele Milben, besonders in Deutschland, unempfindlich dagegen geworden waren. Sie überlebten die Behandlung, vermehrten sich weiter – und mit jeder Generation wurden sie robuster.

Ich zog mir unzählige Erklärvideos rein – auf Instagram, TikTok, YouTube. Ärzte, die beschrieben, was im Körper passierte, und Patienten, die offen über ihre Erfahrungen sprachen. Von Anwendungstipps bis zu den typischen Fehlern – alles war dabei. Und ich bin bis heute dankbar für all die Menschen, die trotz des Stigmas, das diese Krankheit mit sich bringt, den Mut haben, darüber zu reden. Menschen, die ehrlich teilen, was ihnen wirklich geholfen hat.

Mit all diesem Wissen im Gepäck stand ich irgendwann wieder beim Arzt. Ich konfrontierte ihn mit den Zahlen – mit den Studien, die ich gefunden hatte, mit den Erfahrungsberichten, mit den Daten aus dem Ärzteblatt. Das Mittel, das er mir immer wieder verschrieben hatte, zeigte laut Studien nur noch eine Wirksamkeit von 27 Prozent. Das andere, frei verkäufliche Präparat hingegen wies eine Erfolgsquote von 87 Prozent auf. Seine Reaktion war ein Schulterzucken. »Wir halten uns an die offiziellen Vorgaben«, sagte er. Ich weiß bis heute nicht, ob dahinter finanzielle Interessen standen oder einfach Trägheit im System. Aber in diesem Moment wusste ich eines ganz genau: Ich würde mich nicht länger auf eine Sackgasse verlassen, nur weil sie offiziell beschildert war. Ich kaufte das andere Mittel, wir wendeten es wie beschrieben an – und die Krätze verschwand. Nicht jedoch die geschädigte Hautbarriere, die durch die vielen erfolglosen Behandlungen stark gelitten hatte. Unsere Jüngste hatte noch über lange Zeit Ekzeme und musste weiterhin dermatologisch behandelt werden.

Nach Monaten voller Nächte ohne Schlaf, mit heulenden Kindern, die sich am liebsten die Haut vom Leib gekratzt hätten, einer

Waschmaschine im Burnout und einer Haut so empfindlich wie Pergamentpapier, hatte ich aufgehört, blind zu vertrauen, und angefangen, selbst zu handeln. Das war der Moment, in dem mir klar wurde: Manchmal ist es besser, den Kurs selbst zu ändern, anstatt darauf zu warten, dass es jemand anderes für dich übernimmt.

Huskys wissen das instinktiv. Wenn der Trail nicht trägt, dann suchen sie einen neuen. Nicht, weil sie ungehorsam sind, sondern weil sie überleben wollen. Huskys sind darin viel klüger als Menschen. Sie verschwenden keine Energie auf Wiederholung, sondern investieren sie in Neuausrichtung. Sie ändern den Kurs, bis sie weiterkommen. Und sobald sie den richtigen Weg gefunden haben, schießen sie kraftvoll und zielstrebig nach vorne.

Von meinen Huskys habe ich gelernt: Wenn du vorankommen willst und etwas klappt nicht, bleib nicht stehen und beklag dich. Probiere. Variiere. Richte dich neu aus. Und lass los, was nicht funktioniert. Scheitern ist nur die Klarheit, dass eine Möglichkeit nicht die richtige ist. Es ist das Testen neuer Wege – bis du den findest, der dich wirklich weiterbringt.

Kapitel 11

Was ich von meinen Huskys über Spiritualität und Energie gelernt habe

Abenteurerin meets Yoga-Girl

Lange Zeit war ich überzeugt, ich müsste mich entscheiden. Entweder ich werde die Frau, die jeden Morgen besonders früh aufsteht, sich einen Kräutertee macht, das Fenster einen Spalt öffnet, damit frische Luft hereinkommt, und dann 20 Minuten lang auf ihrem Meditationskissen sitzt. Ruhig, gesammelt, mitten im Ozean ihrer inneren Zen-Welt. Oder ich bin die andere Version von mir: die, die morgens im Halbdunkel in die Winterstiefel steigt, die Huskys einspannt, während der Wind ihr die Haare ins Gesicht peitscht, und mitten im Schneesturm durch die Berge zieht. Die Frau, deren Alltag kein Wellness-Tempel ist, sondern eher ein Abenteuerparcours. Hoch, runter, laut, wild, fordernd, lebendig.

Ich glaubte wirklich, ich müsste wählen, und fühlte mich innerlich zerrissen. Zentrierte Yoga-Frau oder unbezähmbare Abenteurerin. Die Stille oder die Wildheit. Man kann schließlich nicht gleichzeitig Mantras flüstern und mit einem Gespann Huskys durch die raue Natur bergauf, bergab jagen. Dachte ich. Und weil ich in einer Lebensphase war, in der Meditation mir half, mich wiederzufinden, klammerte ich mich an ihr fest. Ich war überzeugt, dass innere Ruhe etwas ist, das man sich erarbeitet wie eine Trophäe. Dass man sie nur erreicht, wenn man diesen perfekten Rahmen schafft: leise Umgebung, schöner Platz, Kerze, vielleicht etwas Räucherwerk, geschlossene Augen, kein Geräusch, kein Gedanke, nur Atmen.

Meditation hat mich durch tiefe Täler getragen. Ich war ihr dankbar. Und genau deshalb machte sie mir irgendwann Stress. Wenn ich es nicht schaffte, morgens zu meditieren, fühlte ich mich fast schuldig. Als hätte ich einen wichtigen Termin mit mir selbst versäumt. Ich dachte, ohne diese Zeit könnte ich nicht in meiner Mitte bleiben und die Welt würde mich sofort wieder umwerfen. Die Realität allerdings ist: Ich habe zwei Kinder und einen Mann. Ich habe zehn Huskys und ein Pferd. Ich führe ein Business. Ich habe ein Leben, das manchmal aussieht, als hätte jemand auf Shuffle gedrückt und vergessen, es wieder auszuschalten. Ich habe Tage, an denen ich froh bin, wenn ich es schaffe, mir die Haare zu waschen oder in Ruhe ein Brot zu essen. Tage, an denen ich dankbar wäre, wenn ich überhaupt mal drei Minuten ungestört auf die Toilette könnte, ohne dass entweder ein Kind, ein Hund oder eine Verpflichtung über meinen Toilettengang hereinbricht.

Viele Menschen glauben, Meditation sei ein Ort. Ein Ritual. Ein Zeitfenster. Ein ästhetisch inszenierter Morgen mit Matcha und Journaling und Sonnenaufgang. Aber Meditation ist kein Lifestyle. Meditation ist ein Bewusstseinszustand. Es gibt nicht die eine richtige Routine. Es gibt aber den Weg, der zu deinem Leben passt. Meine Huskys meditieren nie – und sind trotzdem die präsentesten Wesen, die ich kenne. Sie finden ihre Mitte, indem sie tun, was sie lieben. Es hat ein bisschen gedauert, aber irgendwann begriff ich, dass ich auf meinem eigenen wilden Ritt bin und innere Ruhe nicht an einen Ort gebunden ist. Sie hängt nicht davon ab, ob ich auf einem Meditationskissen sitze oder auf einem Hundeschlitten stehe. Ich muss nicht wählen zwischen Achtsamkeit und Abenteuer. Zwischen sanft und wild. Zwischen Räucherstäbchen und Schneesturm. Mir fiel auf, dass ich oft genau dann losließ und wirklich tief atmete, wenn ich auf dem Trail war. Dann, wenn ich mit meinen Huskys durch die klare Winterluft jagte, durch enge Kurven und über verschneite Trails, die Hände fest am Schlitten, die Augen nach vorn, dann war ich einfach nur da, ohne tausend Gedanken, die mir durch den Kopf jagten. Da war kein Mantra, kein Gong, keine Stimme aus einer App, die mir zuflüsterte: »Atme jetzt bewusst ein.« Und dennoch war ich tiefer in meinem Körper als in so mancher stillen Meditation. Der Rhythmus der Tiere, der Klang der Pfoten im Schnee, das leise Surren der Kufen – alles formte eine Art natürliches Gebet. Kein Fokus nach innen, sondern ein vollkommenes Aufgehen im Moment.

Ich fand dieselbe Ruhe, wenn ich meinen Kindern beim Spielen zusah und sie völlig in ihrer Welt versunken waren. Wenn ich im Herbst die Blätter fallen sah, wie goldene Flocken, die ohne Eile ihren Platz auf der Erde suchten. Sogar das Aufsammeln des Hundekots bekam durch die Anzahl an Hunden etwas Meditatives. Das war nicht die Ruhe, die ich mir früher vorgestellt hatte. Es war keine Stille im Außen. Es war auch keine Stille, die man sich erkämpfen oder verdienen musste. Es war eine Stille, die in mir entstand, nicht, weil das Leben ruhig war, sondern weil ich aufgehört hatte, vor dem Trubel wegzulaufen. Ich musste verstehen, dass Stille kein Zustand ist, den man herstellt, sondern eine Haltung. Dass die Mitte, von der alle reden, nicht in einem Zimmer mit geschlossener Tür wartet, sondern mitten im Alltag.

Ich bin nicht nur die, die meditiert. Und ich bin nicht nur die, die durch Schneestürme rennt. Ich bin beides. Ich bin die Frau, die auf der Yogamatte sitzt, und die Frau, die bis zum Bauch in hohem Schnee steckt. Es ist nie um die Frage gegangen: Bist du die Ruhige oder die Wilde? Sondern darum, zu verstehen, dass Freiheit entsteht, wenn wir uns nicht zwingen, in nur eine dieser Rollen zu passen. Ruhe ist kein Ort. Ruhe ist eine Entscheidung. Und Stille ist kein Geräuschlevel, sondern ein Bewusstseinszustand.

Ich darf sanft sein und stark. Still und laut. Ich darf alles sein, je nachdem, was das Leben in diesem Moment von mir will oder was ich von ihm will. Für mich ist das eigentliche Geheimnis nicht, die perfekte Routine zu finden, sondern die Fähigkeit, der eigenen Mitte überall zu begegnen. Nicht nur im leeren Raum, sondern im wilden Leben.

Energie und wie sie uns verbindet

Es war ein Sonntagmorgen. Einer dieser klaren, schönen Wintertage, an denen selbst die Berge wirken, als würden sie noch schlafen, weil noch kein Sonnenstrahl auf sie fällt und sie wie in einem dunklen Schatten schlummern. Normalerweise trainieren wir sonntags nicht. Das ist Ruhetag für alle. Zeit für Gemütlichkeit, für Kaminfeuer, Decken und Kaffeetassen, für »lass uns heute einfach nur in Jogginghose chillen«. Und ganz ehrlich: auch die Zeit, in der das Dorf nicht vom Husky-Soundtrack geweckt werden muss.

Aber es war kurz vor der Weltmeisterschaft und tief in mir wusste ich: Diese eine Einheit brauche ich noch für dieses Gefühl von »Wir sind bereit«. Also beschloss ich, trotzdem zu fahren, nur später als sonst. Die Hunde waren längst wach, waren schon draußen gewesen, hatten getrunken und gespielt. Nichts an diesem Morgen deutete darauf hin, dass Training anstand. Ich zog mich oben im Schlafzimmer an. Kein Fenster führte in den Hof, von dem aus die Hunde mich hätten sehen können. Es gab nichts, was mich verriet. Und doch – kaum hatte ich die dicke Skihose und die Winterstiefel in der Hand, hörte ich draußen das leise Winseln. Dann ein freudiges Jaulen, das sich steigerte, bis das ganze Rudel in Bewegung war und mit aufgeregten Pfoten über den Boden trommelte, als hätte jemand im Hof einen Schalter umgelegt. Ich trat ans Fenster und sah sie auf und ab laufen, die Köpfe in meine Richtung gewandt, die Augen wach, die Körper voller Spannung. Sie wussten es. Noch bevor ich auch nur die Haustür geöffnet hatte, noch bevor ich irgendein sichtbares Signal gegeben hatte, wussten sie, dass wir fahren würden. Ich konnte es mir nicht erklären. Kein äußeres Zeichen, kein Geräusch, kein vertrauter Ablauf. Und doch – irgendetwas hatten sie gespürt. Etwas, das jenseits von gewohnten Abläufen, von Tageszeiten oder Bewegungen lag. Etwas, das uns verband. Man kann das Instinkt nennen. Intuition. Bauchgefühl. Oder nüchtern betrachtet: Energie.

Wenn wir ein Mikroskop nehmen und uns selbst, die Huskys, den Schnee, die Erde betrachten und das Ganze milliardenfach vergrößern, bleibt am Ende immer dasselbe übrig: Energie. Wir bestehen aus Atomen – Teilchen, die nach aktuellem Stand der Physik nicht aus fester Materie bestehen, sondern aus Energie, die sich in Form von Schwingung zeigt. Jede unserer Empfindungen und Handlungen löst messbare Reaktionen im Körper aus. Studien zeigen, dass Emotionen unser biologisches System beeinflussen: Positive Emotionen wie Freude oder Dankbarkeit aktivieren regenerative Prozesse, während Stress oder Angst Schutzmechanismen auslösen. Was wir fühlen, wirkt also nicht nur in uns – es verändert, wie wir handeln, reagieren und in Beziehung treten. Man könnte sagen: Alles Leben steht in Resonanz miteinander – auch wenn diese Resonanz weniger ein physikalisches Messgerät meint als ein tiefes Empfinden von Verbindung.

Meine Huskys sind darin Meister. Sie spüren, bevor ich handle. Wenn ich nervös bin, bevor ein Wettkampf beginnt, wird das Rudel unruhig. Wenn ich in mir klar bin, ruhig und fokussiert, läuft das Team, als wären wir ein einziger Organismus.

Was dabei geschieht, lässt sich heute teilweise auch neurobiologisch erklären. Im Gehirn von Säugetieren gibt es sogenannte Spiegelneuronen. Das sind spezielle Nervenzellen im Gehirn, die dann aktiv werden, wenn wir selbst etwas tun – und ebenso, wenn wir beobachten, wie ein anderer es tut. Kurz gesagt: Sie lassen uns innerlich miterleben, was wir bei anderen sehen. Das Gehirn unterscheidet dabei nur begrenzt zwischen »Ich mache das« und »Ich sehe, wie es jemand anderes macht«. Dadurch entsteht Resonanz. Wenn wir also jemanden sehen, der gestresst ist, spannt sich oft unbewusst auch unser eigener Körper an. Wenn wir Ruhe, Klarheit oder Freude beobachten, spiegelt sich das ebenfalls in uns.

Bei Hunden sind diese Mechanismen besonders ausgeprägt. Sie beobachten uns permanent. Kleine Veränderungen in Haltung, Atmung oder Mimik reichen aus, damit ihr Nervensystem reagiert. Deshalb spüren Hunde unsere innere Verfassung oft, bevor wir selbst sie bewusst benennen können.

Genauso ist es bei uns Menschen: Wenn wir einen Raum betreten und eine angespannte Atmosphäre spüren, gehen wir in Resonanz. Wir verlieren das Gefühl dafür nicht, weil wir unfähig wären, sondern weil unsere Welt zu laut geworden ist. Nicht nur akustisch – auch energetisch. Ständige Reize, Bildschirme, Ablenkung, Input. Wir sind so sehr auf Empfang, dass wir gar nicht mehr fühlen. Wir nehmen Stimmungen zwar wahr, aber halten sie für Zufälle. Wir übergehen unsere Körpersignale, die eigene Intuition, sogar unsere Gänsehaut. Dabei ist genau das die Sprache der Energie. So, wie meine Huskys meine Energie fühlen – selbst durch Mauern hindurch –, können auch wir lernen, wieder feinfühliger zu werden. Denn diese Fähigkeit steckt in uns allen. Wir haben sie nur übertönt.

Die Huskys wussten an diesem Sonntagmorgen nicht, dass ich trainieren wollte, weil sie meine Routine kannten. Sie erkannten es, weil sie mich fühlten. Und in diesem Moment war es keine bloße spirituelle Theorie. Das Rudel stand bereit, weil ich bereit war. Energie in Reinform. Unsichtbar. Und absolut real.

Als mir bewusst wurde, wie fein meine Hunde auf Energie reagieren und wie grob ich im Vergleich dazu manchmal durch den Tag rausche, hat mich das ehrlich getroffen. Ich wollte das wieder lernen. Weniger Kopf, mehr Gefühl. Mehr wahrnehmen, bevor ich denke. Mehr »Ich weiß einfach« statt »Ich analysiere und zerdenke alles zu Tode«. Ich wollte dieses innere Radar zurück, das Babys haben und Tiere nie verlieren. Also habe ich angefangen, Kleinigkeiten zu ändern oder neu zu integrieren. Nicht mit irgendwelchen Ritualen oder fancy Tools, sondern mit den einfachsten Mitteln.

Das Erste war mein Atem. Einfach atmen. Nicht im Lotus-Sitz auf einem Meditationskissen, sondern mitten im Alltag. Beim Schuheanziehen. Beim Warten auf das Nudelwasser. Beim Einspannen der Hunde. Ich habe gemerkt: Wenn mein Atem ruhig wird, werde ich ruhig. Und dann kann ich fühlen, statt zu funktionieren.

Meine Tiere waren mein zweiter Schlüssel. Nicht, weil ich sie trainiere, sondern weil sie mich spiegeln. Wenn ich bei ihnen stand und einfach nur da war, ohne noch schnell währenddessen die Voicemail zu beantworten oder To-do-Listen abzuhaken, haben sie reagiert. Hunde zeigen dir immer die brutale Wahrheit. Sie lügen nie. Du kannst ihnen nichts vorspielen und das hilft mir, ehrlich mit mir selbst zu sein und zu erkennen, wenn ich doch wieder in alte Muster verfalle. Anstatt bei meinem Handy nur die Push-Benachrichtigungen auszuschalten, habe ich es auch viel häufiger gar nicht mehr zu den Tieren mitgenommen, außer als Absicherung, wenn ich unterwegs war, für den Fall, dass etwas passieren sollte, oder zum Filmen von Content für Social Media. Dann passierte das aber auch nicht einfach so nebenher, sondern ich habe klar entschieden: Heute ist Content-Tag. Ich produziere nicht mehr fünf Tage die Woche immer nebenbei kleine Snipets und bin damit ständig am Handy und am Filmen, sondern ich verbringe bewusst einen Tag in der Woche mit Content und das mit Plan.

Ich wollte kein Detox-Projekt, keine »Digital-Hygiene-Challenge«, sondern einfach handyfreie Momente in mein natürliches Leben integrieren. Ich wollte den Wind wieder hören, den warmen

Atem meines Leithundes sehen. Weniger war plötzlich nicht langweilig, sondern befreiend. Da war Platz. Und in diesem Platz kam die Wahrnehmung zurück.

Je mehr ich darauf geachtet habe, desto klarer wurden mir diese Momente. Und irgendwann habe ich gemerkt, dass meine Intuition wieder lauter wurde. Nicht dramatisch, nicht hollywoodmäßig. Sondern ganz leise, aber klar. Sie hat nur gesagt: »Da lang.« Und ich habe ihr geglaubt.

So wurde mein Gefühl langsam stärker. Nicht auf Knopfdruck, sondern wie ein Muskel, den man wieder und wieder benutzt. Heute vertraue ich dieser Sprache mehr als allem anderen. Nicht, weil sie mystisch ist, sondern weil sie erfahrbar ist. Energie ist Information. Und wenn man still genug wird – egal ob auf dem Trail oder im Wäschekeller –, spürt man sie wieder.

Die Verbindung zu den Ahnen und zur Geisterwelt des Nordwinds

Eines Tages, als ich frühmorgens mit den Hunden losfuhr, erlebte ich es das erste Mal. Der Schnee lag wie ein gedämpfter Teppich unter den Kufen. Kein Funkeln, kein Spektakel – nur dieses ruhige Weiß, das jedes Geräusch verschluckte.

Und plötzlich war da dieses Gefühl: Wir sind hier nicht allein. Ich drehte mich um, aber sah niemanden. Dann hörte ich nach den Kurven etwas im Schnee driften, als würde ein anderer Schlitten dicht hinter mir fahren. Schnell blickte ich über die Schulter – wieder sah ich nichts außer dem weißen Trail. Ich dachte schon, ich hätte Halluzinationen, und sagte innerlich zu mir: »Jetzt drehst du völlig durch.« Und dennoch: nicht greifbar, nicht erklärbar – doch da war etwas. Aber ich spürte keine Angst, nicht dieses unangenehme Gefühl, wie wenn man nachts in einer dunklen Gasse Schritte hinter sich hört und sich umdreht. Es war anders. Ein vertrautes

Gefühl. Eine Anwesenheit, die mir früher immer Sicherheit und Wärme gegeben hatte.

Ich dachte kurz darüber nach, ob das sein konnte. Ich erinnerte mich an Fahrten, die ich früher zusammen mit Coco, meinem Stiefvater, gemacht hatte, als schon klar war, dass er nicht mehr lange leben würde. Die Ärzte sagten damals, es seien nur noch Monate. Wir trainierten immer zusammen, mal fuhr er vor mir, mal überholte ich ihn und wartete nach ein paar Metern, bis ich den Lichtkegel seiner Stirnlampe durch die Dunkelheit wieder aufblitzen sah. Damals dachte ich in diesen Momenten oft daran, wie es sein würde, wenn ich eines Tages anhalten, in die Dunkelheit starren würde – und niemand mehr käme. Ich weiß noch genau, wie schwer sich diese Vorstellung auf meine Kehle legte und wie sehr ich hoffte, es würde sich noch ein Weg finden.

Aber an jenem Tag war es, als würden seine Energie und die unserer verstorbenen Hunde durch die Luft schwingen. Nicht als Erinnerung, sondern als Präsenz. Es war, als würde sich die Luft anders bewegen. Ein Licht, das zwischen den Schneekristallen tanzte. Eine Schwingung, die ich nicht sehen konnte, aber mit jeder Faser spüren.

Ich hatte einmal gehört, dass es Momente geben soll, in denen die Grenzen zwischen den Welten dünner werden. Damals war ich mir nicht sicher, was ich davon halten sollte. Aber Hand aufs Herz: Menschen glauben an so vieles. Warum also nicht wenigstens die Möglichkeit in Betracht ziehen? Am Ende ist Wahrheit oft nur eine Frage der Perspektive und Erfahrung.

Ich glaube, viele Menschen erleben so etwas in der Art, aber sprechen nicht darüber – aus Angst, abgestempelt zu werden. Doch wenn ich mich mit meinen engsten Freunden austausche, hat jeder von ihnen schon mindestens einmal eine solche Erfahrung gemacht. Nicht mit Huskys und nicht auf dem Trail, aber in einem Moment, in dem sie sich tief verbunden fühlten mit einem Menschen oder einem Tier, den oder das sie lieben.

Ich habe für mich dazu irgendwann eine – zugegebenermaßen – wilde These aufgestellt. Und ich behaupte nicht, dass sie die ultimative Wahrheit ist. Aber sie geht mit mir in Resonanz. Vielleicht, weil ein Teil von mir sich wünscht, dass es so ist. Vielleicht, weil es mir lieber ist, zu glauben, dass da noch etwas bleibt, als dass alles mit dem Tod einfach endet.

Ich versuche gerne, feinstoffliche Dinge in einen wissenschaftlichen Kontext zu ziehen, um sie greifbarer zu machen. Also fragte ich mich: Was, wenn wirklich alles der Gravitation unterliegt? Es gibt eine Kraft, die uns alle auf dieser Erde hält. Die Wissenschaft nennt sie Gravitation oder Erdanziehung. Sie sorgt dafür, dass wir mit beiden Füßen auf dem Boden bleiben, dass das Meer im Becken der Erde ruht und der Himmel nicht auseinanderfliegt. Doch was, wenn diese Kraft mehr ist als nur ein physikalisches Gesetz? Was, wenn sie auch auf das Unsichtbare wirkt – auf Gedanken, Erinnerungen, Liebe, auf das, was wir Seele nennen? Was, wenn die Erdanziehung nicht nur Materie hält, sondern auch Energie? Und wenn alles auf dieser Erde dieser Anziehung folgt – warum nicht auch das, was wir nicht sehen können? Wenn Gravitation ein ständiges Zueinanderziehen ist – könnte es dann nicht sein, dass auch unsere Seelen diesem Gesetz folgen? Nicht nur Körper, sondern auch Bindungen, Erinnerungen, Liebe? Vielleicht hält die Erde nicht nur das Physische in ihrer Umlaufbahn, sondern auch das Feinstoffliche – das, was wir Verbindung nennen. Unsere Ahnen, unsere Gefährten, unsere Tiere – vielleicht sind sie nicht fort. Vielleicht sind sie nur in eine andere Dichte gewechselt, in einen Zustand, den unsere Augen nicht mehr erfassen können.

Ich habe mit meinen Huskys die Erfahrung gemacht, dass ich vor ihnen nichts verbergen kann – weder Freude noch Unruhe. Und ich spüre, dass Verbindung nicht mit einem Herzschlag endet. Irgendwie macht das doch verdammt viel Sinn: Wenn wir eines Tages diesen Körper abstreifen, warum sollten wir dann nicht dorthin zurückkehren, wo unsere Seele am lebendigsten war? Wenn wir nicht mehr an Muskeln, Knochen, Hülle gebunden sind – warum sollten wir nicht das tun, was uns am meisten gab? Frei, leicht, eins mit dem Wind. Und wenn einmal der Tag kommt, an dem ich nicht mehr physisch hier bin, erfüllt mich die Vorstellung mit einem Gefühl von innerem Frieden, mit dem Nordwind unterwegs zu sein – zusammen mit meinem Rudel, auf den endlosen weißen Trails dieser Welt. Dicht hinter meinen Kindern, sie leise begleitend, während sie ihren eigenen Abenteuern folgen.

Fremdenergie und Schutzrituale für Mensch und Hund

Der Schnee knirscht unter meinen Stiefeln. Der Atem der Huskys steigt in dichten Wolken auf. An diesem Tag in den Allgäuer Alpen fühlt sich die Kälte nicht mehr wie Wetter an, sondern wie ein Element. Minus 21 Grad. Der Wind pfeift über das weite Weiß und schon die kleinste Bewegung kostet Energie.

Ich beobachte, wie sich das Rudel in einer Mulde zusammenrollt. Jeder Hund legt sich so, dass kein Wind an seinen Körper dringt. Sie rollen sich ein, die Nase tief im Schwanz vergraben, das dichte Fell aufgeplustert wie eine Rüstung aus Wärme. Ihr Körper ist eine Meisterleistung der Autarkie – das Fell, das die Wärme speichert, der buschige Schweif, der sich über die empfindliche Nase legt, die Haltung, die die lebenswichtigen Organe schützt. Kein Zufall. Ein System, das auf Selbsterhaltung ausgerichtet ist – auf Bewahrung der Energie.

Von ihnen habe ich gelernt, dass Schutz weit über das Körperliche hinausgeht. Wir Menschen schützen uns vor Kälte mit Kleidung, vor Regen mit Dächern, vor Sonne mit Schatten. Aber wer schützt uns vor dem, was uns energetisch auslaugt? Fremdenergie ist wie eine unsichtbare Klette. Man spürt sie, bevor man sie benennen kann. Es sind die Schwingungen anderer Menschen, Gedanken, Stimmungen, Worte, Räume – Energien, die nicht zu uns gehören, sich aber an uns heften, wenn wir zu offen oder erschöpft sind. Vielleicht kennst du das Gefühl: Du betrittst einen Raum und plötzlich wird dir schwer ums Herz. Du triffst jemanden und nach dem Gespräch fühlst du dich leer. Oder du wachst morgens auf, voller Freude – und bist mittags ausgelaugt, obwohl du nichts »getan« hast.

So wie der Körper seine Wärme verliert, wenn er ungeschützt der Kälte ausgesetzt ist, verliert auch die Seele Energie, wenn sie sich nicht abgrenzt. Huskys wissen instinktiv, wann sie ihre Energie bewahren müssen. Ich habe oft beobachtet, dass meine Huskys sich abwenden, wenn Menschen ihnen zu aufdringlich werden. Sie gehen und grenzen sich damit von diesen Energieräubern ab. Genau das dürfen wir wieder lernen: Nicht jede Energie gehört zu uns. Nicht alles, was uns berührt, muss in uns hinein.

Früher war ich nach der Arbeit mit vielen Menschen oft ausgelaugt. Gefühlt habe ich alles an Fremdenergien durch mich hindurchgelassen. Das Halten des Raumes zum Beispiel, wenn ein Gast bei einem Husky-Erlebnis zu unserem Rudel stößt, erfordert von mir sehr viel innere Arbeit. Ich halte gleichzeitig den Raum für mein Rudel, sodass sie untereinander wissen, wo ihr Platz ist und wo nicht. Sodass sie spüren: Es ist okay, wenn fremde Menschen bei uns zu Hause sind. Und ich halte den Raum für die Gäste, die zu uns kommen – manche haben Respekt, andere auch Angst. Menschen, die die Körpersprache zwischen Mensch und Husky erst mal lernen dürfen.

Nach dem ersten Jahr mit unseren Husky-Erlebnissen zu Hause war ich nach der Sommersaison mental so erschöpft, dass ich vor und nach den Gruppen geweint habe. Ich habe nahezu alles gefühlt, was die Teilnehmer gefühlt haben – und das ohne Filter. Es war so schlimm, dass ich sogar überlegt habe, mein Angebot komplett in den Boden zu stampfen und mir etwas anderes zu suchen.

Erst als ich zur Trauerbewältigung in Therapie war, sagte mir meine Therapeutin, dass ich mich selbst mehr abgrenzen müsste, wenn ich nicht komplett innerlich ausbrennen wollte. Und so habe ich angefangen, über dieses Thema zu recherchieren. Ich habe Podcasts von Experten gehört, habe einen Ratgeber nach dem anderen gewälzt, aber nichts wollte bei mir so richtig greifen. Erst als ich mich mehr an meinem Rudel und ihren Ritualen orientierte, wurde es leichter für mich, meine eigene Energie zu schützen. Manchmal liegt der Zauber in der Einfachheit. Sie sind simpel – so wie Hunde eben sind – und doch wirkungsvoll. So funktioniert Natur. Und wir auch, wenn wir's nicht verkomplizieren.

Die besten Lifehacks, um sich abzugrenzen (Credits an mein Husky-Rudel)

Das Abstreifen
Nach intensiven Begegnungen oder der Arbeit mit vielen Menschen stelle ich mir gern vor, ich schüttle wie ein nasser Hund das Fremde aus meinem energetischen Feld. Ich bewege mich, klopfe meinen Körper ab – besonders Schultern, Nacken und Beine. So signalisiere ich meinem System: Ich lasse los, was nicht zu mir gehört.

Erde und Atem
Manchmal stelle ich mich barfuß auf den Boden, besonders nach Tagen, an denen viele Menschen oder Eindrücke auf mich eingewirkt haben. Ich atme tief, und während ich das tue, stelle ich mir vor, wie alles Verbrauchte durch meine Füße in die Erde sinkt. Es ist ein Loslassen, das nicht im Kopf passiert, sondern über den Körper.

So wie sich meine Huskys auf den kalten Schnee legen, um überschüssige Wärme abzugeben, leite auch ich auf meine Weise Energie ab – nicht sichtbar, aber spürbar.

Grenzvisualisierung
Morgens, bevor der Tag beginnt, stelle ich mir vor, dass ich mir ein unsichtbares Cape umhänge. Für mich fühlt es sich an wie das dichte Fell eines Huskys – schützend und weich. Es lässt Liebe, Freude und Nähe zu, hält aber das draußen, was mir nicht guttut. Dieses Cape begleitet mich durch den Tag, und wenn ich merke, dass ich dünnhäutig werde, rufe ich es mir innerlich wieder in Erinnerung.

Abwenden
Durch meine Huskys habe ich gelernt, dass sich abzuwenden kein Zeichen von Schwäche ist, sondern pure Stärke. Wenn ich spüre, dass Menschen mir nicht guttun, dann drehe ich mich um und gehe. Punkt. Ich setze klare Grenzen, und wer sie überschreitet, verlässt meinen Kreis. Meine Energie ist kostbar – ich verschwende sie nicht an Menschen, die meine Grenzen ignorieren. Ich habe eine wundervolle Familie, echte Freunde und ich liebe es, Zeit nur mit mir und meinen Huskys zu verbringen. Ich brauche niemanden, der sich falsch anfühlt. Ich wähle, wer in meiner Welt ist. Und manchmal bedeutet das: loslassen. Ohne Schuld und Drama.

Das Rudel-Ritual
Am Abend setze ich mich oft zu meinen Hunden. Ich lege die Hand auf ihr Fell und atme im gleichen Rhythmus wie sie. Ihre Ruhe überträgt sich auf mich. Ich spüre, wie meine Gedanken langsamer werden und mein Körper wieder bei sich ankommt. Tiere sind für mich die besten Energiemeister – sie nehmen nichts auf, was nicht zu ihnen gehört, und sie finden immer zurück in ihre Mitte. Wenn ich so neben ihnen sitze, danke ich ihnen für diese Balance.

Kapitel 11

Im Kreis des Feuers – wie Rituale unsere Energie neu entfachen

Wenn der Wind über die weiten Ebenen Lapplands streicht und die Kälte sich wie ein lebendiges Wesen durch die Wälder bewegt, erinnere ich mich daran, dass alles Energie ist. Auch der Wind. Auch das Feuer. Auch wir. Die alten Völker wussten das. Lange bevor es Worte wie Energiearbeit oder Frequenz gab, verstanden sie, dass der Mensch Teil eines großen, schwingenden Ganzen ist. Wenn sie am Feuer tanzten, war das kein Zeitvertreib. Es war ein Ritual – ein Tor. Sie öffneten damit Räume, in denen sich Körper, Geist und Seele neu ausrichten konnten.

Vielleicht kennst du das: Eine Kerze brennt, das Kaminfeuer knistert oder die Flammen eines Lagerfeuers tanzen vor deinen Augen. Licht hat etwas Hypnotisches. Es zieht dich in seinen Bann – und gleichzeitig beruhigt es dich. Feuer hat eine ganz besondere Kraft. Es wärmt, ohne dabei kühler zu werden. Es schenkt Licht, ohne sich selbst zu dimmen.

Für mich ist Feuer das vollkommenste Sinnbild dafür, wie Energie fließen darf, ohne zu verglühen. Es gibt, ohne auszubrennen. Und doch – Feuer brennt niemals allein. Es braucht etwas, das es nährt. Holz, Luft, Raum. So wie wir Menschen Träume, Sehnsüchte und Visionen brauchen, um für etwas brennen zu können. Was uns unter anderem von den Tieren unterscheidet, ist der Umgang mit dem Feuer. Wir können es beherrschen, wir können seine Energie nutzen, wir können mit ihm kochen, uns verteidigen, uns wärmen und Waffen oder Pfannen schmieden. Und am Ende macht uns das Feuer wieder zu Staub und bindet uns in den Kreislauf des Lebens ein.

In seinem Buch *Catching Fire – Wie uns das Kochen zum Menschen machte* beschreibt der Anthropologe Richard Wrangham von der Harvard Universität die sogenannte »Cooking Hypothesis«. Er argumentiert, dass die Kontrolle über das Feuer und das Kochen von Nahrung einer der entscheidenden evolutionären Schritte war, die unser Gehirn wachsen ließen und den Menschen zur dominierenden Spezies machten.

Ist es da nicht erstaunlich, dass die alten Urvölker immer am Feuer tanzten und sangen? Hatten sie längst verstanden, dass Feuer auch eine energetische Kraftquelle ist, mit der wir uns verbinden können?

Ich habe dasselbe Gefühl, wenn ich mit meinen Huskys durch die Nacht fahre. Wenn das Nordlicht über den Himmel tanzt, ist es, als würde der Himmel selbst ein uraltes Lied singen. Auch das ist ein Ritual. Bewegung. Rhythmus. Wiederholung. Der Übergang in einen anderen Zustand des Seins.

Ich selbst würde mich nie als gelassenen Menschen beschreiben. Und wenn man meine engsten Vertrauten befragt – die erst recht nicht. Ich habe gelegentlich mit ziemlichen Stimmungstiefs zu kämpfen. In solchen Momenten tobt ein Sturm der Windstärke 8 in mir und droht alles mitzureißen, was sich in meinem Wirkungskreis aufhält. Ich bin kein Mensch, der seine innere Welt gut kontrollieren kann. Wenn ich glücklich bin, reiße ich alle um mich herum mit – in ein Meer aus Freude, Begeisterung und überschäumendem Glück. Und auf der anderen Seite ist es genauso. Ich kann in ein tiefes Loch fallen, dessen Dunkelheit selbst die Nacht belächelt. Ich kann wie ein Hurrikan toben und alles in Fetzen reißen. Doch in der Stille danach spüre ich, dass auch das nur Energie ist.

Wenn ich sie bewege, wandelt sie sich. Wenn ich sie festhalte, staut sie sich und zieht mich hinunter. Darum habe ich gelernt, sie zu lenken, bevor sie mich niederdrückt. Ich habe gelernt, dass Bewegung meine Medizin ist. Dass Rhythmus mich zurückholt.

Wenn ich spüre, dass die Dunkelheit an die Tür klopft, gehe ich zu den Hunden. Manchmal tanze ich zwischen ihnen, bis mein Herz wieder im gleichen Takt schlägt wie ihre. Das Rudel erinnert mich daran, dass Energie immer in Bewegung bleiben will. Dass nichts für immer feststeckt – weder Freude noch Schmerz. Und dass selbst ein innerer Sturm mich reinigen kann, wenn ich aufhöre, ihn zu bekämpfen, und beginne, mich mit ihm zu bewegen.

Auch Feuer reinigt. Es erinnert uns an die Kraft der Transformation. Es brennt das Alte fort, das uns nicht mehr dient, und schafft Raum für Neues. So wie Asche zur Grundlage für neues Leben werden kann, so nährt auch jedes Loslassen unser inneres Wachstum.

Die Schamanen eröffnen ihre Rituale mit Gesang, Tanz und Feuer. Nicht, weil das Tradition war, sondern weil sie verstanden: Der Körper ist selbst das Eingangstor. Bewegung, Atem und Klang öffnen das Bewusstsein besser als jedes gesprochene Wort.

Wenn wir tanzen, befreien wir stagnierte Energie. Wenn wir singen, schwingen unsere Zellen in einer höheren Frequenz. Wenn wir das Feuer entzünden, erwecken wir den Funken des Lebens in uns.

Meine Huskys lehren mich das immer wieder. Wenn sie ausgelassen durch den Schnee springen, wenn sie mit aufgestellten Ruten und leuchtenden Augen den Himmel anheulen, dann sind sie in ihrer höchsten Frequenz – wild, lebendig und verbunden. Kein Gedanke hält sie zurück, keine Angst zieht sie nach unten. Nur pure Energie. Bewegung und Leben.

Vielleicht ist das das größte Ritual, das wir vergessen haben: uns selbst zu erlauben, wieder in Schwingung zu kommen. Nicht immer stillzuhalten, nicht immer zu funktionieren – sondern uns zu bewegen, zu tanzen, zu singen, zu atmen, bis das Leben wieder durch uns hindurchfließt.

Und wenn du das nächste Mal das Gefühl hast, dass alles schiefläuft, dass du dich in einer Abwärtsspirale befindest, dann tanz wie der Nordwind um die Flammen des Feuers und sing dein Lieblingslied, bis sich dein ganzer Körper der Melodie hingibt. Erwecke die uralte Weisheit, die in deinem Körper schlummert. Zünde ein Feuer an – im Außen oder in dir selbst. Beweg dich, bis du den Takt wieder spürst. Und bedenke: Du kannst deine Frequenz jederzeit verändern. Deine Energie folgt deiner Bewegung. Dein Tanz ist dein Gebet – an was auch immer du glaubst. Dein Atem ist deine Trommel.

Wenn das Feuer erlischt, war es nicht zu schwach – es hatte nur nichts mehr, wovon es sich nähren konnte. So ist es auch mit uns. Wir brennen nicht aus, weil wir zu viel geben, sondern weil wir vergessen, uns selbst zu nähren.

Ritual: Vom Ruf der Elemente

Manchmal braucht es keinen großen Tempel, keine aufwendige Zeremonie – nur dich, deinen Atem und die Bereitschaft, dich wieder mit dem Leben zu verbinden.

1. Find deinen Ort.
Wähl einen Platz, an dem du dich sicher fühlst. Vielleicht im Freien, mit dem Wind im Gesicht. Oder drinnen, mit einer Kerze, die still für dich brennt. Wichtig ist nur, dass du dich mit der Erde unter dir verbinden kannst – mit dem, was dich trägt.

2. Atme.
Schließ die Augen und atme tief durch die Nase ein. Lass den Atem bis in deinen Bauch sinken. Spür, wie du mit jedem Einatmen Kraft aufnimmst und mit jedem Ausatmen loslässt, was dich belastet. Drei bewusste Atemzüge können Welten bewegen.

3. Ruf die Elemente.
Stell dir vor, du öffnest einen Kreis: Im Osten der Wind – der Atem des Neubeginns. Im Süden das Feuer – die Flamme deiner inneren Kraft. Im Westen das Wasser – das Fließen deiner Gefühle. Im

Norden die Erde – die Wurzeln deiner Stärke. Spür, wie sie dich umgeben, dich halten, dich erinnern.

4. Beweg dich.
Lass deinen Körper führen. Schüttle aus, was feststeckt. Tanz, wenn du magst – so, wie es dir in den Sinn kommt. Lass dich von einem inneren Rhythmus leiten.

5. Stimm dich ein.
Summ, sing, töne – nicht, um schön zu klingen, sondern um deine eigene Frequenz zu spüren. Dein Körper ist ein Instrument. Deine Stimme öffnet den Raum zwischen dir und der Welt.

6. Entzünde das Feuer.
Ob eine Kerze oder ein echtes Feuer – spür die Wärme, das Licht, das Leben. Stell dir vor, jede Flamme sei ein Gedanke, der frei wird. Jede Glut eine Erinnerung, die sich wandelt. Lass das Feuer für dich sprechen.

7. Schließ den Kreis.
Bedank dich bei den Elementen. Beim Wind, der dich trägt.
Beim Feuer, das dich wandelt. Beim Wasser, das dich heilt.
Bei der Erde, die dich hält. Und schließlich bei dir selbst – für den Mut, dich wieder an das Leben zu erinnern.

Kapitel 12

Was ich von meinen Huskys über Wettkampfgeist gelernt habe

Aufgeben ist keine Option

Eigentlich war ich nie der klassische Wettkampftyp. Schon in der Schule fand ich es lästig, mich ständig in irgendwelchen Wettbewerben beweisen zu müssen – sei es beim Skifahren am Ende der Winterskitage oder bei den Bundesjugendspielen. Ich war nie besonders gut, meist irgendwo im Mittelfeld, und das war für mich völlig in Ordnung. Wettkämpfe haben mir einfach nichts gegeben. Ich hätte nie gedacht, dass sich das einmal so grundlegend ändern würde. Heute liegen 15 Wettkampfjahre hinter mir – mehr, als viele Profifußballerinnen und -fußballer in ihrer gesamten Karriere schaffen. Und ich muss sagen: Egal ob mit Schlitten, Ski oder Mountainbike – nichts hat mich je über so lange Zeit so sehr angetrieben, so sehr gefordert und gleichzeitig so sehr mit Leben gefüllt wie der Schlittenhundesport.

Ich erinnere mich noch gut an meinen ersten Wettkampf im Skijöring – für viele die »Einstiegsdroge« in den Schlittenhundesport. Es war in Italien, auf einem Hochplateau in Campo Felice. Der Züchter meines damaligen Welpen hatte mich gefragt, ob ich als Ersatzathletin mit einem seiner ausgebildeten Zuchthunde starten würde. Ich war gerade mit den schriftlichen Prüfungen zur Betriebswirtin fertig – die letzten Monate hatten aus Kaffee, Nikotin und Lernmarathons bestanden. Körperlich war ich alles, nur nicht fit. Ich erklärte ihm das am Telefon mindestens dreimal, aber irgendwann hörte ich mich selbst sagen: »Na gut, ich mach's.«

Das Team bestand aus einem Profibiathleten, einem Marathonläufer, einer Extrembikerin, einer mehrfachen Ironman-Gewinnerin – und mir. Der rauchenden Betriebswirtin. Ich konnte zwar einigermaßen Skaten, aber gegen diese Truppe sah ich einfach nur lächerlich aus. Wir fuhren im Bus mit fünfzehn Malamuten und einem Wohnwagen drei Tage lang auf das schneereiche, abgelegene Wettkampfgelände. Ich hatte noch nie Wintercamping gemacht. Bisher war ich froh gewesen, wenn auf Unterkünften mindestens vier Sterne prangten. Jetzt teilten wir uns zu sechst einen Wohnwagen. Keine Dusche und auf dem gesamten Gelände gab es genau *eine* Toilette für rund zweihundert Personen. Die diente gleichzeitig als Wasserstelle *und* Abwaschbecken. Besser also, man musste nicht oft. Und falls doch, lieber »hinter der Schneeverwehung«.

Trotzdem war die Atmosphäre auf dem Stakeout faszinierend. Tagsüber grillten wir in der Sonne, saßen abends bei Wein und Schnaps im Wohnwagen, redeten über Hunde, lachten und philosophierten über Trainingsmethoden. Einer wachste die Skier, ein anderer zog den Hunden die Laufgeschirre an und der Profibiathlet zeigte uns Aufwärmübungen. Es war eng, chaotisch, aber wunderbar. Bis kurz vor dem Start.

Da kam sie: die Nervosität. Und mit ihr mein Magen. Ich stand da, fix und fertig eingepackt, und wusste: Ich muss. Und zwar jetzt. Also Ski runter und los – zum einzigen Klo auf dem Gelände. Besetzt. Natürlich.

Mir lief der Schweiß über die Stirn, mein Magen machte Geräusche, als würde er gleich explodieren. In meiner Panik erinnerte ich mich, auf der Herfahrt ein Hotel gesehen zu haben, etwa einen Kilometer entfernt. »Ob ich das schaffe?«, fragte ich mich panisch. In meiner Verzweiflung rannte ich los – in Skatingschuhen durch Tiefschnee und über Eisplatten. Absolut kein Spaß.

Ich schaffte es tatsächlich, stürzte aufs Klo, atmete durch und rannte wie von Sinnen zurück. Immer wieder blickte ich auf die Uhr: Fuck – nur noch wenige Minuten bis zum Start! Meine Lunge brannte, geteert vom Studentenleben, meine Oberschenkel ebenfalls. Ich erreichte den Startbereich völlig außer Atem und klopfte mir den gefrorenen Schnee von den Schuhen. Meine Hündin – Gloria, ein sehr schöner schwarz-weißer Malamute mit sehr dichtem, wuscheligem Fell – sah mich an, als wollte sie sagen: »Was war das denn bitte?« Mein Herz raste, das Adrenalin schoss in Wellen durch den Körper, meine Lunge quietschte wie eine alte eingerostete Dampflock auf dem Weg zur Schrottpresse. Der Moderator fragte noch, ob es mein erstes Rennen sei – aber ich hatte nicht genug Luft, um zu antworten. Drei, zwei, eins – los!

Wir starteten auf die knapp 15 Kilometer lange Strecke. Die Sonne brannte auf den Schnee und ich merkte schnell, dass drei Kleidungsschichten zu viel waren. Meine Hündin, frisch aus dem Mutterschaftsurlaub, zog tapfer, aber nach ein paar Kilometern schwanden auch bei ihr die Kräfte. Uns beiden fehlte schlicht das Ausdauertraining. Ich dachte mir: »Okay, Marina – was zum Henker machst du hier?« Völlig untrainiert auf einer Europameisterschaft irgendwo im Nirgendwo.

In solchen Momenten wünschte ich mir eine Zeitmaschine, um meinem jüngeren Ich die Leviten zu lesen. Aber ich weiß, was es sagen würde: »Chill. Warte ab, was daraus entsteht. Jetzt kneif die Pobacken zusammen und mach weiter.« Also tat ich genau das. Zwischen ihnen liefen inzwischen die Niagarafälle hinab, meine Lunge brannte mittlerweile wie die Hölle und meine Oberschenkel drohten jeden Moment zu versagen. Aber Aufgeben war keine Option.

Im Schlittenhundesport gilt: Nur wenn der Hund zuerst durchs Ziel läuft, zählt das Ergebnis. Also kämpften wir uns Meter für Meter voran. Mittlerweile waren die Gespannkategorien mit zwei bis zu mehr als zehn Hunden vor dem Schlitten gestartet und überholten uns reihenweise. Gloria blieb friedlich – kein Interesse an Konkurrenz, was in dem Moment ein Segen war. Eine heranfahrende Musherin rief: »Trail stopp!«, das Signal, mit dem ein Team ankündigt, dass es überholen möchte. Das vorausfahrende Gespann hält dann an und lässt das Team vorbei. Ich zog mit Gloria zur Seite in den Tiefschnee und ließ sie passieren. Ihre Hunde fixierten uns und ich hatte Angst, sie würden jeden Augenblick auf uns zurasen. Ich nahm Gloria dicht zu mir zwischen meine Beine und legte meinen Oberkörper schützend über sie. Im letzten Moment zogen sie vorbei. Später im Ziel bekam ich trotzdem einen Rüffel, warum ich sie aufgehalten hätte. Sie hatte junge Hunde im Lead und die hatten beim Überholen das Tempo rausgenommen. »Klar ist das ärgerlich, aber ist das jetzt mein Fehler?«, dachte ich bei mir. Überholvorgänge müssen geübt werden und junge Hunde brauchen erst einmal Erfahrung auf Rennen. Dabei konnte ich ihren Ärger durchaus nachvollziehen – gerade wenn man den vorderen Plätzen nah ist, packt einen der Ehrgeiz umso mehr. Damals stand ich einfach nur da und sah sie verwirrt an. Zugegeben: Vielleicht hatte ich als Rookie auf einer Europameisterschaft tatsächlich nichts zu suchen. Natürlich wollte ich niemanden behindern und war ohnehin schon bemüht, mit meinen Skatingskiern wie eine Ente durch den Tiefschnee zur Seite zu watscheln. Aber wie hätte ich in diesen paar Sekunden überhaupt außer Sichtweite kommen sollen?

Damit hatte ich mich gleich bei meinem ersten Rennen nicht gerade beliebt gemacht. Rückblickend kann ich das nach Jahren im Wettkampf besser nachvollziehen.

Ich stresste Gloria auf unserem weiteren Weg nicht. Sie sollte das Tempo laufen, in dem sie sich wohlfühlte. Meine Intuition sagte mir: Lass sie machen. Sie weiß selbst am besten, was ihr guttut und wann sie eine Pause braucht. Und ehrlicherweise – ich war über unser gemächliches Tempo gar nicht so unglücklich. Ich wäre sogar froh gewesen, wenn sie unterwegs hier und da ein Sauerstoffzelt für mich aufgestellt hätten. So kamen wir zwar nur langsam voran, aber wir finishten das Rennen trotzdem – mit dem wohl entspanntesten Zieleinlauf, den man bis dato je bei einer Europameisterschaft gesehen hatte. Hatten wir die längste Trailzeit? Ganz sicher. Mussten wir uns Spott anhören? Natürlich. Aber hatten wir trotzdem ein grandioses Erlebnis? So was von!

Die Jahre danach – Routine, Nervosität und das Feuer im Bauch

Seit dem Jahr 2011 fahre ich nun regelmäßig Rennen – und bis heute kribbelt es mir jedes Mal im Bauch, als wäre es das erste Mal. Die Aufregung, das Warten am Start, das Jaulen der Hunde, das Knacken der Leinen – all das löst immer noch dieselbe wilde Energie in mir aus. Aber ich habe gelernt, mit dieser Energie umzugehen. Früher hat mich die Nervosität fast gelähmt. Ich war so angespannt, dass ich sie direkt auf meine Hunde übertrug, und sie spürten meine Unsicherheit.

An eine Situation kann ich mich dabei noch gut erinnern: Es war während eines Dreitagerennens in Österreich. Am zweiten Tag war ich so weit vorgefahren, dass ich auf Platz drei lag. Ich hatte also realistische Chancen aufs Stockerl, einen der drei Plätze auf dem Siegerpodest. Ich sah mich da schon oben stehen. Wir taten wirklich alles. Wir wachsten unsere Skier bis zum Gehtnichtmehr, hauten Schicht um Schicht drauf, benutzten extra teure High-Flour-Rennwachse und -pulver für ein schnelleres Gleiten. Doch kurz vor dem Start änderte sich das Wetter. Es fing an zu schneien – und damit war's vorbei mit unserer ganzen Wachsstrategie. Ich spürte sofort, wie der Schnee unter meinen Skiern klebte. Ich hatte das Gefühl, keinen Meter mehr voranzukommen. Egal, mit welcher Kraft ich nach vorne trat – es ging nichts mehr. Wir hatten uns komplett »verwachst«.

Aufgeben wollte ich aber nicht. Ich verlangte alles von meinen Oberschenkeln ab, um die Schwäche des Belages irgendwie auszugleichen. Doch dann sah ich in der nächsten Kurve schon eine der Viertplatzierten hinter mir aufrücken. Sie kam gefährlich nah. Ich setzte mich selbst unter massiven Druck – und diesen Druck übertrug ich auf meinen Hund. Es war einfach zu viel. Von einem Moment auf den anderen fiel er aus dem Galopp in den Trab, dann in den Schritt. Und je mehr ich drängte, desto langsamer wurde er – so als wollte er sagen: »Was du hier machst, ist nicht gut. Nicht für dich und nicht für mich. Und wenn du so weitermachst, dann laufen wir heute nirgendwo mehr hin.« Da verstand ich, dass ich die Dringlichkeit rausnehmen musste. Der Druck, den ich auf uns beide ausübte, war Gift – für ihn, für mich, für unsere Verbindung. Und kein Titel, kein Pokal der Welt war es wert, dass diese Verbindung einen Knacks bekam.

Wir verloren an diesem Tag noch zwei Plätze und landeten schließlich auf Rang fünf. Ich war enttäuscht – sehr sogar. Im Wohnwagen schlug ich vor lauter Frust ein Loch in die Wand. Aber meinem Hund gab ich im Ziel ein großes Leckerli und ein ehrliches Danke. Ich wusste, dass es mein Fehler war. Ich wollte es zu sehr. So sehr, dass aus Freude Ehrgeiz wurde und aus Ehrgeiz Druck. Plötzlich stand nicht mehr das gemeinsame Erlebnis im Vordergrund, sondern das Siegen.

Der Wettkampf – er hat Licht und Schatten. Aber auch vieles, wofür ich dankbar bin. Denn ein Rennen ist wie ein Brennglas: Es zeigt dir deine Emotionen, deinen Charakter, deine wahren Beweggründe. Du kannst dir vorher noch so viel vornehmen, aber wenn runtergezählt wird – drei, zwei, eins –, dann legt sich bei vielen ein Schalter um. Auch bei mir. Ich war ultraehrgeizig. Ich wollte vorne dabei sein. Wenn ich meinen Namen auf der Ergebnisliste nicht unter den Top 5 sah, war der Tag für mich oft gelaufen.

Kapitel 12

Es geht nicht nur ums Gewinnen

Ich habe mehr als einmal meine schlechte Laune am Wohnwagen ausgelassen – und an den Menschen, die mich unterstützten. Meine Familie, die mit mir auf die Rennen fuhr, die half, die Hunde vorzubereiten, zu füttern, die Skier zu wachsen – sie bekam meine Stimmung oft ungefiltert ab. Wenn ein Lauf nicht so lief wie geplant, konnte ich regelrecht zur Furie werden. Etwas, worauf ich wirklich nicht stolz bin.

Don't get me wrong – ich finde, Ehrgeiz ist grundsätzlich etwas Gutes. Er treibt dich an, macht dich stark, lässt dich über dich hinauswachsen. Er bringt dich dazu, aufzustehen an Tagen, an denen du am liebsten liegen geblieben wärst. Aber wenn ich ehrlich bin: Am meisten Freude habe ich in der Kategorie »Happy Dog«. Das ist die Kategorie, die außerhalb der Wertung fährt. Hier geht es gemütlicher zu. Man fährt mit seinen älteren Hunden und es zählt nicht, wer vorne ist. Es geht einfach nur darum, dass alle Hunde, die mit auf ein Rennen reisen, auch laufen dürfen – selbst, wenn sie nicht mehr aktiv im Wettkampf starten. Das ist besonders wichtig, wenn man – so wie ich – jüngere und ältere Hunde im Team hat. Mit zwölf oder dreizehn Jahren nehme ich meine Senioren nicht mehr in den eigentlichen Wettkampf, aber ich möchte trotzdem nicht, dass sie das ganze Wochenende nur herumstehen. Sie laufen ja noch gerne – nur eben in ihrem Tempo und mit weniger Kilometern. Genau dafür gibt es diese Kategorie. Und ich liebe sie. Hier schaue ich mir zum ersten Mal wirklich den Trail an. Ich nehme die Landschaft wahr, halte vielleicht sogar ein kleines Pläuschchen mit den Fotografen oder den Zuschauern am Rand. Alles ist entspannt. Es geht nicht um Gewinnen, sondern um die Freude am Fahren.

Ich habe in den vergangenen Jahren mit meinem Team mehrfach den Deutschen-Meister-Titel in verschiedenen Kategorien geholt. Auch auf internationalen Meisterschaften waren wir oft unter den fünf besten Teams. Ich liebe unsere Trophäensammlung zu Hause und konnte früher nie verstehen, warum jemand an einem Rennen teilnimmt, wenn er kein Potenzial hat, vorne mitzuspielen. Das war mir wirklich ein Rätsel. Ich dachte: »Warum nimmt das jemand auf sich? Warum fährt er so viele Kilometer, zahlt Startgeld – und das jedes Wochenende, oft mehrere Hundert Euro – wenn er am Ende nicht Erster, Zweiter oder Dritter werden möchte?« Heute weiß ich: genau deswegen. Weil du an Orte kommst, die du sonst nie sehen würdest. Weil du Dörfer und Regionen kennenlernst, auf die du von allein nie gekommen wärst. Weil du Menschen triffst, die dasselbe lieben wie du. Man begegnet sich am Stakeout, plaudert, lacht – und es entstehen Freundschaften, die über Jahre halten. Manche fühlen sich sogar wie ein Teil der eigenen Familie an. Die Kinder wachsen gemeinsam zwischen den Schlittenhunden und Wohnwägen auf. Und natürlich spiegeln diese Rennen die unfassbare Freude am Fahren wider. Ich habe gelernt, dass es genauso wertvoll ist – vielleicht sogar noch wertvoller –, auch dann zu starten, wenn man nicht vorne mit dabei ist. Auch dann, wenn ich die Ergebnisliste von unten zu lesen beginne, um zu sehen, wo ich stehe. Auch wenn ich mich im Mittelfeld oder auf den hinteren Plätzen wiederfinde – es ist einfach schön, dabei zu sein. Ohne Druck. Ohne Stress. Ohne diesen Zwang, irgendetwas beweisen zu müssen.

Natürlich freue ich mich, wenn es für eine gute Platzierung reicht. Aber wenn nicht, gibt es trotzdem so viele wertvolle Dinge, für die sich jedes einzelne Rennen lohnt: die Gemeinschaft, die Gespräche, das Gefühl, dazuzugehören. Und dann sind da natürlich noch die Zuschauer. So viele strahlende Gesichter. Kinder, die zum ersten Mal echten Kontakt zu Schlittenhunden haben, die sie streicheln dürfen – und dabei oft diesen magischen Moment erleben, wenn Respekt, Staunen und Begeisterung sich mischen. Das alles ist einfach grandios. Und ja, manchmal denke ich mir, dass ich mir das Geld sparen könnte. Den weiten Weg auch. Zu Hause wäre alles einfacher. Aber am Ende ist es immer ein kleines Abenteuer. Kein Rennen ist wie das andere. Auch wenn sich die Orte wiederholen – jedes Mal ist es ein neues Erlebnis. Eine neue Geschichte im Schnee. Ein willkommenes, wildes, wunderschönes Abenteuer irgendwo in den Bergen Europas.

Glanz und Schattenseiten im Schlittenhundesport

Nach und nach habe ich mir während der Wettkämpfe Rituale geschaffen, um das empfindsame Wesen meiner Huskys zu schützen, um selbst ruhig zu bleiben und klar zu sein – ganz bei mir und bei ihnen. Ich bereite alles strukturiert vor: Ich überprüfe jedes Geschirr, jede Leine, die Skier und mein Equipment. Ich schreibe mir am Abend vorher den Zeitplan auf, stoppe den Weg von unserem Platz bis zum Start, schaue mir vorher an, wo ich den Schlitten befestigen kann. Ich lege meine komplette Wettkampfkleidung mit Startnummer und Schuhen bereit, stelle eine Uhr auf, um die Zeit im Blick zu behalten. Ich frühstücke Haferflocken mit Apfelmus und wässere meine Hunde mit einer Fleischsuppe im passenden Abstand zur Startzeit, um für einen optimalen Flüssigkeitshaushalt zu sorgen. Meist laufe ich die Strecke am Tag vorher mit den Skiern ab und filme Passagen, um sie abends vor dem Schlafengehen noch einmal durchgehen zu können. Ich atme dabei bewusst in den Bauch, fahre die Route innerlich ab und mache mir klar, dass ich da draußen nicht alles in der Hand haben werde. Ich werde mein Bestes geben, aber das Ergebnis bleibt offen. Feste Abläufe und Routinen geben mir Ruhe und Halt. Und genau das gibt auch meinen Hunden Sicherheit. Trotzdem bleibt es immer aufregend. Kurz bevor das Startzeichen fällt, schießt das Adrenalin durch den Körper, das Herz hämmert, und ich spüre: Jetzt und hier lebe ich.

Leistung vom Ergebnis zu trennen – das ist ein wichtiger Leitsatz aus der Sportpsychologie, der mich schon oft vor dem Durchdrehen

Johnny beim Rennwochenende in Sportgastein

Enzos Augen strahlen im gleichen Eisblau wie der Himmel über den Alpen.

Unser geliebter Maxi, mit seinem bernsteinfarbenen Fell ist er ein absoluter Eyecatcher in der sonst weißen Schneelandschaft.

Das Rudel wartet gespannt am Stakeout vor Beginn des ersten Laufs.

Maxi, wie er vor lauter Vorfreude schon aufgeregt mit den Pfoten scharrt.

Meine große Malamuteliebe Ikani

Silent Night – mein absoluter Seelenhund

Johnny prüft schon einmal mit kritischem Blick den Streckenverlauf.

Silent Night im Geschwindigkeitsrausch

Das Vierergespann in Action

Keijo – mein bester Leithund und Vater von vier meiner Junghunde. Er hat den stärksten »Desire to go« und lebt für den Schlittenhundesport. Wir verstehen uns ohne Worte.

Rocky, unser Bucketlist-Hund, wäre gerne der neue Rudelchef.

Enzo ist so frech, wie er aussieht, aber dennoch einer meiner angehenden Leithunde.

Kuschelstunden mit meinem Rudel sind Kraftquelle Nummer 1 für mich.

Meine Huskys sind absolute Teamplayer – aufmerksam, schlau und trotzdem für jeden Spaß zu haben.

Keijos Blick ist wie ein Ruf der Wildnis.

Enzo als Welpe mit unschuldigem Blick

Ein Husky-Rudel macht einfach gute Laune, egal wie der Tag lief.

Silent Night mit Onkel Max

Meine zwei Seelenhunde: Silent Night und Papa Keijo

Enzo ist der Liebling der Fotografen und lächelt immer freundlich in die Kamera.

Brotherpower: Rocky und Silent Night geben Vollgas in Vallelunga in Südtirol.

Auch bei schlechter Sicht ist auf die Intuition meiner Huskys Verlass – sie finden den Weg.

Meine Oldies beim Schlittenhunderennen in Werfenweng in Österreich

Hänsel und Rocky im Lead und Johnny und Silent Night im Wheel.
Dahinter die Sportgasteiner Berge.

Keijo und Hänsel, meine besten Leader

Kuschelpause mit Akeemo und Ikaani

Mein Rennschlitten wiegt nur wenige Kilogramm und hat mit den traditionellen Holzschlitten kaum noch etwas gemeinsam.

In den Sommermonaten nutzen wir die frühen Morgen- oder Abendstunden für gemütliche Gipfelwanderungen.

Obwohl es Dryland-Rennen heißt, hat es wenig mit Trockenbleiben zu tun.

Im Hintergrund Breitenberg und Rotspitz, unsere Hausberge

Hänsel – der perfekte Trekkingbuddy

Vanlife auf dem Weg nach Schweden

Autorinnenleben mit Kind und Kegel in Lappland

Auf Trailsuche

Silent Night schaut frech aus unserer Cabin.

Das Schwedenhäuschen
von *Arctic Hearts*

Stimmungsvoller Morgen
während einer Ausfahrt
zum See

Seepanorama entlang des Trails

Du kannst kein außergewöhnliches Leben führen und nur gewöhnliche Dinge dafür tun.

Anna – mein Allroundtalent

Happy nach der ersten Seeumrundung

Immer mit dabei: meine kleine, wilde Entdeckerin

Auf Abenteuersuche mit dem ganzen Team

Gemütlicher Abendspaziergang an einem schönen See in Schweden

Fernab der Zivilisation kann der Kopf zur Ruhe kommen.

Im kleinen Wäldchen rund um unsere Cabin kam ich mir vor wie Elsa im verwunschenen Wald aus dem Film *Die Eiskönigin*.

Die Nordlichter haben etwas Magisch-Mystisches an sich. Der Anblick ist Gänsehaut pur!

Das Farbenspiel des Lichts ist in Schweden einfach überwältigend. Während ich dort stand, traute ich meinen Augen kaum.

Coco mit seinem letzten
Herzenswunsch – Rocky

Eine tiefe Verbindung
zwischen Mensch und Tier

Die jungen Wilden

Oma Kiki mit Malamute-
Hündin Cheyenne

Tante Marion mit Valle
beim Kuscheln

Schwägerin Anna mit
Jasper & Bowie

Wildes Familienleben mit einem
Rudel Huskys

Peter in seiner
Lieblingsfarbe

Mein Bruder als Support auf einem
Schlittenhunderennen

Schon früh bewacht
von den treuen
Hundeseelen

Nachwuchsmusherin am Start

Volle Fahrt voraus! Mit gerade einmal fünf Jahren fährt die ältere Tochter ihr erstes Rennen – natürlich abgesichert.

Beste Freunde

bewahrt hat. Ich spreche mit meinen Hunden – ruhig, vertraut. Ich streiche über ihre Köpfe, spüre ihre Muskeln, ihre Kraft. Sie wollen genauso los wie ich – ich kann ihre Anspannung in jeder Muskelfaser förmlich fühlen. Wettkämpfe sind für mich längst mehr als nur Rennen. Sie sind Motivation, Antrieb, Rhythmus fürs ganze Jahr. Wenn ich im Sommer trainiere, denke ich an den Winter. An die Trails, an die kalte Luft, an das Gefühl, wenn alles perfekt zusammenläuft. Ich will auf dem Trail nicht das schwächste Glied in der Kette sein – ich will meinem Team gerecht werden. Meine Hunde geben alles, also tue ich das auch. Ich halte mich fit, trainiere, achte auf Ernährung und Ausdauer. Weil ich es ihnen schulde.

Wettkämpfe haben ihren eigenen Zauber – aber auch ihre Schattenseiten. Wenn ich darüber nachdenke, wie viele krasse Situationen ich dort schon erlebt habe: Da waren Menschen, die einfach nur eine gute Zeit mit ihren Hunden erleben wollten – und andere, bei denen der Ehrgeiz längst in Wahnsinn übergegangen war. Menschen, die über die Grenzen fairer Tierhaltung und gesunder Bewegung hinausgingen. Und jene, die versuchten, andere zu manipulieren, nur um zu gewinnen.

Ich erinnere mich an ein Rennen, es war eine Europameisterschaft. Ein Musher fragte mich am Vorabend völlig aus dem Nichts, ob ich mit ihm in seinem Wohnwagen einen Film schauen wollte. Wir kannten uns gar nicht. Im Laufe des Gesprächs fragte er mich ganz scheinheilig, in welcher Kategorie ich startete. Ich antwortete, dass ich von zwei Hunden auf einen Hund am Ski gewechselt hatte und deswegen im Skijöring an den Start gehen würde – nicht in derselben Kategorie wie er mit zwei Hunden. Daraufhin wollte er wissen, wer sonst noch in der Zwei-Hunde-Klasse starten würde. Als ich ihm – mit einem Blick auf die Startliste – die Namen nannte, meinte er nur: »Ah, dann muss ich los. Ich werde die Damen heute Abend noch ein bisschen mit meinem Charme verwirren.« Ich dachte nur: »Was ist das bitte für eine kranke Scheiße?«

Von Facebook wusste ich, dass er eine Freundin hatte. Und trotzdem hatte er keine Hemmungen, absichtlich Frauen durcheinanderzubringen, damit sie am nächsten Tag beim Rennen kopfmäßig nicht bei der Sache waren und er somit einen Vorteil hatte. Beim Skijöring werden zwar meist Männer und Frauen getrennt gewertet, nicht aber bei den Gespannen, also der Kategorie mit mehreren Hunden. Wenn die Strecke schnell ist und die Musherin leicht, kann das schon ein Vorteil sein. Aber ich wäre im Leben nie auf die Idee gekommen, so eine Manipulation überhaupt nur für möglich zu halten.

Bei den großen Meisterschaften werden außerdem Dopingkontrollen durchgeführt – und das völlig zu Recht. Leider gibt es auch heute noch Menschen, die ihre Hunde dopen. Während der Mensch selbst entscheiden kann, ob er zu illegalen Hilfsmitteln greifen möchte, haben die Hunde keine Wahl. Schmerzlindernde oder leistungssteigernde Substanzen können zwar kurzfristig Symptome überdecken, die daraus entstehenden Überlastungen tragen jedoch die Hunde – häufig mit langfristigen orthopädischen und organischen Folgen. Wird etwas gefunden, folgt eine Sperre – nicht nur für eine Saison, sondern meist für mehrere Jahre.

Neben diesen offensichtlichen Grenzüberschreitungen gibt es aber auch die leisen Sticheleien. Bemerkungen wie: »Dein Hund sieht heute aber gar nicht gut aus.« Oder Ratschläge, die als Hilfe getarnt sind, aber nur verunsichern sollen: »Probiere doch lieber mal dieses neue Wachs.« Oder: »Du könntest deine Hunde auch mal auf eine andere Weise wässern.«

Einmal sagte ein Musher zu mir, der einen Platz vor mir lag und genau wusste, dass ich heute gegen ihn antreten würde: »Ich gebe heute kein Gas, ich fahre gemütlich. Habe schlecht geschlafen und fühle mich nicht so gut.« Natürlich wollte er mich nur in Sicherheit wiegen, damit ich selbst das Rennen ruhig angehen würde. Natürlich bin ich auf diesen alten Trick nicht hereingefallen. Und auf der Ergebnisliste habe ich später gesehen, dass er in Wirklichkeit Vollgas gegeben hatte. Leider sind manche so dreist, wenn es ums Gewinnen geht.

Viele identifizieren sich so sehr mit ihren Titeln, dass sie glauben, sie *müssten* gut abschneiden – quasi als Beweis für ein Jahr voller Arbeit. Aber das ist ein Trugschluss. Ja, wir sind 365 Tage im Jahr für unsere Hunde da, wir trainieren, füttern, pflegen sie. Aber das heißt nicht, dass sie uns deshalb eine Platzierung schulden. Sie schulden uns gar nichts.

Kapitel 13

Exkurs – Das grausame Geschäft mit den Schlittenhunden

Das Privileg, einen Hundeschlitten zu fahren

Wenn Menschen zu mir kommen und mit den Hunden eine Schlittentour buchen möchten, sage ich immer, dass ich keinen Fahrbetrieb anbiete. Meine Huskys sind Athleten – geboren, um zu laufen. Sie sind keine gemütlichen Anfängerhunde, die gleichmäßig im Trab dahinziehen. Bei uns geht es mit vollem Speed über den Trail – mit einer Geschwindigkeit von über 20 Kilometern pro Stunde, steil bergauf und bergab, durch enge Kurven, über scharfe Links- und Rechtsbiegungen. Um mit ihnen sicher durchzukommen, braucht es weit mehr als nur Mut oder Kraft. Es braucht Fahrgefühl, Balance und das Gespür für Schnee – zu wissen, wie er sich bei unterschiedlichen Temperaturen verhält, wann er trägt und wann er tückisch wird. Und vor allem: ein tiefes Verständnis für die Hunde. Ihre bevorzugte Laufweise. Ihre Stärken und Schwächen. Ihre Energie. Ein gutes Team entsteht nicht durch Leinen, sondern durch Vertrauen. Sie müssen spüren, dass du sicher bist in dem, was du tust – dass du die Führung wirklich übernimmst. Nur dann können sie sich dir hingeben, ganz, kompromisslos, mit allem, was sie an Kraft, Begeisterung und Wildheit in sich tragen.

Ich erinnere mich an einen guten Freund, einen begnadeten Ski- und Snowboardfahrer, der im Schnee zu Hause ist. Ich ließ ihn einmal ein Team von mir fahren. In der ersten Kurve – und sie war noch nicht einmal am Hang – katapultierte es ihn vom Schlitten. Er lachte darüber, aber er begriff: Diese Hunde fährst du nicht einfach. Sie laufen für jemanden, der ihr Wesen versteht. Es gibt Gespanne, die gemütlich dahinlaufen. Es gibt Trails für Anfängerinnen und großartige Guides, die Menschen die Grundlagen des Schlittenhundesports beibringen. Ich gehöre nicht dazu.

Als ich noch in Österreich lebte, habe ich gemeinsam mit befreundeten Mushern geführte Touren und Workshops mit Schlittenhunden angeboten. Ich wollte Menschen zeigen, was diese Tiere leisten können, wie viel Kraft, Wille und Herz in ihnen steckt. Viele kamen mit echter Neugier, wollten lernen, fühlten mit. Aber manche kamen mit ganz anderen Vorstellungen und mit einer Mischung aus Faulheit, Angst und mangelndem Respekt.

Bei mir steht das Wohl der Hunde immer über dem Wohl des Mushers. Wenn ich sehe, wie jemand seine Hunde bergauf anschreit und dabei selbst bequem auf dem Schlitten stehen bleibt, nicht mithilft, indem er anschiebt oder selbst mitrennt, kocht in mir die Wut hoch. Ich habe schlicht kein Verständnis für Faulheit im Zusammenspiel mit Tieren. Wer die Hunde antreibt, ohne selbst Leistung zu bringen, hat bei mir nichts verloren. Innerlich heiße ich solche Menschen die gesamte Palette der ärgsten Schimpfwörter alphabetisch sortiert. So jemand ist bei mir sofort unten durch – und wenn es sein musste, durften solche Kandidaten den Rest der Strecke zu Fuß zurücklegen, egal wie viele Kilometer vor uns lagen.

Wer mit Huskys arbeitet, muss verstehen: Das ist kein Freizeitpark, kein Funsport und kein Selfie-Abenteuer. Es ist Teamarbeit auf Augenhöhe, körperlich und ehrlich. Diese Tiere spüren, ob du echt bist. Sie laufen nur für jemanden, der bereit ist, mit ihnen zu laufen. Das ist auch ein Grund, warum ich heute keine geführten Touren mehr anbiete. Für mich ist der Sport mit den Hunden ein Privileg. Eines, das denen gehört, die 365 Tage im Jahr für ihre Tiere da sind. Ich verstehe, dass andere davon leben, und ich verurteile das nicht. Aber für mich selbst habe ich entschieden, radikal bei meinen Werten zu bleiben. Ich habe viele lukrative Angebote abgelehnt – Angebote, die es mir leicht gemacht hätten, Geld zu verdienen. Aber meine Werte schützen meine Hunde – und unsere Verbindung. Sie folgen mir, weil ich immer aus Überzeugung handle. Weil sie spüren, dass ich immer für sie entscheide, nicht gegen sie.

Wenn aus Abenteuerlust ein Alptraum wird

Es gibt Geschichten, von denen man hofft, sie wären nur erfunden. Doch sie sind wahr. Ich höre sie immer wieder. Von Menschen, die einmal eine Schlittenhundefahrt mitgemacht hatten, sich dann in Skandinavien niederließen, zwei, drei Hunde kauften, diese planlos vermehrten, ohne Rücksicht auf Ahnenlinien, Gesundheit oder Wesen. Menschen, die glaubten, Abenteuer verkaufen zu können, ohne selbst zu verstehen, was Verantwortung bedeutet. Sie kauften sich in ein System ein, das auf der Sehnsucht anderer Menschen basiert – auf der Sehnsucht nach Wildnis, nach Freiheit, nach der Nähe zu diesen Tieren, die in uns das Ursprüngliche wecken. Doch sie machten daraus ein Geschäft. Ein Geschäft des Grauens. Was folgte, war oftmals vorhersehbar: Überforderung, Chaos, Schulden, Elend. Viele dieser »Abenteurer« gaben auf, als der Alltag sie einholte – als das Futter zu teuer wurde, die Hunde zu laut, zu wild, zu viel. Sie packten ihre Sachen und verschwanden. Zurück blieben die Hunde – eingesperrt in Zwingern, ohne Futter, ohne Wasser, ohne Hoffnung. Manche verhungerten qualvoll. Andere wurden erschossen. Und niemand hörte ihr Heulen.

Es gibt Geschichten von Veterinärämtern, die ganze Farmen schlossen, weil Dutzende Tiere unterernährt, verletzt oder krank in verdreckten Zwingern lagen. Von Hunden, die im Winter schutzlos draußen frieren mussten und im Sommer in ihren eigenen Exkrementen dahinvegetierten. Von Menschen, die einfach gingen – ihre Verantwortung hinter sich ließen wie ein altes Paar Schuhe.

Nordische Hunde sind ursprüngliche Tiere. Und doch – sie sind keine Wölfe mehr. Seit Jahrhunderten leben sie an der Seite des Menschen. Sie folgen uns nicht aus Zwang, sondern aus Verbindung. Sie ziehen, weil sie wollen, nicht, weil sie müssen. Und wer dieses feine Band missbraucht, zerstört nicht nur eine Seele, sondern ein ganzes Tierleben. Ich erinnere mich an die Worte einer Freundin, die immer wieder als Doghandlerin in Skandinavien arbeitet. Sie erzählte mir, dass viele der großen Tourenanbieter ihre Hunde unter Bedingungen halten, die kaum zu ertragen sind. Enge Zwinger, verdreckte Hütten, monotones Leben. Die Hunde fressen an derselben Stelle, wo sie koten.

Wenn im Winter die Kreuzfahrtschiffe anlegen, kommen ganze Busladungen voller Touristen. Sie lachen und machen Selfies, bevor sie auf den Schlitten gestellt werden. Kaum jemand bekommt eine richtige Einweisung. Kaum jemand weiß, wie man einen Schlitten lenkt oder auf den Rhythmus der Hunde schaut. Hinter ihnen fährt ein Skidoo, um jene wieder einzusammeln, die vom Schlitten gefallen sind oder deren Gespann davongerannt ist.

Ich habe Videos gesehen, in denen herrenlose Schlitten in voller Fahrt auf andere Gespanne krachen, Hunde vor Schmerzen schreien, weil ihnen die Kufen in die Hinterläufe rasen. Das sind die Bilder, die niemand zu sehen bekommt, wenn er im warmen Wohnzimmer eine Husky-Tour bucht. Viele dieser Hunde sind krank, überzüchtet, seelisch gebrochen. Inzucht, schlechte Fütterung, zu wenig Auslauf, keine Zuwendung.

Dies bringt mich zu einem genauso schlimmen Thema: dem gnadenlosen Verkauf der nordischen Hunderassen auf der ganzen Welt. In Kellern werden Welpen gezüchtet, die nie Tageslicht sehen, bis sie verkauft werden – an Menschen, die glauben, sie erwerben ein Stück Abenteuer, oder die es nicht besser wissen. Und wenn diese Hunde, traumatisiert und überfordert, zu Hause auffällig werden, landen sie im Tierheim. Die Produzenten machen weiter – bis die Kassen voll, die Tierheime überfüllt und die Seelen der Hunde leer sind.

Ich kann Menschen, die so handeln, nur verachten. Doch sie allein sind nicht das Problem, sondern auch die Menschen, die das Ganze durch ihre Naivität ermöglichen. Touristen, die sich in romantische Winterbilder verlieben – in verschneite Wälder, in das Heulen eines Hundes vor dem Nordlicht – und nicht sehen, was direkt vor ihren Augen passiert. Die Fotos machen, auf denen sie lachend vor dem Schlitten posieren, während der Leithund hinter ihnen für die restlichen 23 Stunden des Tages an der Kette hängt. Das sind keine Abenteuer. Das ist Tierquälerei auf höchstem Niveau – nur hübsch verpackt.

Was DU tun kannst – Verantwortung statt naiver Romantik

Vielleicht sitzt du jetzt hier, liest diese Zeilen und fühlst dich ohnmächtig. Vielleicht fragst du dich, ob du jemals eine Husky-Tour buchen kannst, ohne ein Teil dieses grausamen Systems zu werden.

Die Antwort ist: Ja, denn nicht jede Husky-Farm ist ein Ort des Leidens. Es gibt Menschen, die ihre Hunde lieben und sie als Familie sehen. Aber solche Orte erkennt man nicht an schönen Websites oder weißen Landschaften – sondern an Details. Wenn du hinsiehst und bereit bist, hinter die Kulisse zu blicken. Jede Buchung, jeder Klick, jede Empfehlung entscheidet mit, welche Art von Welt wir unterstützen. Ob wir die Stimmen jener fördern, die Tiere lieben, oder die derjenigen, die sie ausbeuten. Ich sage meinen Gästen immer: »Wenn du wirklich spüren willst, was es bedeutet, mit Huskys zu leben, dann darfst du nicht auf die Show achten – sondern auf das Dazwischen.«

Achte auf die Hunde:

- Ein glücklicher Hund schaut dich direkt an – wach und offen.
- Ein gebrochener Hund meidet deinen Blick: die Ohren sind flach, der Blick leer, die Schultern hängen.
- Wenn ein Husky mit Freude zieht, erkennt man dies an seiner Körpersprache: gespannte freudige Energie, aufgerichtete Rute, wache Ohren, er wirkt leicht.
- Schau dir sein Fell an – ist es stumpf oder glänzend?

Achte auf die Umgebung:

- Schau, wie der Musher oder die Musherin mit den Tieren umgeht, insbesondere wenn niemand hinsieht. Ruhig, liebevoll, mit Respekt? Oder herrscht ein rauer, lauter Ton?
- Sind die Gehege sauber, gibt es Rückzugsmöglichkeiten, Schatten, Wasser, Beschäftigung und eine Freilauffläche mit Naturboden?
- Werde aktiv: Sprich Missstände an, mach Fotos und melde es der örtlichen Tierschutzorganisation, dem Veterinäramt oder online über seriöse Tierschutzplattformen, wenn dir etwas komisch vorkommt.

Frag den Anbieter:

- Wie viele Hunde leben hier – und wie viele werden tatsächlich eingesetzt?
- Was passiert mit alten oder verletzten Tieren?
- Wie lange laufen die Gespanne pro Tag?
- Gibt es Ruhetage?
- Dürfen Gäste die Hunde auch außerhalb der Tour kennenlernen?

Ich weiß, viele Menschen buchen solche Erlebnisse in dem Glauben, etwas Gutes zu tun. Sie denken, sie unterstützen lokale Betriebe, schaffen Arbeitsplätze, fördern den Tourismus. Es ist Zeit, dass wir lernen, anders zu reisen. Bewusster. Mit Herz und Verstand. Es ist nicht schlimm, sich nach Abenteuern zu sehnen – im Gegenteil. Aber echte Abenteuer entstehen dort, wo Respekt die Basis ist.

Wenn du wirklich die Magie der Huskys erleben willst, dann suche dir Orte, an denen sie respektvoll behandelt werden, an denen sie geliebt werden, an denen sie nicht funktionieren müssen, um eine Daseinsberechtigung zu haben. Ich wünsche mir, dass mehr Menschen den Unterschied erkennen zwischen einem Erlebnis, das auf Kosten anderer geschieht, und einem, das durch echte Verbindung entsteht. Wenn du einmal das Heulen eines Huskys gehört hast, der frei läuft, nicht weil er muss, sondern weil er will – dann verstehst du, was ich meine. Dann erkennst du, dass diese Tiere keine Kulisse für Selfies sind, sondern Seelen, die brechen, wenn man sie ausnutzt, die Bedürfnisse haben, die geliebt und beschützt werden müssen. Bitte erhebe deine Stimme *immer* für die, die nicht für sich selbst sprechen können! Und ich weiß, schon dadurch, dass du dieses Buch hier liest, bist du einer dieser Menschen, dessen Herz für Tiere schlägt und der fähig ist, alles zu tun, was es braucht, um sie zu schützen.

Kapitel 14

Was ich von meinen Huskys über den Umgang mit Geld gelernt habe

The Rich Dog

Geld war für mich lange ein Thema, das nicht in meine Welt passte. Ich verband es mit Anzügen, Büros, grauen Hochhäusern – nicht mit Outdoor, Freiheit und Abenteuern im Schnee. Als Kind war Geld für mich immer etwas, das Probleme machte. Wenn sich Menschen in meiner Umgebung stritten, dann meistens deswegen. Ich hatte gelernt: Wer Geld hat, ist beschäftigt, hat keine Zeit, ist unglücklich, einsam oder ein schlechter Mensch. Wer dagegen wenig hat, kämpft. Meine Mutter war alleinerziehend, hat viel gearbeitet und trotzdem oft am Limit gelebt. Ich habe früh verinnerlicht: Geld ist nichts, worauf man sich verlassen kann. Es war immer zu wenig, immer Grund für Sorgen, Streit oder Scham. Jahrelang glaubte ich, Geld sei etwas, das mich von den Dingen fernhält, die ich liebe – von Zeit, Menschen und meinen Tieren. Ich dachte, wer viel arbeitet, hat keine Zeit mehr für das Leben. Und wer zu wenig arbeitet, hat kein Geld zum Leben. Es war, als müsste man sich entscheiden. Erst durch die Verantwortung für ein Rudel Huskys, eine Familie und meine eigenen Projekte habe ich mehr und mehr verstanden: Geld ist nichts Feindliches. Es ist ein Werkzeug. Es zeigt dir, wie du über dich selbst denkst – ob du glaubst, dass du ein Recht darauf hast. Geld ist nicht alles, und doch brauchen wir es für fast alles.

In den sozialen Medien wird oft die romantische Vorstellung geteilt, dass Geld keine Rolle spielt. Dass Zeit das Wertvollste ist. Menschen, mit denen wir sie verbringen. Tiere, die uns mit einem Blick zeigen, was wirklich zählt. Orte, die so schön sind, dass sie uns den Atem rauben. Und ja – all das ist unbezahlbar. Aber was kaum jemand zeigt: All das lebt auch von Geld. Ein Hund schaut dich nur dann satt und zufrieden an, wenn er gefüttert wird. Die faszinierenden Orte kannst du nur dann genießen, wenn du gesund bist. Und Gesundheit braucht gute Ernährung, ärztliche Versorgung und Erholung. Zeit ist alles – aber auch sie lässt sich kaufen. Ich kaufe mir Zeit, indem ich Menschen bezahle, die Dinge besser können als ich. Mein Steuerberater zum Beispiel. Er macht das, was mich stresst – und ich gewinne dafür Stunden, die ich lieber in der Natur und mit meinen Hunden verbringe.

Ich habe gelernt, dass Geld kein unbequemes Thema ist, sondern ein zutiefst menschliches. Darum bekommt Geld hier ein eigenes Kapitel. Nicht, weil es das Wichtigste ist. Sondern, weil es alles berührt, was uns wichtig ist.

Es ist ein Spiegel dafür, wie sicher wir uns in der Welt fühlen. Wenn du als Kind gespürt hast, dass Geld Streit bringt oder Angst macht, speichert dein Körper das ab. Dann ist Geld gleich Gefahr. Und das läuft im Hintergrund weiter, selbst wenn du heute erfolgreich bist. Du kannst rational wissen, dass du genug hast – aber innerlich zieht etwas die Bremse. Nicht, weil du faul bist oder unfähig, sondern weil dein System dich schützen will. Darum rutschen so viele in dieselben Muster: Manche arbeiten sich kaputt, um sich sicher zu fühlen. Andere verdrängen das Thema komplett, öffnen keine Briefe, zahlen keine Rechnungen. Wieder andere blockieren innerlich – sie wissen, was zu tun wäre, aber es fühlt sich an, als wäre der Umgang mit Geld eine unüberwindbare Hürde. Und dann gibt es die, die alles geben, aber sich selbst vergessen, weil sie gelernt haben, dass Geben sicherer ist als Nehmen. Ich habe irgendwann verstanden: Geld ist weder gut noch schlecht. Eine Metapher, die ich dazu einmal gehört habe, hat mir das sehr versinnbildlicht: Geld ist wie ein Messer. Man kann damit die besten Zutaten für ein gemeinsames Essen schneiden – oder man kann damit jemandem wehtun. Geld verändert nicht, wer du bist. Es verstärkt nur, was ohnehin schon da ist. Ein guter Mensch mit Geld wird Gutes tun. Ein schlechter Mensch Schlechtes.

Ich finde, jeder von uns hat ein Geburtsrecht darauf, in Wohlstand zu leben. Wenn ich heute ein Baby sehe, wünsche ich mir, dass es im Leben immer alles haben wird, was es braucht. Ich denke mir doch nicht: »Du darfst aber nicht zu viel davon haben. Du musst dich schämen, wenn du im Reichtum lebst.« Oder: »Werde bloß nicht gierig und bleib lieber am Existenzminimum.« Wenn ein Baby jedes Recht auf ein Leben in Wohlstand hat – warum dann nicht auch du selbst? Es ist nichts Tugendhaftes daran, pleite zu sein. Du kannst niemandem helfen, wenn du selbst nichts hast. Warum also solltest du dich schuldig fühlen, Geld zu haben oder es anzunehmen?

Auf rationaler Ebene wusste ich das – aber ich hatte nie richtig gelernt, mit Geld umzugehen. Es ist das, womit wir jeden Tag unser Leben gestalten, und doch bringt uns niemand bei, wie man es auf gesunde Weise einsetzt. Ich wusste als junger Mensch nur: Es ist zu wenig da, aber ich kann es mir verdienen – mit Arbeit, mit dem Einsatz meiner Zeit. Ich wollte schon als Schülerin meine Mutter unterstützen und für meine Bedürfnisse selbst aufkommen. Ich hoffte, wenn ich mein eigenes Geld verdiente, müsste sie nicht mehr so viel arbeiten und hätte mehr Zeit für mich und meinen Bruder. Ich war mir für keine Arbeit zu schade. In den Ferien jobbte ich im Frühstücksservice eines Hotels, nachmittags schälte ich Kartoffeln in der Küche, samstags arbeitete ich im Einzelhandel. Ich füllte Regale auf, verkaufte Käse, putzte Sonnenliegen und reinigte Ferienwohnungen. Ich habe alles gemacht. Ich wollte meinen

Teil beitragen, sie entlasten und nicht nach Geld fragen müssen. Ich habe wirklich gern gearbeitet. Arbeit gibt mir auch heute noch das gute Gefühl, eigenständig für mich sorgen zu können. Aber ich habe dabei auch die Tatsache gelernt, dass ich meine Zeit gegen Geld tausche – und dass mehr zu verdienen nicht automatisch bedeutet, auch mehr zu haben. Denn mit dem Einkommen wachsen oft auch die Ausgaben und die Ansprüche.

Ich habe häufig für einen niedrigen Lohn gearbeitet, weil ich nicht unangenehm auffallen wollte. Ich tat mich schwer, Trinkgeld anzunehmen oder meinen Wert klar zu kommunizieren. Ich hatte immer wieder ein schlechtes Gewissen, wenn ich mir etwas gönnte, das nicht unbedingt nötig war. Denn ich hatte verinnerlicht: Geld ist schwer zu bekommen. Geld muss hart verdient werden. Und für eine Arbeit, die mir Freude macht, darf ich nichts verlangen.

Mit einem Rudel Huskys hat man natürlich andere Ausgaben als in einem Singlehaushalt. Und ich wollte ihnen nicht irgendein Leben bieten – sondern das Beste. Gesunde, ausgewogene Ernährung mit Fleisch von regionalen Höfen in hoher Qualität. Frisches Obst und Gemüse in Bio-Qualität. Ergänzungsfuttermittel zur Unterstützung. Ein geräumiges Auto mit maßgefertigten Hundeboxen – im Winter isoliert, im Sommer klimatisiert. Trainings auf den schönsten Trails quer durch Europa, Physiotherapie, Dorntherapie, Osteopathie, Hundeschule, Trainingsequipment, orthopädische Betten für die älteren Hunde – und noch so vieles mehr. Das alles kostet Geld, sehr viel Geld.

Es ist eigentlich eine einfache Rechnung: Ein Jahr hat 365 Tage. Wenn man zwei Tage pro Woche frei und sechs Wochen Urlaub haben möchte, bleiben 219 Arbeitstage übrig. Wenn man – so wie ich – selbstständig ist, hofft man zusätzlich auf möglichst wenige Krankentage. Ich habe also ca. 219 Tage im Jahr, an denen ich zwischen vier und maximal sechs Stunden Zeit gegen Geld tauschen kann. Der Rest des Tages fließt in Kinder- und Tierbetreuung, Haushalt und hin und wieder in ein bisschen Me-Time – ein Abend in der Badewanne oder ein gutes Buch. Wenn ich also weiterhin Zeit gegen Geld tausche, muss der Stundenlohn passend sein, sonst leben wir irgendwann von der Hand in den Mund. Und natürlich könnte ich mich auch zurücklehnen und zusehen, wie mein Mann alles alleine stemmt, aber so war ich noch nie. Ich möchte unabhängig sein und wissen, dass ich mir mein Leben selbst finanzieren kann.

Da ein Monat keine zusätzlichen Tage bekommt und ein Tag keine weiteren Stunden, bleibt als einzige Stellschraube der Verdienst pro Stunde. Lange habe ich genau in diesen Kategorien gedacht. Erst als ich begriff, dass ein Husky-Erlebnis nichts ist, das man in Stunden messen kann, änderte sich mein Blick. Hier wird nicht Zeit vergütet, sondern Erfahrung. Ein Bungee-Sprung wird schließlich auch nicht nach Dauer bezahlt, sondern nach dem Erlebnis selbst.

Mit diesem Verständnis fiel es mir leichter, unsere Preise so zu gestalten, dass sie dem entsprechen, was wir wirklich geben – und was ich mir für unsere Hunde wünsche. Natürlich würde ich unsere Husky-Erlebnisse gern für alle zugänglich machen. Doch wenn wir davon leben wollen und unsere Hunde nicht durch zu viele Gruppen überfordern möchten, braucht es einen Preis, der genau das ermöglicht.

Unsere Angebote sind nichts, was man sich schnell nebenbei bucht. Sie sind etwas Besonderes – vielleicht etwas, auf das man spart, das man sich zu einem außergewöhnlichen Anlass gönnt oder schenken lässt. Mir ist wichtig, dass unsere Hunde die Arbeit mit Freude verbinden, dass sie ausgelastet, aber nicht überfordert sind. Deshalb gibt es bei uns nur begrenzte Termine – nie mehr als eine Gruppe pro Tag – und kleine, exklusive Gruppengrößen.

Erst durch ein Business-Coaching wurde mir bewusst, dass ich unser Angebot mir selbst und auch unseren Gästen etwas wert sein lassen darf. »Besondere Angebote für besondere Menschen« – so steht es auch auf meiner Website. Die Menschen, die zu uns kommen, suchen nicht das Schnelle oder Billige. Sie suchen etwas Einzigartiges. Etwas, das bleibt und sie berührt. Und genau dafür sind sie bereit, mehr zu bezahlen.

Geld ist Wertschätzung – das habe ich erst lernen dürfen. Es kann sich gut anfühlen, Rechnungen zu bezahlen und zu denken: Wie schön, dass ich mir das leisten kann und dass auch ich in der Lage bin, gute Arbeit fair zu entlohnen. Genauso darf ich Geld annehmen – ohne schlechtes Gewissen, auch dann, wenn mir meine Arbeit leichtfällt und Freude bereitet. Gerade deshalb darf ich Preise verlangen, die mir und meinen Hunden gegenüber wertschätzend sind, sodass unsere Gäste ihre Dankbarkeit und Anerkennung durch eine faire Bezahlung ausdrücken können.

Wenn mir heute jemand 20 Euro extra als Trinkgeld gibt, freue ich mich einfach darüber und bedanke mich. Ich sage nicht mehr wie früher: »Ach, das ist aber nicht nötig.« Oder: »Nein, das kann ich nicht annehmen.« Ich sage: »Danke« – und lächle. Ich nehme heute gerne Geld an, ob als Bezahlung oder einfach so. Warum sollte Geld nicht zu mir fließen dürfen? Es gibt genug davon auf der Welt – und wenn es bei mir landet, ist es in guten Händen. Wenn ich Geld habe, profitieren auch andere davon. Ich würde mich selbst als großzügigen Menschen bezeichnen. Ich lade gerne mal Freunde zum Essen ein, übernehme die nächste Runde Drinks und mache schöne Geschenke. Ich spende an Tierschutzorganisationen und unterstütze Menschen, die von Naturkatastrophen betroffen sind. Ich glaube, es hilft ungemein, sich einmal bewusst aufzuschreiben, wie viel Gutes man mit Geld bewirken kann. Dann fällt es auch leichter, es anzunehmen.

Was Geld mit unserer Energie zu tun hat

Mir ist aufgefallen, dass Huskys und Geld etwas gemeinsam haben: Beide folgen unserer Energie. Ein Husky spürt sofort, wie du dich fühlst. Wenn du gut drauf bist, Freude ausstrahlst und motiviert bist, dann merkst du ihm das augenblicklich an. Seine Augen weiten sich, das Schwänzchen wedelt freudig von links nach rechts, er tänzelt, jault vielleicht sogar vor Aufregung, weil er spürt: Gleich passiert etwas Großartiges. Wirst du dagegen ruhig und machst es dir gemütlich, legt auch er sich entspannt hin und atmet tiefer. Aber auch Nervosität, Angst und Zweifel übertragen sich und beeinflussen unmittelbar sein Verhalten. Huskys haben feine Sensoren. Sie reagieren auf das, was du fühlst, nicht auf das, was du sagst.

In meinen Zwanzigern vermied ich es lange, auf mein Konto zu schauen. Beim Bezahlen hoffte ich einfach, dass es schon reichen würde. Geld war etwas, das mir ein unangenehmes Gefühl machte, etwas, dessen Umgang ich möglichst umging. Heute weiß ich: Beziehungen, die man ablehnt, ignoriert oder vermeidet, werden nicht besser. Sie werden komplizierter. Genau so war es mit meiner Beziehung zu Geld. Mir war klar, wenn es nicht dauerhaft so bleiben sollte, dass am Ende des Geldes immer noch so viel Monat übrig war, musste ich mich diesem Thema stellen. Also begann ich, mich intensiv damit auseinanderzusetzen.

Ich begann, mir jeden Montagmorgen ein Money Date einzurichten. Anfangs fühlte sich das fremd an, fast unangenehm, und ehrlich gesagt hätte ich diese Termine am liebsten wieder abgesagt. Doch dann dachte ich mir: »Wenn ich mir schon Zeit für mein Geld nehme, dann darf sich das auch gut anfühlen.«

Eine Tasse Kaffee, ein paar Kerzen, der Diffuser mit ätherischen Ölen, leise Countrymusik im Hintergrund und mein Lieblingsplatz am Fenster mit Blick auf die Berge. In genau diesem Rahmen öffne ich auch heute noch mein Onlinebanking, schaue mir Ein- und

Ausgänge an, überweise Rechnungen und mache Pläne dafür, wie mein Geld bald mehr Gesellschaft bekommen darf.

Je mehr ich mich in den letzten Jahren um meine Beziehung zu Geld gekümmert habe, desto stabiler ist sie geworden. Dabei habe ich etwas Entscheidendes verstanden: Wenn wir innerlich etwas Negatives mit Geld verbinden, versucht unser Unterbewusstsein, uns davor zu schützen. Es hält uns unbewusst davon ab, mehr davon in unser Leben zu lassen – oder sorgt dafür, dass es schneller wieder verschwindet. Nicht aus Schwäche, sondern weil unser Gehirn die vertraute Sicherheit über Wachstum stellt. Erst wenn wir Geld nicht länger als Bedrohung empfinden, sondern als Ressource, die uns Freiheit, Gestaltungsspielraum oder Souveränität ermöglichen kann, beginnt sich unser unbewusstes Verhalten zu verändern. Dann suchen wir nicht mehr nach Wegen, es loszuwerden, sondern erkennen Möglichkeiten, wie mehr davon bei uns bleiben darf. Es geht nicht darum, Geld zu idealisieren, sondern unsere innere Haltung so auszurichten, dass unser Nervensystem nicht länger gegen uns arbeitet – sondern für uns.

Heute hat sich mein Blick auf Geld verändert: Ich sehe es als etwas Neutrales. Wie Wasser oder Strom. Erst das, was wir damit erlebt haben, macht daraus etwas Angenehmes oder etwas Belastendes.

Viele meiner Geldthemen hatten weniger mit Geld selbst zu tun als mit dem, was ich über Liebe, Sicherheit und Verantwortung gelernt habe. Diese innere Verknüpfung entsteht sehr früh. Die Psychologin Stefanie Stahl beschreibt, dass Kinder in ihren ersten Lebensjahren innere Überzeugungen darüber entwickeln, wie Sicherheit, Nähe und Stabilität entstehen – nicht durch bewusste Entscheidungen, sondern durch wiederkehrende Erfahrungen im Alltag. Als Kinder beobachten wir, was passiert, wenn es schwierig wird. Wer ist dann da? Wird gestritten oder geschwiegen? Muss jemand stark sein oder einfach funktionieren? Unser Gehirn speichert diese Erfahrungen nicht als klare Gedanken, sondern als inneres Gefühl. Es merkt sich, wie sich Sicherheit anfühlt – und wie Unsicherheit.

Aus diesen frühen Erfahrungen entwickeln Kinder Strategien, um sich sicher zu fühlen. Manche lernen, dass Sicherheit über Kontrolle, Leistung und Durchhalten entsteht. Andere erleben Sicherheit vor allem über Anpassung, Harmonie und das Bedürfnis, gemocht zu werden. Diese Strategien sind sinnvoll – sie helfen dem Kind, sich in seiner Welt zurechtzufinden.

Später laufen diese Muster oft unbewusst weiter. Besonders in Stresssituationen greifen wir automatisch auf das zurück, was uns früher Sicherheit gegeben hat. Geld wirkt dabei wie ein Verstärker, weil es eng mit Existenz, Verantwortung und Selbstwert verbunden ist. So kann es passieren, dass Menschen viel arbeiten, alles geben und Verantwortung übernehmen, sich aber dennoch schwertun, angemessenes Geld für ihre Arbeit anzunehmen. Sie verlangen zu wenig, fühlen sich unwohl bei steigenden Einnahmen oder empfinden Schuld, wenn sie mehr wollen. Andere wiederum verdienen objektiv genug und fühlen sich trotzdem nie entspannt, kontrollieren ständig ihr Konto und leben mit dem Gefühl, dass es jederzeit kippen könnte.

Erst als ich begonnen habe, mein eigenes Sicherheitsgefühl bewusster wahrzunehmen und zu verändern, hat sich auch mein Umgang mit Geld verändert. Nicht durch mehr Kontrolle oder Disziplin, sondern durch ein anderes inneres Fundament. Geld verlor seine emotionale Schwere und wurde wieder das, was es eigentlich ist: ein Mittel zur Gestaltung, nicht der Maßstab für meinen Wert.

Wie du deine Beziehung zu Geld verbessern kannst

Es gibt eine Übung, die mir damals die Augen geöffnet hat. Sie ist simpel, aber sie geht tief. Stell dir vor, Geld steht vor deiner Tür und klopft. Du gehst hin, öffnest – und da steht es. Geld. Nicht als Zahl, nicht als Kontoauszug, sondern als Mensch. Wie sieht diese Person aus? Was trägt sie? Wie bewegt sie sich? Wie riecht sie? Wie klingt ihre Stimme? Sprichst du gern mit ihr – oder möchtest du die Tür am liebsten sofort wieder schließen? Lädst du die Person zu dir auf einen Kaffee ein oder verscheuchst du sie so schnell wie möglich? Ich weiß noch genau, wie das bei mir war. Es war das Jahr 2020. Ich hatte nicht viel Geld und ehrlich gesagt: Ich mochte es auch nicht besonders. Als ich mir damals vorstellte, dass Geld vor mir stehen würde, war es ein Typ – männlich, mit zurückgegelten schleimig triefenden Haaren, zu braunem Teint, schwarzer Lacklederhose, Krokodillederschuhen und einer viel zu lauten, kratzigen Stimme. Er hatte diesen Macho-Vibe, nach außen stark, vor allem der Mundgeruch. Ich konnte ihn kaum anschauen. Er war mir unangenehm. Ich fand ihn aufdringlich, fast eklig. Und da wurde mir klar: Natürlich hatte ich kein Geld. Warum sollte ich etwas in meinem Leben halten, das ich innerlich so abstoßend fand? Ich wollte es loswerden – so schnell wie möglich. Und das tat ich auch. Immer wenn Geld kam, ging es genauso schnell wieder.

Vielleicht kennst du das. Du bekommst etwas, aber es bleibt nicht. Du denkst, du hast Pech oder bist schlecht mit Finanzen, aber in Wahrheit geht es um deine Beziehung zu dieser Energie. Wenn Geld ein Mensch wäre – würdest du mit ihm Zeit verbringen wollen? Ihm vertrauen? Ihn einladen zu bleiben? Mach die Übung für dich. Nimm dir einen Moment. Schließ die Augen. Stell dir vor, Geld steht vor dir. Schau es dir genau an. Nicht bewerten, nur beobachten. Welche Gefühle kommen hoch? Vielleicht Vertrauen, vielleicht Misstrauen, vielleicht Wut, vielleicht Scham. Das Bild, das du siehst, zeigt dir, was du über Geld glaubst.

Und dann dreh die Übung um. Stell dir vor, du darfst das Bild verändern. Geld darf zu einer Person werden, die du magst. Jemand, den du in deinem Leben willkommen heißen würdest. Wie sieht diese Person aus? Wie spricht sie? Welche Energie hat sie? Wie riecht sie?

Für mich war es irgendwann nicht mehr der Macho mit den Lackschuhen. Es wurde eine Frau. Sie trug einen weißen, langen Hippierock, hatte lange, leicht gewellte blonde Haare, viele Armbänder, duftete nach Sommer und Leben. Ihre Augen lachten, ihre Stimme war weich und freundlich. Sie hatte diesen leichten, freien Spirit, wie jemand, der barfuß durchs Gras läuft. Mit ihr wollte ich Zeit verbringen. Mit ihr fühlte sich Geld plötzlich gut an. Und genau ab da hat sich alles verändert. Und das ist keine Magie – das ist Energie. Geld folgt der Haltung, die du ihm entgegenbringst. Wie ein Hund, der spürt, ob er willkommen ist oder nicht.

Wenn du magst, bleib einen Moment bei diesem Bild. Spür, was es in dir auslöst. Nicht im Kopf, sondern im Körper. Wie fühlt sich diese neue Energie an? Kannst du sie irgendwo wahrnehmen – in der Brust, im Bauch, im Atem? Stell dir vor, du öffnest die Tür erneut und dieses Mal steht die neue Version von Geld da. Die, die du wirklich in deinem Leben haben willst. Was passiert in dir, wenn du sie hereinbittest? Wenn du ihr sagst: »Du darfst bleiben.« Vielleicht merkst du, dass sich etwas löst. Dass etwas weicher wird. Denn genau da beginnt Heilung – nicht im Denken, sondern im Fühlen.

Geld ist letztlich Beziehung. Eine Beziehung zu Vertrauen, zu Selbstwert, zu Verantwortung, zu Freiheit. Und wie in jeder Beziehung braucht es Ehrlichkeit. Du darfst Geld mögen, ohne dich schlecht zu fühlen. Du darfst es wollen, ohne als gierig zu gelten. Du darfst es empfangen, ohne dich zu rechtfertigen. Du darfst es halten, ohne Angst zu haben, es wieder zu verlieren. Geld will fließen – in beide Richtungen.

Ich habe irgendwann angefangen, Geld wie einen Freund zu behandeln. Wenn es reinkommt, sage ich: »Hi, schön, dass du da bist, mach's dir bequem.« Wenn es rausgeht, sage ich: »Bring Freunde mit, wenn du zurückkommst.« Ich vertraue darauf, dass es in Bewegung bleibt. Wohlstand hat nichts mit Zahlen auf einem Konto zu tun, sondern mit dem Gefühl, dass du immer genug hast, um dich wohlzufühlen. Wenn du das in dir spürst, fängst du automatisch an, dich anders zu verhalten. Du kaufst bewusster. Du gibst aus ohne Schuldgefühle. Du kannst eine angemessene Bezahlung auch für eine Arbeit verlangen, die dir leichtfällt, die dir Spaß macht – und das mit dem guten Gefühl, dass du jedes Recht der Welt darauf hast. Und genau das ist vielleicht das Geilste daran: dass die Arbeit, die uns am meisten erfüllt, auch das sein darf, was uns ernährt.

Ein gutes Beispiel dafür sind meine Huskys und ich. Wir lieben es, draußen an der frischen Luft zu sein. Wir lieben die Begegnung mit Menschen, das gemeinsame Erleben. Wir sind neugierig auf andere und möchten sie an unseren Abenteuern teilhaben lassen. Mit unseren Husky-Erlebnissen und Feriencamps verdienen wir unser Geld – mit unserer größten Leidenschaft. Und das ist ein großes Geschenk. Freude bedeutet aber nicht, dass alles immer leicht ist. Es darf anstrengend sein. Es gibt Tage, an denen die Hände frieren, der Schnee pikt, der Körper müde ist. Aber es ist eine andere Art von Anstrengung – eine, die für uns Sinn ergibt, weil sie aus dem Herzen kommt. Es ist die Art von Arbeit, bei der du spürst: Hier mache ich etwas, das Bedeutung hat. Hier bin ich richtig. Das bin ich.

Als mir diese inneren Glaubenssätze bewusst wurden, war mir eines sehr wichtig: Ich wollte meine alten Überzeugungen über Geld nicht an meine Kinder weitergeben. Ich liebe es, ihnen Geschenke zu machen. Wenn sie sich etwas wünschen, erfüllt es mich, ihnen dies zu ermöglichen. Und gleichzeitig wünsche ich mir, dass sie Wertschätzung für die einfachen Dinge entwickeln.

Ich möchte nicht, dass sie in einem Berg aus Spielzeug versinken und am Ende gar nicht mehr wissen, womit sie zuerst spielen sollen. Ich wünsche mir, dass sie die Dinge, die sie besitzen, achtsam behandeln, sie pflegen und lange nutzen. Mir ist wichtig, dass sie ein gesundes Gefühl für Geld entwickeln. Kein Gefühl von Mangel, aber auch keines von Selbstverständlichkeit. Wenn mich heute eines meiner Kinder fragt, ob es etwas bekommen kann, das ich als unverhältnismäßig empfinde oder das gerade nicht passend ist, sage ich nicht mehr: »Das können wir uns nicht leisten.« Ich sage: »Das möchte ich mir gerade nicht leisten.«

Dieser Unterschied ist klein – und doch verändert er alles. Er nimmt dem Geld die Schwere des Mangels. Es gibt vielleicht im Moment Dinge, für die ich unser Geld bewusster und gezielter einsetzen möchte. Und genau das gibt meinen Kindern nicht das Gefühl von Schuld, weil sie etwas haben möchten, das wir uns angeblich nicht leisten können. Es zeigt ihnen vielmehr, dass ich einen bewussten, verantwortungsvollen Umgang mit unserem Geld lebe.

Kapitel 15

Was ich von meinen Huskys über den Sinn des Lebens gelernt habe

Ruf der Wildnis – die Faszination von Tier und Natur

Es gibt Momente in der Natur, die uns den Atem rauben – nicht, weil sie laut oder spektakulär sind, sondern weil sie uns etwas in Erinnerung rufen, das tief in uns verborgen liegt.

Wenn ein Wolf lautlos durch den Schnee streift, ein Adler seine Kreise über dem Tal zieht oder eine Herde Rentiere durch die Weite Lapplands wandert, dann spüren wir etwas, das keine Worte braucht. Es ist eine Erinnerung an das, was wir einmal waren – Teil dieses Ganzen, nicht getrennt davon.

In der Begegnung mit einem wild lebenden Tier verändert sich etwas in uns. Wir werden still. Unser Atem verlangsamt sich, die Gedanken werden klarer, die Sinne wacher. Es ist, als würde uns die Wildnis selbst ansehen – durch die Augen des Tieres. Diese Begegnungen berühren uns, weil sie uns an unsere eigene Ursprünglichkeit erinnern. Die Natur zeigt uns, was es heißt, im Einklang mit dem Leben zu sein. In ihr begegnen wir einem Spiegel. Einem Spiegel, der uns zeigt, wie viel Unruhe wir in uns tragen, wie weit wir uns manchmal von unserem natürlichen Rhythmus entfernt haben – und wie leicht es wäre, zurückzufinden. Denn die Wildnis fordert uns nicht auf, mehr zu tun. Sie lädt uns ein, mehr zu sein. Zu lauschen, zu fühlen, zu vertrauen – so wie die Tiere den Stimmen der Natur vertrauen, die ihnen die Richtung weisen.

Meine Huskys sind für mich die Brücke zwischen diesen Welten. Sie leben an meiner Seite, doch ihre Seelen gehören dem Norden, dem Wind, der Kälte und der Freiheit. In ihrem Blick liegt dieselbe Klarheit, die man auch in den Augen eines Wolfes findet – roh, echt, unverfälscht. Sie erinnern mich jeden Tag daran, dass Wildheit nichts Bedrohliches ist, sondern eine Form von Reinheit. Ein Zustand, in dem nichts vorgetäuscht, nichts gezähmt, nichts maskiert ist.

Wenn ich mit ihnen durch die verschneiten Berge laufe, spüre ich diesen Ruf. Es ist kein Ruf, der von außen kommt – es ist ein Echo aus meinem Inneren, das in der Gegenwart der Tiere hörbar wird. Sie zeigen mir, was Vertrauen bedeutet: dem Trail zu folgen, auch wenn er im Sturm verschwindet. Auf die innere Kompassnadel zu hören, auch wenn der Weg unklar scheint. Und vor allem – sich selbst treu zu bleiben, egal, wie stark der Gegenwind weht.

Für mich ist das eine der wichtigsten Lehren, die die Wildnis uns schenkt: dass Freiheit kein Ort ist, sondern ein Zustand. Und dass die Tiere, die in ihr leben, uns nicht nur zeigen, wie man überlebt, sondern wie man wirklich lebt. Das ist diese rebellische, wilde Energie, die kurz irritiert und dadurch das eigene Nervensystem aufweckt. Denn Selbstbestimmung beginnt oft nicht mit großen Entscheidungen, sondern mit kleinen Handlungen, die auf den ersten Blick nicht logisch erscheinen, die dich aber wieder spüren lassen: Ich kann. Ich darf. Ich wähle.

Was mir hilft, meine Wildheit zu spüren

Hier sind ein paar Dinge, die ich gerne tue, wenn ich wieder mehr mit meiner eigenen Wildheit in Kontakt kommen möchte. Wenn ich spüren möchte, dass ich ein Individuum bin – kein Teil einer Matrix, kein Rädchen im Getriebe. Vielleicht helfen sie auch dir.

Mach etwas Außergewöhnliches!

Wenn ich Lust habe, lege ich einfach eine Isomatte oder einen Schlafsack in den Garten oder auf den Balkon und schlafe dort. Meine Oma hat das früher auch gemacht. Sie hat jahrelang draußen auf dem Balkon geschlafen – mit einem richtigen Bett, das sie im Frühjahr jeden Jahres einfach nach draußen stellte. Die ganzen warmen Sommermonate über. Manchmal sogar noch, wenn es schon zu schneien begann. Dann wehte ihr der kalte Schnee um die Nase, wenn sie morgens aufwachte. Und sie fand es herrlich.

Hinterfrag Gewohnheiten!

Was ich auch den Kindern in meinen Feriencamps sage: »Hört auf, eure Schlafsäcke mühevoll zu falten!« Wenn du bis hierhin gelesen hast und jemand bist, der seinen Schlafsack jedes Mal penibel zusammenrollt, um ihn dann in diese enge Hülle zu zwängen und daran fast verzweifelt – lass es. Bester Tipp: Greif den Schlafsack unten bei den Füßen, lass ihn nach oben offen, damit die Luft entweichen kann, und stopf ihn einfach Stück für Stück hinein. Das offene Ende zuletzt. Fertig. Und auch wenn der Trick mit dem Schlafsack wirklich funktioniert, ist er doch viel mehr als ein Packtipp: Er steht dafür, dass wir Gewohnheiten hinterfragen dürfen. Nur weil etwas immer so gemacht wurde, heißt das nicht, dass wir es nicht neu denken oder anders lösen dürfen.

Mach eine Wanderung barfuß!

Geh durch ein Flussbett oder einen Bach. Zieh einfach deine Schuhe aus und spür das kalte, fließende Wasser an deinen Füßen. Es erdet dich sofort. Das klingt so banal und doch reichen oft die einfachen Dinge völlig aus, um sich wieder mehr als Teil der Natur und mit sich selbst verbunden zu fühlen.

Geh nachts in den Wald!
Ja, wirklich. Wenn du, wie ich, zur Generation gehörst, die den Film *Blair Witch Project* gesehen hat, hoffe ich, du hast die dadurch ausgelösten Ängste überwunden. Denn: Nachts im Wald zu sein, ist etwas ganz Besonderes. Diese Atmosphäre – sie ist still, friedlich und voller Magie. Und ich meine nicht irgendeinen Park in der Stadt, sondern wirklich den Wald – draußen, auf dem Land. Bleib auf den Wegen, stör keine Tiere, fuchtel nicht wild mit der Stirnlampe herum. Setz dich einfach hin oder geh langsam im Mondlicht. Atme. Und genieß diese unglaubliche Ruhe.

Mach aus Schnee Kaffee!
Schmelz Schnee in einer Kaffeekanne. Mach dir ein kleines Feuer und koch dir darauf einen Kaffee oder Tee. Ich schwöre dir: Es schmeckt nach Freiheit.

Aufmerksamkeit – die seltenste Währung unserer Zeit

Aufmerksamkeit ist heute eine der seltensten und kostbarsten Währungen geworden. Sie wirkt unscheinbar – und ist doch unfassbar mächtig. Ganze Imperien bauen auf ihr auf. Marken, Talente, TV-Shows, Social Media – jeder ringt um sie. In einer Welt, in der unsere Aufmerksamkeitsspanne immer kürzer wird und unzählige visuelle wie akustische Reize um sie kämpfen, ist sie zu einem der wertvollsten Güter überhaupt geworden.

Wie oft sitzen wir am Tisch, unterhalten uns – und haben das Handy griffbereit. Jederzeit kann uns jemand oder etwas unsere Aufmerksamkeit entreißen, und wir sind sofort bereit, sie widerstandslos herzugeben. Wann haben wir zuletzt einem Menschen wirklich in die Augen gesehen, länger als nur für einen flüchtigen Moment? Selbst während eines Gesprächs schweifen unsere Sinne ab – zum nächsten Geräusch, zur Bewegung hinter uns. Und ja, das ist Teil unserer Natur. Jahrmillionen lang haben wir überlebt, weil wir es geschafft haben, mit unserer Wahrnehmung überall gleichzeitig zu sein. Doch heute lauert hinter der Ecke kein gefährliches Tier mehr – höchstens das aufblinkende Emoji der nächsten Nachricht. In der heutigen Zeit sind wir so vielen Reizen ausgesetzt, dass selbst einfache Entscheidungen wie die Wahl des Mittagessens zur Herausforderung werden.

Wenn ich meine Huskys beobachte, besonders wenn Gäste da sind, staune ich jedes Mal aufs Neue. Ich sehe, wie selbstverständlich und tief sie im aktuellen Moment präsent sind – sie sind ganz da, mit jeder Faser ihres Seins. Es spielt keine Rolle, ob sie den Menschen schon kennen oder nicht. Sie schenken ihm ihre volle Anwesenheit, ohne etwas zu erwarten. Sie nehmen ihn wahr – mit ihrem ganzen Wesen. Sie lesen den Körper, hören zwischen den Zeilen der Körpersprache, spüren die feinen Schwingungen, die sich in Mimik, Haltung und Energie ausdrücken. Und dann reagieren sie – sanft, direkt, wahrhaftig. Manchmal ist es nur ein Blick. Ein stilles Hinsetzen neben jemanden, der innerlich unruhig ist. Ein Anlehnen, ein tiefes Atmen. Und in diesem Moment geschieht etwas, das man kaum erklären kann: Es ist, als würden sich zwei Seelen berühren – jenseits von Sprache, jenseits von Denken.

Ich sehe es in den Augen unserer Gäste. Viele beginnen zu weinen – oft schon in den ersten 20 Minuten. Nicht aus Traurigkeit, sondern aus Überwältigung. Weil sie spüren, wie tief diese Form von Aufmerksamkeit geht. Wie selten sie geworden ist in einer Welt, in der wir ständig alles gleichzeitig tun – und dabei kaum noch wirklich da sind. Wir essen, während der Fernseher läuft. Wir hören jemandem zu, während wir aufs Handy schauen. Wir pflegen uns, während im Hintergrund eine Podcast-Stimme redet. Wir leben in einer Zeit, in der Multitasking als Stärke gilt – und vergessen dabei, dass echte Präsenz nichts damit zu tun hat. Selbst jetzt, während ich diese Zeilen auf mein Diktiergerät einspreche, koche ich das Abendessen für meine Kinder. Und obwohl das praktisch ist – mein Körper hier, meine Gedanken dort –, spüre ich, wie weit uns diese Gleichzeitigkeit manchmal von uns selbst entfernt.

Meine Huskys erinnern mich daran, was es bedeutet, wirklich aufmerksam zu sein. Nicht mit dem Kopf, sondern mit dem ganzen Körper. Mit allen Sinnen – und vor allem mit dem Herzen. Wenn sie einem Menschen begegnen, ist das kein flüchtiges Hallo, kein oberflächliches Kennenlernen. Es ist eine kleine Zeremonie: ein Erkennen, ein Zulassen, ein Sichzeigen. Ein Moment, in dem zwei Lebewesen sich ohne Maske begegnen – roh, echt, unzensiert. Für sie ist das selbstverständlichste Geschenk an uns: uns zu zeigen, dass Aufmerksamkeit nicht nur Sehen bedeutet, sondern Wahrnehmen. Nicht nur Hören, sondern Verstehen. Und wie wertvoll das ist.

Inzwischen halte ich es ganz bewusst so: Wenn ich mich mit jemandem treffe, bleibt das Handy in der Tasche. Ich sitze dem Menschen gegenüber, beobachte, wie sich seine Mimik verändert, während er erzählt. Ich schaue nicht aufs Display, um zu prüfen, ob sich vielleicht etwas Spannenderes auftut. Und wenn mich eine Begegnung so wenig berührt, dass ich das Bedürfnis hätte, aufs Handy zu schauen – dann frage ich mich ehrlich, ob dieses Treffen überhaupt Sinn ergibt. Denn nichts ist in diesem Zusammenhang wertvoller als echte, ungeteilte Aufmerksamkeit.

Wild Vibes – heute wird's trotzdem geil!

Es gibt diese Tage, da steht man auf, und noch bevor man »Guten Morgen« sagen kann, weiß man: Heute wird's zäh. So ein Tag, an dem du dich fragst, ob das Universum vielleicht vergessen hat, die gute Laune mitzuliefern. Die Kaffeetasse kippt natürlich genau dann über die Hose, als du endlich fünf Minuten Ruhe hast. Auf den Wegen ist es glatt wie Schmierseife, und das Auto hat ausgerechnet heute beschlossen, einfach mal nicht anzuspringen. Noch bevor du einen Fuß richtig auf den Boden gesetzt hast, weißt du: Das wird so ein Tag. So einer, bei dem man eigentlich gar nicht mitspielen möchte.

Früher habe ich in solchen Momenten oft gedacht: »Na super. Das kann ja was werden.« Ich hatte diesen Spruch im Ohr, den man sich gerne sagt, wenn's schon am Morgen hakt: »Wenn der Tag so anfängt, bleib lieber im Bett – das wird heute eh nix.« Und ja, vielleicht ist da was dran. Vielleicht ist es klug, an solchen Tagen einfach mal langsamer zu machen, den Körper nicht zu zwingen, wenn sich gefühlt die Welt und das Leben gegen dich verschworen haben. Vielleicht. Vielleicht bewerten und interpretieren wir aber auch zu viel und geben den ersten zehn Minuten des Tages zu viel Macht. Denn meine Huskys haben mir gezeigt, dass es nicht nur eine Wahrheit gibt. Während ich manchmal an so einem Tag dastand, halb genervt, halb in Selbstmitleid versunken, erwarteten sie mich schon mit leuchtenden Augen. Sie jaulten, sie sprangen, sie drehten sich im Kreis. Sie wussten: Gleich geht's los. Und es war ihnen völlig egal, dass mein Tag mies angefangen hatte, dass ich müde und das Wetter heute nicht meines war. Für sie zählte nur eins: Sie wollten los!

Ich stand also mit hängenden Schultern und Mundwinkeln da, sah diese geballte Lebensfreude vor mir, dieses wilde Rudel, das keine Ausrede kannte, keine schlechte Laune akzeptierte, und ich konnte gar nicht anders, als dann doch halb lächelnd zu sagen: »Na gut. Dann halt mit schlechter Laune. Los geht's.«

Kaum waren wir auf dem Trail, änderte sich die Energie. Nicht sofort, aber nach und nach. Erst fühlte ich noch diese Schwere in mir, als würde ich einen Sack Sand mit mir herumschleppen. Doch irgendwann wurde das monotone Schlittenklacken fast meditativ. Der Atem der Hunde dampfte in der kalten Luft, kleine Nebelwölkchen bildeten sich im Rhythmus des Laufens. Das Ziehen der Leinen, das Knirschen des Schnees, das Hecheln – nach und nach entstand ein Takt. Und als würde sich mein Herzschlag diesem Beat anpassen, spürte ich plötzlich, wie sich mein Inneres langsam neu sortierte. All der Frust, das Genervtsein, der miese Start – alles wurde kleiner, leiser. Es war, als würde mit jedem Kilometer ein Stück Schwere zurückgelassen. Die Hunde zogen mich nicht nur körperlich durch die Landschaft, sondern auch geistig aus diesem grauen Gedankenkarussell heraus. Ich spürte wieder: Ich lebe. Ich bin hier. Und während ich anfangs dachte: »Das wird heute nichts«, erinnerte ich mich, dass genau solche Tage oft gar nicht so schlecht wurden.

Vielleicht liegt es daran, dass Huskys kein Drama machen. Sie verschwenden keine Energie ans Grübeln. Sie denken nicht darüber nach, ob der Schnee zu nass ist, der Wind zu stark oder die Strecke zu lang. Sie rennen einfach – nicht, weil sie müssen, sondern weil sie wollen. Und das steckt an.

Ich glaube, der Unterschied ist, dass wir Menschen ständig bewerten. Schon zu Beginn eines Tages bilden wir uns ein zu wissen, ob er gut oder schlecht wird. Dabei ist ein Tag nichts weiter als eine Aneinanderreihung von Momenten. Und jeder einzelne kann eine neue Ausrichtung mit sich bringen. Möglicherweise ist das sogar der wichtigste Punkt: Nicht der Tag entscheidet, wie er wird, sondern du. Wenn du also das nächste Mal mit Kaffeeflecken auf der Hose in den Tag stolperst, erinnere dich daran, dass es egal ist, wie er anfängt. Dass du auch mit dem falschen Fuß loslaufen kannst – Hauptsache, du läufst. Denn manchmal ist genau das der Moment, in dem sich alles dreht. Und vielleicht liegt der Zauber darin: dass das Leben nicht immer leicht sein muss, damit es schön ist.

Selbst an grauen Tagen scheint irgendwo die Sonne. Ich habe gelernt, dass man sich selbst nicht so ernst zu nehmen braucht. Man darf fluchen, man darf genervt sein, man darf sogar kurz alles anzweifeln – solange man danach wieder aufsteht. Denn manchmal reicht es, einfach »Scheiß drauf!« zu sagen, die Sachen zu packen und loszulaufen. Der Rest passiert dann unterwegs. Und wer weiß – vielleicht ist genau dieser wilde, chaotische Tag der, an dem du dich am lebendigsten fühlst.

Der eigene Rhythmus – du spürst, wenn die Zeit gekommen ist

Huskys laufen nicht alle von Beginn an gleich. Manche sind schon mit einem Jahr wild entschlossen und kaum zu bremsen, andere brauchen zwei oder drei Winter, bis sie wirklich im Team ankommen. Jeder hat seine eigene Entwicklungsphase. Im Rudel bedeutet das: Der, der heute noch hinterherläuft, kann morgen schon der Leader sein.

Wie bei uns Menschen ist auch bei den Huskys Entwicklung kein Wettlauf. Manche brauchen Zeit, bis sie wissen, wofür sie brennen. Manche Wege dauern länger, aber sie führen trotzdem weiter. Ein älterer, erfahrener Hund ist Gold wert. Er kennt die Strecke, liest die Zeichen des Windes, spürt die Stimmung seines Mushers oder seiner Musherin. Er läuft vielleicht nicht am schnellsten, aber immer die beste Linie. Seine Erfahrung bringt Ruhe ins Rudel und Sicherheit in den Lauf. Das ist wie bei uns Menschen. Manche Lektionen kann man einfach nicht früher lernen. Um Dinge aus einer anderen Perspektive sehen zu können, braucht es manchmal erst die gelebte Erfahrung.

Es gibt Huskys, die in jungen Jahren unauffällig sind. Sie rennen mit, aber sie fallen nicht besonders auf. Und plötzlich, in einem bestimmten Moment – bei einer Expedition, einem Rennen oder einer schweren Etappe – erwacht etwas in ihnen. Ein Feuer, das all die Jahre still in ihnen geschlummert hatte. Dann laufen sie, als hätte jemand in ihnen eine Flamme entzündet, die zuvor nur ein schwaches Glimmen war.

Oft ist nicht der Moment das Problem, in dem das Feuer in uns erwacht, sondern der, in dem wir versuchen, die gerade erwachte Flamme wieder auszutreten. Wir zählen uns tausend Gründe auf, warum es nicht möglich sein sollte, das Feuer am Leben zu halten. Wie komisch wir doch sind: Statt die Flamme zu nutzen und uns von ihr zu nähren oder tragen zu lassen wie ein Heißluftballon, bleiben wir lieber am Boden. Wir lassen uns von unseren Zweifeln blockieren, anstatt uns auf diesen Auftrieb einzulassen und zu sehen, wohin er uns trägt. Ein gutes Leben verhindert oft ein besseres, weil wir lieber im Bekannten bleiben, uns mit dem Zufriedensein begnügen und aufhören, dem leisen Ruf in uns Aufmerksamkeit zu schenken, der flüstert: »Da ist noch mehr für dich möglich.« In Gesprächen mit Menschen wird mir immer wieder bewusst, wie wenig wir uns selbst noch erlauben. Wie oft tauchen Gedanken auf wie: Wer bin ich, dass ich etwas anstrebe, das vor mir noch niemand in meiner Familie getan hat? Wir wollen nicht undankbar wirken für das, was wir haben, und schon gar nicht gierig erscheinen. Also halten wir uns klein – und fühlen uns damit sogar einigermaßen sicher. Wir fallen nicht auf, ecken nicht an, bleiben innerhalb der Norm.

Doch wer sagt eigentlich, dass wir kein außergewöhnliches Leben leben dürfen? Das Geschenk des Lebens allein ist Grund genug, größer zu träumen und sich mehr zu erlauben, als das eigene Umfeld bisher vorgelebt hat. Die wichtigsten Errungenschaften unserer Zeit sind entstanden, weil Menschen an etwas geglaubt und sich nicht mit dem zufriedengegeben haben, was bereits da war. Wären sie der Meinung gewesen, dass das Leben im Dunkeln schon reicht, hätten wir heute kein Licht, keine Elektrizität und keinen Fortschritt.

Und ich wette, genau in diesem Moment weißt du, wovon ich spreche. Du denkst an diese eine Sache, die du schon lange machen wolltest. Du spürst diese Flamme in dir, die sich endlich entfachen will und nicht länger unter dem Teppich ersticken lässt. Du weißt es, ich weiß es. Und wenn du ein Zeichen brauchst, um endlich das zu tun, was schon so lange nach dir ruft – das hier ist es!

Wenn ich mir anschaue, wie viele Menschen erst in der Mitte ihres Lebens ihre Leidenschaft gefunden haben, weiß ich: Es gibt keinen falschen Zeitpunkt. Der Schauspieler Samuel L. Jackson wurde erst mit 46 Jahren durch den Film *Pulp Fiction* weltberühmt. Anna Sewell schrieb das Buch *Black Beauty*, als sie 51 Jahre alt war. Ray Kroc gründete McDonald's mit 52 Jahren, die Designerin Vera Wang entwarf ihr erstes Brautkleid mit 40 Jahren.

Viele dieser Menschen sagen rückblickend: »Ich hätte das mit 25 gar nicht gekonnt. Ich musste erst leben, scheitern und verstehen, wer ich wirklich bin.« Und das zeigt: Es ist nie zu spät, zu seiner wahren Größe heranzuwachsen. Gerade ab der Lebensmitte beginnt oft die Phase, in der man genug Erfahrung, Mut und Tiefe hat, um wirklich authentisch zu sein.

Klar, vielleicht wäre es einfacher, von Anfang an auf dem richtigen Weg zu sein und sein Ding zu machen. Aber wer wärst du, wenn du dich nie ausprobiert hättest? Auch in uns Menschen liegt diese Rudelweisheit – die Erkenntnis, dass jeder Lebensabschnitt seine eigene Rolle hat.

Get it – was wir von Huskys über das Leben lernen können

Nach über 20 Jahren zusammen mit meinen Hunden, nach unzähligen Kilometern im Schnee, Stürzen, kleinen und großen Erfolgen, nach Momenten, in denen gefühlt alles zu schwer war, und anderen, in denen sich alles nur leicht angefühlt hat, bleibt etwas, das tiefer geht als Technik, Training oder Theorie. Es sind die einfachen, aber kraftvollen Lektionen, die mir meine Huskys beigebracht haben. Lektionen, die auch du ganz einfach in dein Leben integrieren kannst.

Hier sind meine wichtigsten Learnings – das, was mir geholfen hat, ein wilderes, freieres, glücklicheres Leben zu führen:

1. Sei freundlich und tolerant.
Wenn Menschen zu uns kommen, die keine Verbindung zu Hunden haben, spüre ich oft zuerst ihre Zurückhaltung. Manche sind abgewandt, vorsichtig, innerlich auf Abstand. Und jedes Mal fasziniert es mich, wie die Huskys darauf reagieren. Sie drängen sich nicht auf und verlangen keine Nähe. Sie bleiben einfach offen und freundlich. Ihre Haltung sagt: Es ist okay, wenn du gerade keinen Kontakt möchtest. Dies berührt mich: Huskys respektieren den Raum des anderen, ohne den Kontakt zu verlieren. Wir Menschen reagieren oft anders, Distanz erzeugt Gegendistanz und Nähe wird schwierig. Erst wenn du bewusst freundlich bleibst und Raum lässt, kann Verbindung entstehen.

Und vielleicht liegt genau darin eine der schönsten Lektionen, die sie mir in jeder Begegnung vor Augen halten: Gib Raum, ohne dich selbst zu verschließen. Bleib offen, auch wenn es dein Gegenüber vielleicht (noch) nicht ist.

2. Tu, was du liebst – und tu es mit Freude!
Wenn du etwas mit echter Begeisterung tust, entsteht eine Anziehung, die andere mitreißt. Huskys laufen nicht, weil sie müssen. Sie laufen, weil sie es lieben. Diese Freude ist ansteckend. Sie steckt im Blick, im Atem, im Rhythmus. Jeder, der ihnen dabei zusieht, möchte Teil davon sein.

3. Lauf los – auch wenn du den Weg nicht kennst!
Huskys rennen, bevor sie wissen, wohin der Trail führt. Sie vertrauen dem Moment, dem Gefühl, der Richtung. Manchmal musst du einfach starten – mit dem ersten Schritt. Der Weg zeigt sich unterwegs und die Richtung lässt sich immer wieder neu justieren.

4. Wenn etwas nicht funktioniert, probier etwas anderes!
Bleib nicht stehen, beklag dich nicht. Variiere, korrigiere, versuch es neu. Im Rudel lernt keiner durch Druck, sondern durch Erfahrung. Scheitern ist kein Rückschritt, sondern ein Umweg mit Aussicht.

5. Mach dich nicht klein!
Geh aufrecht, mit Stolz, auch wenn das andere einschüchtert. Bleib bei dir, bei deiner Haltung, deiner inneren Kraft. Ein Husky zieht nicht weniger stark, nur weil andere Angst vor seiner Energie haben.

6. Es ist okay, nicht alles zu können.
Du musst nicht in allem gut sein. Huskys sind die schlechtesten Wachhunde überhaupt, höchstens kuscheln sie alle nieder. Dafür brennen sie für den Zughundesport und sind darin um Längen besser als jeder Hüte- oder Wachhund. Finde deine Passion – und verfolge sie mit Herzblut. Wenn du in deinem Ding besser bist als alle anderen, brauchst du kein großes Revier.

7. Dein Wille ist stärker als dein Körper.
Alter, Grenzen, Umstände – all das zählt weniger, als du denkst. Ein Husky läuft weiter, wenn seine mentale Stärke ausreicht. Dein Geist entscheidet, wie weit du kommst. Deine Seele ist die Kraft dahinter.

8. Gib Gas, auch wenn es langweilig wird!
Durchhaltevermögen ist die unsichtbare Kraft, die Sieger formt. Motivation kommt und geht. Auch wenn ein Teil des Weges sich zieht und eintönig ist, gib erst recht Gas und deine beste Performance.

9. Wenn du etwas willst, sag es!
Und wenn du es nicht bekommst – sag es noch mal, lauter, klarer. Huskys schweigen nicht, wenn sie etwas wollen. Sie jaulen, bis sie gehört werden.

10. Du musst nicht alle mögen.

Ein Rudel funktioniert auch mit unterschiedlichen Charakteren. Respekt und ein gemeinsames Ziel zählen mehr als Sympathie. Harmonie ist kein Zustand, sondern ein Gleichgewicht in Bewegung.

11. Sei so spirituell, wie du sein willst.

Tu, was dich stärkt – ob Meditation, Gebet, Erdung oder Stille. Ein Husky fragt nicht, ob sein Ritual Sinn macht. Er gräbt einfach ein Loch, legt sich hinein und findet darin Kraft.

12. Halt nichts zurück!

Wenn du liebst, liebe kompromisslos. Wenn du etwas fühlst, zeig es. Verstell dich nicht, nur weil die Welt dich lieber gezähmt hätte. Echte Energie fließt nur, wenn sie nicht gebremst wird.

13. Find deinen eigenen Rhythmus!

Nicht jeder blüht bei Sonne auf. Manche Seelen sind für den Winter gemacht. Lern, dich selbst zu verstehen: wann du stark bist, wann du ruhst, wann du strahlst. So wie der Husky den Frost liebt, kannst auch du lernen, deine eigene Jahreszeit zu entdecken.

14. Schütz deine Mitte!

Energie ist wie Körperwärme – sie braucht Grenzen. Lass nicht alles und jeden in deine Mitte hinein. Lern, wann du offen sein magst und wann du dich schließen darfst. Das ist kein Egoismus, sondern Selbsterhaltung.

15. Vertrau deinem Geruchssinn!

Huskys erkunden die Welt mit ihrer Nase. Der Geruchssinn ist eines ihrer wichtigsten Orientierungssysteme. Sie lesen ihre Umgebung, andere Tiere und auch uns Menschen über Gerüche. Sie nehmen wahr, ob jemand ruhig oder angespannt ist, Angst hat oder gestresst ist, oft lange bevor sich das im Verhalten zeigt.

Schweiß, Hormone und feinste chemische Signale verraten, wie es uns wirklich geht. Ein Husky reagiert auf das, was er riecht. Deshalb begegnet er Menschen oft ehrlicher als wir uns selbst.

Auch wir Menschen besitzen diesen Sinn. Er ist nicht so ausgeprägt, subtiler, oft überlagert vom Denken – aber er ist vorhanden. Was wir dann als Bauchgefühl bezeichnen, ist häufig nichts anderes als eine sehr alte Form von Wahrnehmung. Huskys erinnern uns daran, wie klar diese Wahrnehmung sein kann, wenn man ihr vertraut. Wenn sich etwas richtig anfühlt beziehungsweise richtig riecht, nimm dieses Gefühl ernst!

Das ist das Vermächtnis meiner Huskys – und vielleicht auch mein größtes Geschenk an dich: Zieh gerne das für dich heraus, was für dich Sinn ergibt. Vertrau auf das, was du fühlst. Folge deinem Instinkt. Und vergiss nie: Du musst nicht gezähmt werden, um ein gutes Leben zu führen.

Und weil es einfach ein legendärer Spruch ist – hier leicht angepasst: Möge die Macht des Rudels mit dir sein.

Epilog

Der Ruf in dir

Mein Rudel hat mich geprägt wie nichts anderes auf dieser Welt. Jeden Tag darf ich noch immer Neues über meine Hunde und von ihnen lernen – über Vertrauen, über Nähe, über Grenzen und über mich selbst. Unsere Abenteuer sind authentisch und genau das hat uns zusammenwachsen lassen. Ich habe mich verändern müssen, um mit ihnen leben zu können. Um ihnen gerecht zu werden – ihren Bedürfnissen, ihrer Wildheit, ihrer Sensibilität. Sie haben mich gezwungen, ehrlich zu werden – zu mir, zu ihnen und zum Leben selbst. Denn du kannst keinen Husky führen, wenn du dich selbst nicht führen kannst. Ich liebe sie so sehr, dass ich mein Innerstes an jedem Tag einmal umstülpen würde, wenn es nötig wäre, um uns allen ein gutes Leben zu ermöglichen. Dabei bin ich normalerweise ein Mensch, der sich schnell begeistern lässt – und ebenso schnell wieder loslässt. Doch bei meinen Huskys ist das anders. Meine Begeisterung für sie ist kein kurzer Funke, sie ist das Feuer selbst. Ihre Blicke, ihre stolze Körperhaltung, ihre Stärke und Empathie tragen eine Tiefe in sich, die mich nie loslässt. Auch nach über 20 Jahren ist da keine Selbstverständlichkeit. Nur Ehrfurcht. Nur Liebe. Nur dieses unaussprechliche Staunen. Vielleicht kennst du das auch. Für mich sind es die Huskys. Für dich sind es vielleicht Pferde, Katzen, die Berge, das Meer oder der Moment, in dem du einem Vogel beim Fliegen zusiehst. Jeder Mensch hat etwas, das ihn ruft. Etwas, das in ihm eine Saite zum Schwingen bringt, die alles in ihm aktiviert. Etwas, das sich anfühlt wie Heimkommen.

Ich dachte lange, dieses Gefühl der Resonanz – dieses tiefe, magnetische Hingezogensein zu den Huskys – wäre normal. Dass jeder so empfindet, wenn er ihnen begegnet. Doch ich habe gelernt: Das, was dich ruft, ist einzigartig für dich. Nicht jeder hört denselben Ruf. Manche spüren ihn in der Kunst, manche in der Musik, manche in der Wildnis. Aber wenn du ihn hörst – diesen Klang, der nur in dir vibriert –, dann folge ihm. Ich weiß heute: Nichts an mir ist zufällig. Ich liebe die Kälte und halte Hitze kaum aus. Ich brauche Bewegung, Weite, den Wind in meinem Gesicht. Mein Körper ist gemacht für klare, eisige Luft, für Schnee unter den Füßen, für das Rennen mit meinen Hunden. Ich spüre ihre Freude, ihre Ängste, ihre Sehnsucht. Es ist, als wäre mein ganzes Wesen – mein Körper, mein Empfinden – auf sie abgestimmt. Und mit meinem kreativen Kopf erschaffe ich Erlebnisse, die nicht nur uns verbinden, sondern auch andere Menschen berühren.

Das, was dich ruft, hat etwas mit dir zu tun. Es will dich daran erinnern, wer du wirklich bist. Und wenn du diesem Ruf folgst – egal, wie laut die Welt um dich herum ist, egal, wie viele dich für verrückt halten –, wirst du eines Tages zurückblicken und erkennen: Alles an mir ist genau dafür bestimmt. Jedes Gefühl, jede meiner Stärken, jede Eigenart ist Teil dessen, wofür ich geschaffen bin.

Die Magie des Loslaufens

Ich wette mit dir: Du weißt ganz genau, was diese eine Sache ist, die dich ruft. Vielleicht kreisten deine Gedanken schon beim Lesen des Buchtitels darum. Vielleicht ist es diese eine Reise, die du schon ewig machen willst. Vielleicht willst du endlich den Sprung wagen – dich mit deiner Leidenschaft selbstständig machen, etwas Neues beginnen, das dich wieder lebendig fühlen lässt. Egal, was es ist – du musst nicht gleich am ersten Tag den Mount Everest besteigen. Kein Schlittenhundeteam fährt beim ersten Schnee gleich 100 Kilometer.

Es reicht, wenn du losläufst. Einen Schritt. Und dann noch einen. Viele Menschen stehen am Start – und kommen nie los. Nicht, weil sie nicht wissen, was sie wollen, sondern weil sie darauf warten, dass jemand anderes das Kommando gibt. Aber so funktioniert das Leben nicht. Der Schlitten bewegt sich erst, wenn du das »GO!« selbst rufst.

Also nimm dir jetzt einen Moment. Nicht irgendwann – sondern jetzt. Stell dir die folgenden Fragen und schreib die Antworten auf:

1. Diese eine Sache, die du vielleicht immer wieder wegdrückst, weil sie dir zu groß, zu verrückt, zu unrealistisch erscheint, schreib sie auf.

2. Stell dir vor, zwei Jahre sind nun vergangen und du bist deinem »Wilden Ruf« gefolgt. Wie lebst du? Wie fühlst du dich? Was für eine Person bist du geworden? Siehst du vor deinem inneren Auge dein zukünftiges Ich? Frage es: Was war der erste Schritt, den du damals gemacht hast? Wer hat dich dabei unterstützt? Welche Meilensteine hast du erreicht? Diese Übung folgt einem Prinzip, das auch im strategischen Management genutzt wird: Entscheidungen werden nicht aus dem Moment heraus getroffen, sondern vom gewünschten Zukunftszustand aus rückwärts gedacht. Anstatt im Heute festzustecken, blickst du aus einer wünschenswerten Zukunft auf dein jetziges Leben zurück und erkennst, was wirklich entscheidend war. So entsteht dein ganz persönlicher Blueprint – eine innere Orientierung. Du erkennst, welche Schritte jetzt sinnvoll sind, welche Unterstützung du brauchst und womit du beginnen kannst. Nicht irgendwann, sondern heute.

3. Was wäre heute dein erster kleiner Schritt in diese Richtung? Kein großer Sprung – nur ein Schritt, der Bewegung in die Sache bringt.

4. Wer kann dich unterstützen? Wen könntest du anrufen, fragen, um Rat bitten? Wer kennt den Weg schon, den du gehen willst?

5. Wo findest du Wissen, Inspiration, Orientierung? Welche Bücher, Kurse, Orte oder Menschen inspirieren dich? Schreib sie auf – sie sind deine Futterquelle für den nächsten Abschnitt.

6. Wie kannst du den ersten Schritt in die Tat umsetzen? Leg ganz konkret fest, was du bis morgen tust. Du musst nicht den ganzen Trail kennen – nur die ersten hundert Meter.

7. Wie fühlt es sich an, deinem Ruf zu folgen? Spür das Kribbeln im Bauch, die Aufregung. So fühlt sich Freiheit an – nicht, wenn alles sicher ist, sondern wenn du vertraust, dass du unterwegs die Wege findest.

8. Wie sieht dein Leben aus, wenn du deinem Ruf gefolgt bist? Welche neuen Freiheiten hast du? Wie sprichst du über dein Leben, über dich selbst?

9. Was für ein Mensch bist du dann? Mutiger? Gelassener? Freier? Beschreib die Version von dir, die bereits auf dem Weg ist.

10. Wie sprichst du über dich? Sprich so, als wärst du schon losgelaufen. Nicht: »Ich will«, sondern: »Ich bin.« Nicht: »Eines Tages«, sondern: »Heute ist Tag eins.«

Es kann sein, dass du nach diesen Fragen nicht sofort entscheiden willst. Dass sich dein Inneres noch sortiert. Vielleicht stehst du gerade zwischen zwei Versionen von dir selbst – die eine hat dich hierhergetragen, die andere ist noch nicht ganz sichtbar. Dieser Raum dazwischen ist kein Stillstand. Er ist ein Übergang. Ein Ort, an dem du feiner wirst im Wahrnehmen. Wenn du ihn nicht übergehst, sondern aushältst, beginnt sich die Richtung zu zeigen. Achte auf die Zeichen im Außen, denn oft spricht dein Inneres genauso mit dir. Vielleicht siehst du bei deinem nächsten Spaziergang Spuren im Schnee – und spürst, dass es Zeit ist, für dich einen neuen Weg einzuschlagen. Der Moment des Loslaufens fühlt sich nie perfekt an. Er ist immer ein bisschen zu früh, zu ungewiss, zu unperfekt. Du musst nicht alles auf einmal wissen. Das Leben verrät dir die nächsten Schritte immer erst, wenn du so weit bist. Es ist wie bei einer Schlittenfahrt im Nebel: Du siehst nie den ganzen Trail, aber immer genug für den nächsten Meter. Und genau darin liegt die Kunst des Loslaufens: nicht alles verstehen zu müssen, um endlich in Bewegung zu kommen, sondern zu vertrauen, dass du unterwegs die Richtung findest.

Vielleicht ist dein Loslaufen ein erster Satz auf einem leeren Blatt Papier. Vielleicht ist es ein Anruf, den du schon ewig aufschiebst. Ein Gedanke, der endlich in die Welt will. Oder einfach der Moment, in dem du dich entscheidest, nicht länger zu warten, bis es perfekt ist. Egal, was es ist – löse die Bremse. Vertrau auf die Stimme, die dich ruft. Dein Herz weiß längst, wohin die Reise geht.

Und wenn du den Mut findest, diesen ersten Schritt zu tun, dann spürst du sie – diese magische Kraft, die dich trägt, wie sich plötzlich Brücken zwischen dir und deinem Ziel auftun, wie Gelegenheiten entstehen, Menschen dir helfen und sich nach und nach alles zusammenfügt – wie ein Puzzleteil, das endlich seinen Platz gefunden hat. Du wirst erstaunt sein, wie viel leichter es ist, als du gedacht hast. Lauf los!

Glossar

Ein kleiner Wegweiser durch die Welt der Schlittenhunde

Damit du dich in diesem Buch besser zurechtfindest, habe ich einen kleinen Wegweiser zusammengestellt – eine Sammlung von Begriffen, Kommandos und Werkzeugen, die im Schlittenhundesport eine Rolle spielen. So kannst du noch tiefer in unsere Welt eintauchen und selbst zur Expertin oder zum Experten der nordischen Hunde und ihrer Passion werden. Und vielleicht spürst du sogar, dass diese Welt, die nach Schnee, Wind und Abenteuer klingt, gar nicht so fern ist – wenn du lernst, sie zu verstehen.

DAS TEAM – DIE HUNDE IM GESPANN

Lead Dogs/Leaders
Der Leithund oder die Leithunde laufen ganz vorne. Sie geben Tempo und Richtung vor, hören auf Kommandos und führen das Team mit Verstand, Instinkt und Vertrauen. Ein guter Leader ist kein Draufgänger, sondern verfügt über einen klaren, ruhigen Geist mit Mut und innerer Balance.

Swing Dogs
Direkt hinter den Lead Dogs laufen die Swing Dogs. Sie helfen beim Richtungswechsel und sorgen dafür, dass das Team harmonisch läuft – sie sind sozusagen die »Lenkungsassistenten« des Gespanns.

Team Dogs

Die Läufer in der Mitte bilden das Kraftzentrum. Sie halten den Rhythmus und sorgen für Ausdauer und Stabilität. Sie sind die ruhige, verlässliche Basis, die das Team zusammenhält. Auch Junghunde werden gerne zum Antrainieren auf die Teamposition gesetzt. Hier können sie sich von den vorderen Hunden abschauen, welche Reaktion auf welches Kommando folgt, und werden gleichzeitig von den hinteren Hunden entlastet.

Wheel Dogs/Wheelers

Diese Hunde laufen direkt vor dem Schlitten. Sie ziehen das schwerste Gewicht beim Anfahren und bremsen mit, wenn der Schlitten stoppt. Wheel Dogs sind die kräftigen Typen, denen es nichts ausmacht, wenn der Schlitten nah hinter ihnen rauscht. An dieser Stelle laufen auch gern Hunde, die unsicher und sensibel sind und die Nähe zum Musher als Sicherheit sehr schätzen.

Single Dog

Ein Single Dog ist ein Hund, der allein in seiner Position läuft – ohne Partner neben sich. Manche Hunde brauchen Raum, um sich zu entfalten; andere blühen nur auf, wenn sie Schulter an Schulter mit einem Rudelgefährten laufen.

Single Lead

Dieser Hund führt das Team an vorderster Front als Leithund alleine – eine mental anspruchsvolle Aufgabe und nur sehr kopfstarke und selbstbewusste Hunde machen das mit Freude.

Trailbreaker

Als Trailbreaker bezeichnet man im Schlittenhundesport das Team oder die Person, die eine Strecke als Erste befährt. Der Trailbreaker legt die Spur, indem er durch unberührten Schnee, schwieriges Gelände oder als Erster auf der Rennstrecke fährt und so den nachfolgenden Teams den Weg vorbereitet.

DER SCHLITTEN UND SEINE TEILE

Handlebar

Die Handlebar ist die Lenkstange am hinteren Ende des Schlittens. Hier steht der Musher, steuert und hält das Gleichgewicht. Sie ist das »Lenkrad« des gesamten Gespanns.

Brush Bow

An der Vorderseite des Schlittens befindet sich der Brush Bow, eine gebogene Stange. Er schützt die Wheeler, die unmittelbar vor dem Schlitten eingespannt sind, vor unangenehmen Berührungen mit den Ecken des Schlittens.

Runners/Kufen

Hierbei handelt es sich um die beiden schmalen Leisten, auf denen der Schlitten gleitet. Oft sind sie mit Kunststoff überzogen, um Reibung zu verringern. Sie ähneln Langlaufskiern, sind aber meist länger und bei einigen Schlittenmodellen auch abnehmbar.

Bremsmatte

Die Bremsmatte ist eine schwere Gummimatte, die mit dem Fuß heruntergedrückt wird, um das Tempo zu kontrollieren. Sie ist ideal für sanftes Bremsen oder leichtes Verlangsamen auf Abfahrten.

Kralle

Sie wird mit einem Fuß betätigt und ermöglicht es, das Team auf präparierten Trails zum Stehen und Halten zu bringen. Die Metallkralle hat Zacken, die tief in den Schnee greifen. Sie ist Pflicht bei jedem Schlitten.

Schneeanker
Um das Gespann zu sichern, wird ein massiver Metallanker kräftig in den Schnee gedrückt. Zwei gut gesetzte Schneeanker halten auch acht Huskys, die am liebsten sofort wieder losstürmen würden.

Schlittensack
Beim Schlittensack handelt es sich um einen speziellen Transportsack, der verpflichtend auf jedem Schlitten mitgeführt wird. In ihm kann ein erschöpfter oder verletzter Hund sicher mitgenommen werden. Er ist mit Lüftungsöffnungen ausgestattet, damit der Hund ausreichend mit Luft versorgt wird, und besitzt eine verstärkte Bodenplatte zum Schutz vor weiteren Verletzungen während der Fahrt.

MENSCHEN UND ROLLEN IM MUSHING

Musher
Als Musher bezeichnet man den Menschen am Schlitten – Rudelführer, Navigator und Teamchef zugleich. Diese Person führt nicht mit Dominanz, sondern mit Vertrauen. Sie liest das Gelände, spürt den Rhythmus der Hunde, reagiert auf jedes Signal. Ein guter Musher weiß: Führung bedeutet Verbindung.

Doghandler/Handler
Der Doghandler ist der unsichtbare Held hinter den Kulissen. Handler helfen beim Anspannen, Füttern, Checken der Pfoten, Organisieren des Equipments, bei Reisen und Pausen. Sie sind die rechte Hand des Mushers – oft die Ersten, die aufstehen, und die Letzten, die schlafen gehen. Sie haben ein ausgeprägtes Feingefühl für die Tiere und kennen jedes Bedürfnis der Hunde.

Kennel
Darunter versteht man die gesamte Anlage, in der Schlittenhunde gehalten, versorgt und betreut werden. Der Kennel umfasst je nach Konzept Zwinger, Hütten und Freilaufflächen sowie Futter-, Lager- und Arbeitsbereiche. Er ist der zentrale Ort für Pflege, Fütterung, Beobachtung und tägliche Abläufe im Schlittenhundesport.

LEINEN

Gangline/Mainline
Die Mainline ist die zentrale Leine, die vom Schlitten bis zu den Leithunden führt. Sie verbindet das gesamte Team miteinander: Jedes Glied überträgt Kraft und Rhythmus an das nächste.

Tuglines
Die Zugleinen führen vom Geschirr des Hundes zur Mainline. Über diese Leinen zieht jeder Hund seinen Anteil der Last.

Necklines
Von der Mainline zum Halsband des Hundes führen kurze Leinen – die Necklines. Sie halten die Hunde in Position und verhindern seitliches Ausbrechen.

Harness/Zuggeschirr
Dieses Geschirr trägt der Hund, um seine Zugkraft gleichmäßig zu verteilen. Es muss perfekt sitzen, damit der Hund nicht eingeschränkt wird und seine volle Leistung bringen kann. Es gibt verschiedene Typen (z. B. X-Back, H-Back etc.), die sich Körperbau und Einsatz anpassen.

Loops
Am Ende der Geschirre befinden sich kleine Seilschlaufen, an denen Karabiner, Tuglines oder Sicherheitsleinen befestigt werden. Sie sorgen für Flexibilität und Ordnung im System.

INTERNATIONALE KOMMANDOS

Haw und Gee – die Sprache der Richtung
Die Kommandos »Haw« (links) und »Gee« (rechts) stammen ursprünglich von alten englischen Fuhrmannsbefehlen. Ihr Klang hat sich im Schlittenhundesport durchgesetzt, weil Hunde die Vokale deutlich voneinander unterscheiden können – selbst bei Wind, Schnee und großer Distanz. Sie reagieren nicht auf das Wort, sondern auf die Schwingung dahinter. Das ist der eigentliche Zauber dieser Klangfarben: Sie verbinden die Welt der Menschen mit der ursprünglichen Instinktsprache der Tiere.

Hike/Let's go/Mush! oder wie ich sage: O.k.!
Diese Kommandos dienen als Startsignal für das Gespann – quasi der Ruf zum Loslaufen. Manche Musher sagen »Hike!«, ich sage »O.k.!« – entscheidend sind der Klang und das Gefühl dahinter.

Line Out
Das Kommando gilt dem Leithund. Er dreht sich nach vorne in Laufrichtung und spannt die Leinen, sodass sich das gesamte Team ausrichtet: fokussiert und bereit für den Start.

Whoa!
Mit diesem Kommando bringt der Musher das Gespann zum Stehen. Es wird ruhig, lang gezogen und mit sinkender Energie gesprochen – etwa so: »Wooooaaah …« –, nicht laut oder hektisch, sondern wie eine beruhigende Ausatmung. Ähnlich, wie man zu einem

Pferd sagt: »Whoooah … ganz ruhig …« Ein gut trainiertes Team reagiert sofort auf diesen Ton – nicht, weil er laut ist, sondern weil er Gelassenheit und Kontrolle ausstrahlt.

AUSRÜSTUNG, TRAINING UND STRUKTUR

Stakeout-Leine
An dieser langen Metallleine, mit mehreren Verankerungspunkten, werden die Hunde beim Campen oder Pausieren befestigt. Jeder Hund hat seinen Platz an einem eigenen Abgang der Mittelleine – genug Abstand, aber immer in Sichtweite der anderen.

Stakeout Area
In dieser Area spielt sich das halbe Musherleben ab: Hier ruhen die Hunde nach einem Lauf, werden gefüttert, massiert, gepflegt und gebürstet. Hier stehen die Wohnwägen und Trucks der Musherfamilien während der Renntage.

Trail
Das Team läuft auf einer Spur oder Strecke, die als Trail bezeichnet wird. Dies sind im Winter meist vorpräparierte Wege, die in ihrer Laufrichtung gekennzeichnet sind.

Checkpoint
An diesem Ort rasten die Teams während eines Rennens, die Hunde werden dort untersucht und versorgt.

Dog Booties
Die Hunde tragen Schutzschuhe aus Neopren oder Cordura, um ihre Pfoten gegen Eis, Splitter und raue Untergründe zu schützen.

WETTKAMPF

Rennen

Bei organisierten Schlittenhunderennen absolvieren Teams, bestehend aus Mensch und Hund, eine festgelegte Strecke auf Zeit.

Trailregeln bei Sprintrennen

Die Trailregeln beschreiben das verbindliche Verhalten der Musher auf der Strecke. Sie regeln Fairness, Sicherheit und den Schutz der Hunde. Grundlage sind die internationalen Rennregeln der Verbände.

Zeichen am Trail

Das sind verbindliche Markierungen wie Fahnen, Schilder, Pfeile oder Bänder. Sie kennzeichnen den Streckenverlauf, Richtungsänderungen, Gefahrenstellen oder besondere Streckenabschnitte.

Kommando Trail

Dieses Kommando wird vom überholenden Team gerufen, um dem vorausfahrenden Gespann frühzeitig anzuzeigen, dass ein Überholvorgang bevorsteht. So kann sich das vorausfahrende Team auf ein mögliches Überholen einstellen und – sofern regelkonform und sicher – Platz machen.

Kommando Trail Stop

Mit diesem Kommando fordert das von hinten heranfahrende Team das vorausfahrende Team auf, anzuhalten oder deutlich zu verlangsamen, um ein sicheres Überholen zu ermöglichen. Das vorausfahrende Team ist verpflichtet, dem Überholvorgang Platz zu machen, sofern dies außerhalb des Zielbereichs erfolgt und die Sicherheit gewährleistet ist.

DRYLAND (RENNEN OHNE SCHNEE)

Canicross
Ein Hund zieht einen laufenden Menschen über Bauchgurt und elastische Leine.

Bikejöring
Ein oder zwei Hunde ziehen einen Menschen auf einem Mountainbike, an dem eine extra Zugvorrichtung mit Rückdämpferleine unter dem Lenker angebracht ist.

Scooter
Ein oder zwei Hunde ziehen einen Tretroller mit Zugvorrichtung und Rückdämpferleine.

Wagen (Rig/Cart)
Mehrere Hunde ziehen einen Trainings- oder Rennwagen mit Rädern.

SNOW RACE (RENNEN AUF SCHNEE)

Skijöring (1 Hund/2 Hunde)
Skijöring ist oft der Einstieg in den Schlittenhundesport. Hier zieht ein Hund einen Menschen auf Langlaufskiern. Mensch und Hund sind über Geschirr, Hüftgurt und Zugleine verbunden. Der Mensch arbeitet aktiv mit, insbesondere in Bergaufpassagen, um den Hund zu entlasten. Der Hund läuft dabei vor den Skiern und gibt die Zugrichtung vor. Bei zwei Hunden erhöhen sich Zugkraft sowie Tempo und Anforderungen an Technik und Koordination des Menschen.

Pulka
Bei diesem Rennen ziehen ein oder mehrere Hunde eine Pulka – das ist ein wannenförmiger Lastenschlitten –, die zwischen Hund und Mensch befestigt ist. Die Skifahrer sind mit einem speziellen Gurt und einer Jöringleine an der Pulka befestigt und die Hunde wiederum direkt an der Pulka über einen Zugbügel. Diese Disziplin ist körperlich anspruchsvoll, denn der Mensch muss aktiv mitarbeiten, insbesondere beim Schieben bergauf und beim Stabilisieren in Abfahrten. Die Hunde laufen vor der Pulka und geben die Richtung vor.

Schlittenklassen
Die Schlittenklassen werden nach der Anzahl der eingespannten Hunde unterschieden: von Klassen mit zwei Hunden über 3–4, 5–6 und 7–8 Hunden bis zur offenen Klasse, in der je nach Ausschreibung eine variable oder höhere Hundezahl zugelassen ist.

DISTANZEN

Sprintrennen
Kurze Rennen über ca. 5–25 km, von meist zwei bis drei Läufen. Diese finden häufig in Mitteleuropa statt.

Middle Distance
Das sind Rennen über ca. 30–60 km oder mehr, die vor allem in Skandinavien und Nordamerika verbreitet sind.

Long Distance
Bei diesen Rennen werden über mehrere Hundert Kilometer zurückgelegt, mit Pflicht-Ruhezeiten. Sie finden überwiegend in Alaska, Kanada und Skandinavien statt.

Literatur und Empfehlungen

Spuren im Schnee

Über Hunde, Wölfe und andere Tiere: ihre Emotionen, ihr Verhalten und ihre Verbindung mit dem Menschen

American Society for the Prevention of Cruelty to Animals (ASPCA) (1996): *Animal Behavior & Welfare Research.*

Marc Bekoff (2007): *The Emotional Lives of Animals: A Leading Scientist Explores Animal Joy, Sorrow, and Empathy and Why They Matter.*

Günther Bloch & Elli H. Radinger (2014): *Wölfisch für Hundehalter.*

Jessica von Bredow-Werndl (2021): *Das Glück der Erde – Was ich täglich von meinen wunderbaren Pferden lernen darf.*

Biagio D'Aniello, Gün R. Semin, Angelo Alterisio, Marco Aria & Angelo Scandurra (2018): *Interspecies Transmission of Emotional Information via Chemosignals.* Animal Cognition, Vol. 21, S. 67–78.

Fédération Cynologique Internationale (2009): *Anti-Doping Regulations for Dogs.*

Alexandra Horowitz (2012): W*as denkt der Hund? Wie er die Welt wahrnimmt – und uns.*

Emma K. Jenkins, Megan T. DeChant & Edward B. Perry (2018): *Canine Detection of Human Diseases.* Frontiers in Veterinary Science, Vol. 5, Article 56.

Juliane Kaminski, Linda Schulz & Michael Tomasello (2017): *Dogs differentiate human emotional expressions.*

Peter Lees, Mike F. Landoni, J. A. Giraudel & Pierre L. Toutain (2004): *Pharmacology and Toxicology of NSAIDs in the Dog.* Journal of Veterinary Pharmacology and Therapeutics, Vol. 27 (6).

Elizabeth Marshall Thomas (1994): *Das geheime Leben der Hunde.*

Monika Maurer, Lisa Reichenbach, Andreas Schütz & Uwe Heistermann (2016): *Dogs Detecting Epileptic Seizures.* Seizure, Vol. 36, S. 1–6.

Daniel Mota-Rojas, Alma Olmos-Hernández, Alma Verduzco-Mendoza, Karina Lezama-García & Ismael Hernández-Ávalos (2021) Band 11: T*he Facial Expression of Emotions in Animals.*

Jens O'Heare (2009): *Die Neuropsychologie des Hundes – Wie Hunde denken, fühlen und lernen.*

Elli H. Radinger (2017): *Die Weisheit der Wölfe – Wie sie denken, planen, füreinander sorgen. Erstaunliches über das Tier, das dem Menschen am ähnlichsten ist.*

Turid Rugaas (2001): *Calming Signals – Die Beschwichtigungssignale der Hunde.*

Katharina Schlegl-Kofler (2015): *Hundesprache – Damit wir uns richtig verstehen.*

Marcello Siniscalchi, Silvia D'Ingeo, Stefania Fornelli & Angelo Quaranta (2016): *Human Emotional Chemosignals Influence Dogs' Behavior.* Scientific Reports, Vol. 6, Article 34702.

Persönlichkeitsentwicklung – Identität, Freiheit, Entscheidungen, Selbstführung

Lars Amend (2017): *Why Not? – Inspirationen für ein Leben ohne Wenn und Aber.*

Lars Amend (2019): *It's All Good – Ändere deine Perspektive und du änderst deine Welt.*

Dale Carnegie (2015): *Wie man Freunde gewinnt – Die Kunst, beliebt und einflussreich zu werden.*

James Clear (2020): *Die 1-%-Methode – Minimale Veränderung, maximale Wirkung.*

Paulo Coelho (2008): *Der Alchimist.*

Hal Elrod (2020): *Miracle Morning – Die Stunde, die alles verändert.*

Clarissa Pinkola Estés (2022): *Die Wolfsfrau – Die Kraft der weiblichen Urinstinkte.*

Jane Goodall (2021): *Das Buch der Hoffnung – Wie wir die Welt retten können.*

Napoleon Hill (2018 Neuauflage): *Think and Grow Rich.*

Jon Kabat-Zinn (2013): *Die Übung der Achtsamkeit – Gesund durch Meditation.*

Robert T. Kiyosaki (2014): *Rich Dad Poor Dad – Was die Reichen ihren Kindern über Geld beibringen.*

Karin Kuschik (2022): *50 Sätze, die das Leben leichter machen.*

Dieter Lange (2020): *Sieger erkennt man am Start – Verlierer auch.*

Michael Leister (2019): *Die Willenskraft entfesseln: Wie Sie Ihre Disziplin einfach, sofort und nachhaltig stärken.*

Mike Michalowicz (2021): *Profit First – Ein simples System, mit dem dein Unternehmen von Anfang an profitabel wird.*

Marshall B. Rosenberg (2016): *Gewaltfreie Kommunikation – Eine Sprache des Lebens.*

Ann-Katrin Schmitz (2022–2025): *Podcast Baby got Business.*

Friedemann Schulz von Thun (1981/Neuausgabe 2018): *Miteinander reden 1 – Störungen und Klärungen.*

Laura Malina Seiler (2020): *Mögest du glücklich sein – Entdecke dein Höheres Selbst und verbinde dich mit deiner inneren Kraft.*

Laura Malina Seiler (2016–2025): *happy holy & confident.® Der Podcast fürs Herz und den Verstand.*

Robin Sharma (2019): *Der 5-Uhr-Club – Gestalte deinen Morgen und in deinem Leben wird alles möglich.*

Simon Sinek (2021): *Frag immer erst Warum: Wie Führungskräfte zum Erfolg inspirieren.*

Stefanie Stahl (2016): *Das Kind in dir muss Heimat finden.*

Eckhart Tolle (2015): *Jetzt! Die Kraft der Gegenwart – Ein Leitfaden zum spirituellen Erwachen.*

Martin Wehrle (2021): *Den Netten beißen die Hunde – Wie Sie sich Respekt verschaffen, Grenzen setzen und den verdienten Erfolg erlangen.*

Richard Wrangham (2010): *Catching Fire – Wie uns das Kochen zum Menschen machte.*

Carlos Ruiz Zafón (2011): *Marina.*

Neurodiversität und Gehirnforschung

American Psychological Association (2023): *A Translational Approach to the Mind-Brain-Body Connection.*

Joachim Bauer (2011): *Warum ich fühle, was du fühlst. Intuitive Kommunikation und das Geheimnis der Spiegelneuronen.*

Andrea Beetz (2015): »Tiergestützte Interventionen bei ADHS«. In: Karin Hediger & Andrea Beetz (Hrsg.): *Tiergestützte Interventionen – Grundlagen, Konzepte, Praxisfelder.*

Angelina Boerger (2023): *Kirmes im Kopf – Wie ich als Erwachsene herausfand, dass ich AD(H)S habe.*

Ingeborg Born & Elisabeth Holsboer-Trachsler (2012): »Physiologie des Schlafes«. In: Peter Geisler & Dieter Riemann (Hrsg.): *Schlafmedizin – Grundlagen und klinische Praxis.*

Jacob Drachenberg (2022): *Stress dich richtig! – Die neun Entscheidungen für mehr Gelassenheit.*

Albert Einstein (1905): *Ist die Trägheit eines Körpers von seinem Energieinhalt abhängig?* Annalen der Physik, 18, S. 639–641.

Thom Hartmann (2025): *Eine andere Art, die Welt zu sehen: Das Aufmerksamkeits-Defizit-Syndrom.*

Charles H. Hillman, Kirk I. Erickson & Arthur F. Kramer (2008): *Be Smart, Exercise Your Heart: Exercise Effects on Brain and Cognition.* Nature Reviews Neuroscience, Vol. 9.

Johns Hopkins School of Medicine (o. J.): *How to Get Back to Sleep.*

Gerald Hüther (2018): *Etwas mehr Hirn, bitte – Eine Einladung zur Wiederentdeckung der Freude am eigenen Denken und der Lust am eigenen Gestalten.*

Friederike Fabritius (2021): *Neurohacks – Gehirngerecht arbeiten: Mehr schaffen, weniger stressen.*

Peter M. Gollwitzer (1996): »Die Umsetzung von Vorsätzen: Die Rolle von Zielintentionen und Implementierungsintentionen«. In: Jutta Heckhausen & Peter M. Gollwitzer (Hrsg.): *Motivation und Handeln.*

Søren Kierkegaard (1843/Neuausgabe 2020): *Entweder – Oder.*

Rollin McCraty, Mike Atkinson, Dana Tomasino & Raymond Bradley (2009): *The Coherent Heart – Heart-Brain Interactions, Psychophysiological Coherence, and the Emergence of System-Wide Order.* Integral Review, Vol. 5, Nr. 2, S. 10–115.

Neuropsychiatrie (2021): *Bessere Selbstregulation durch Training der Herzratenvariabilität (HRV).* Neuropsychiatrie Blog.

John J. Ratey & Eric Hagerman (2013): *Superfaktor Bewegung – Wie körperliche Aktivität das Gehirn fit macht.*

Hans Rosling, Ola Rosling & Anna Rosling Rönnlund (2023): *Factfulness – Wie wir lernen, die Welt so zu sehen, wie sie wirklich ist.*

Carlo Rovelli (2020): *Helgoland – Wie die Quantentheorie unsere Welt verändert.*

DIE ZEIT (2017): »Warum du nachts oft um die gleiche Zeit aufwachst – und das gar nicht schlimm ist«. ZEIT Online.

Natur, Erdung und Rituale

Sylvester Jama (2009): *Erdung – Innere Stabilität und tiefe Freude.*

James L. Oschman (2020): *Heilendes Erden – Die wissenschaftlichen Grundlagen der Energie-Medizin.*

Volker Peter (2017): *Kraftrituale in der Natur – Veränderungen meistern, Krisen bewältigen, Erfolge feiern.*

Peter Wohlleben (2015): *Das geheime Leben der Bäume – Was sie fühlen, wie sie kommunizieren: Die Entdeckung einer verborgenen Welt.*

Schlittenhundesport und Musher-Wissen

Markus Luft (2003): *Modernes Schlittenhundetraining.*

Uwe Radant & Dr. Jette Schönig (2018): *Zughundesport: Canicross, Bikejöring, Dogscooter.*

Online-Glossar »Musherlatein«: https://schlittenhundesportbayern.de/musherlatein/ (Aufgerufen am 04. 01. 2026)

https://www.wsa-sleddog.com/images/Downloads/Rennregeln/WSA_RACE_REGULATIONS_122DE_final.pdf (Aufgerufen am 04. 01. 2026).

Sonstiges

Jenny Gisy (2024): *Skabies: Vergleichsstudie sieht Benzylbenzoat gegenüber Permethrin im Vorteil.* hautnah dermatologie, 40 (5).

Robert-Koch-Institut (2009): *Krätze (Scabies) – Ratgeber für Ärztinnen, Ärzte und Betroffene.*

Danksagung

Ich hätte dieses Buch niemals ohne die grenzenlose Liebe und Inspiration **meiner Tiere, meiner Seelengefährten**, schreiben können. Ihnen verdanke ich viele meiner schönsten und prägendsten Erfahrungen in diesem Leben.

Ich könnte dieses Leben nicht führen ohne die Unterstützung – und vor allem die bedingungslose Liebe meines **Mannes**, unseren Kindern, meiner **Familie** und meiner **Freunde** von nah und fern. Ich liebe euch!

Danke auch an meine lieben **Musherkolleginnen und -kollegen**. Für eure Offenheit, eure Erfahrung und all die ehrlichen Learnings, die ihr über die Jahre mit mir geteilt habt – und die mich geprägt haben.

Ich möchte **Anna Sophia Grundner** danken – für ihre Bereitschaft, Teil unserer Abenteuer zu sein, und für all die Stunden Kinderbetreuung, die mir Zeit, Ruhe und Raum zum Schreiben dieses Buches geschenkt haben.

Mein besonderer Dank gilt **Elke Karl** und **Roswitha Kern**, die an dieses Buch geglaubt haben, noch bevor das erste Wort geschrieben war.

Ich danke außerdem den **Autorinnen und Autoren**, die mich mit ihren Werken inspiriert haben und mir durch ihre Bücher immer wieder auch das wissenschaftliche Fundament für viele meiner Gedanken geliefert haben.

Mein besonderer Dank gilt **Lars Amend** für dieses wunderschöne Vorwort, seine Zeit und die vielen Impulse, die er mit uns durch seine Bücher teilt.

Auch meiner Heimat, dem **Allgäu**, und den liebevollen Menschen hier gilt mein Dank – sie machen dieses Leben so wunderbar.

Dem **Knesebeck Verlag**, **Anja Sommerfeld** und **Natascha Mössbauer**, möchte ich von Herzen danken, dass sie diese Zeilen in die Welt hinaustragen.

Und vor allem danke ich **DIR** – für deine Aufmerksamkeit und deine Lebenszeit, die du diesem Buch geschenkt hast.

Deutsche Originalausgabe
1. Auflage

Holzstraße 26, 80469 München
sekretariat@knesebeck-verlag.de
Ein Unternehmen der Média-Participations

Projektleitung: Anja Sommerfeld, Knesebeck Verlag
Lektorat: Natascha Mössbauer, München
Umschlaggestaltung: Nicole Pfeiffer, Hamburg und
Fabian Arnet, Knesebeck Verlag
Umschlagmotiv: © Nicole Pfeiffer
Layout, Satz und Herstellung: Arnold & Domnick, Leipzig
Druck: Livonia Print, Riga
Printed in Latvia

ISBN 978-3-98962-063-6

Elektronisch ist folgende Ausgabe erhältlich:
eBook (epub): ISBN 978-3-98962-064-3

www.knesebeck-verlag.de

FSC www.fsc.org
MIX
Papier | Fördert gute Waldnutzung
FSC® C002795